领悟

王永光 著

内 容 简 介

本书是作者人生心路历程的缩影。作者从自己20年的日记中筛选了读书感悟130余篇、人生思考120余篇，回顾了1999年至今20年的读书感悟与近两年的人生思考。本书记录了在岁月流逝中的读书启迪，写下了在风雨历程中的人生感悟。其中，有迷茫中的探寻，有艰难中的攀登；有逆境中的反思，有曲折中的坚挺；有履职中的自警，有浮躁时的自省；有借鉴先贤的沉思，有面对挑战的自信；有对党忠诚的自觉，有敢于担当的自律。

图书在版编目（CIP）数据

领悟 / 王永光著. —北京：冶金工业出版社，2019. 1
ISBN 978-7-5024-8010-3

Ⅰ. ①领…　Ⅱ. ①王…　Ⅲ. ①人生哲学—文集
Ⅳ. ①B821-53

中国版本图书馆CIP数据核字（2019）第018413号

出 版 人　谭学余
地　　址　北京市东城区嵩祝院北巷39号　邮编　100009　电话　(010) 64027926
网　　址　www.cnmip.com.cn　电子信箱　yjcbs@cnmip.com.cn
责任编辑　王梦梦　程志宏　美术编辑　吕欣童　版式设计　吕欣童　孙跃红
责任校对　石　静　责任印制　李玉山
ISBN 978-7-5024-8010-3
冶金工业出版社出版发行；各地新华书店经销；三河市双峰印刷装订有限公司印刷
2019年1月第1版，2019年1月第1次印刷
164mm × 235mm；33印张；407千字；514页
58.00 元

冶金工业出版社　投稿电话　(010) 64027932　投稿信箱　tougao@cnmip.com.cn
冶金工业出版社营销中心　电话　(010) 64044283　传真　(010) 64027893
冶金工业出版社天猫旗舰店　yjgycbs.tmall.com
（本书如有印装质量问题，本社营销中心负责退换）

【序　言】

人生如梦，已过耳顺之年。岁月如梭，顿觉风清云淡。回首过去二十年的风雨历程，少了些许忧伤，多了几分领悟。

大千世界，云遮雾障。唯有借助智慧，才能看清远方。三山五岳，山峦气瘴。唯有智者引领，才能走向远方。读书，与先贤对话，领悟自然之道，有弛有张。思考，聆听圣哲训导，领悟人间之事，有短有长。

书籍是人类进步的阶梯，人伴随读书而成长。读书是开启智慧的钥匙，思考是激发潜能的引擎。学而不思则罔，思而不学则殆。学思严谨，行稳致远。书山有路勤为径，学海无涯苦作舟。读书贵韧恒，铁杵磨成针。读书，忌一曝十寒；思考，怕心猿意马。读书深钻研，学以致用。读书勤思考，知其然，知其所以然。读书领悟善恶，思考界定真伪。忌人云亦云，避虚言妄语。

书籍是良师，当你迷茫时，书籍伴你左右，不离不弃，无怨无悔。在昏暗的灯光下，智者指点迷津。仿佛坛下老人在启迪，犹如贤者姜尚在开悟。读书领悟智慧，思考走出迷茫。二十年的岁月，书籍给了我智慧，让我在黑暗中看到黎明的曙光，开拓了视野，在困境中扬帆远航。二十载的磨炼，书籍给了我力量，让我在困境中变得坚强，战胜了困难，在逆境中迎来新的希望。

书籍是益友，当你彷徨时，书籍陪你前行，拨开迷雾，迎来晨曦。在泥泞坎坷处，智者侦探陷阱。仿佛菩萨在显灵，犹如佛陀在引领。读书积淀智慧，思考看见曙光。二十个寒来暑

往，书籍伴随我成长。读书悟道，不怕风雨骤，何惧冰雪霜。天地人和，道法自然。思考循道，不怕路泥泞，何惧荆棘伤。顺势而为，乘势而上。

领悟人生，不再迷茫。书中有智慧，潜心发掘。风华正茂志高远，血气方刚多冲撞。唯有多读书，才能避免轻狂。唯有厚德，才能载物。栽下梧桐树，自然引凤凰。

教育改变命运，读书塑造品格。道之所存，师之所存也。“三人行，必有吾师焉，择其善者而从之，其不善者而改之。”勤俭持家，耕读继世。子孙虽愚，经书不可不读。读书丰富知识，思考开拓视野。虚怀若谷，不耻下问。读书不分贵贱，成才不问贫富。寒门生贵子，白屋出公卿。天地之道，贵在领悟。领悟贵在诚，心诚则灵。静心读书，潜心悟道。

读书志存高远，修身净化灵魂。“为天地立心，为生民立命，为往圣继绝学，为万世开太平。”铁肩担道义，妙手著文章。天下兴亡，匹夫有责。先天下之忧而忧，后天下之乐而乐。人生自古谁无死，留取丹心照汗青。

读书坚定信念，思考改变人生。天道酬勤，勤能补拙。矢志不渝学，义无反顾行。知行合一，自强不息。唯有读书人人平等，功夫不负有心人。读书破万卷，下笔如有神。

读书无捷径，成才贵品行。正心诚意修身，致知格物精进。积跬步之功，至千里之行，聚涓涓细流，成浩瀚江海。锲而不舍，金石可镂。持之以恒，水滴石穿。

读书上心，耐得住寂寞，守得住贫寒。思无邪，行有方。

读书用心，刨根问底解惑，忌一知半解存疑。找因果，辨真伪。读书专心，拨开迷雾求真知，踏平坎坷成大道。会当凌绝顶，一览众山小。

读书苦中有乐，不吃苦中苦，难见天上天。挥洒汗水于天地，积淀智慧在心中。读书苦尽甘来，品尝苦中苦，回味苦中甜。谁言读书苦，行稳致远。二十年的思考，抛砖引玉。二十年的领悟，与君共享。愿君多读书，人生有希望。愿君读好书，人生更辉煌。

知行合一，自强不息。有志于去人欲，恬淡无为；无畏于存天理，修身养性。人之初，人欲乃本能，天理为志向。通过后天教育，渐渐去除私欲，循序领悟天理。正心诚意，修身不辍，则致知不远，格物可期。知行合一，所向披靡。是为序。

2018 年 9 月 6 日

【目　录】

读书感悟篇

人生思考篇

读书感悟篇

关于企业谋略的思考

/2000年10月2日

面对秘鲁铁矿的处境，想到《孙子兵法》中的“变胜”。《孙子兵法·谋攻篇》中说：“知己知彼者，百战不殆”。《孙子兵法·地形篇》中又强调：“知彼知己，胜乃不殆，知天知地，胜乃不穷”。

一个有47年生产经营历史的老企业，想变胜，首先，是知变，明确变什么？其次，是善变。因势利导，抓住时机而变，不错失良机。第三，是速度，就是变革要快，一旦决定，果断执行，不拖泥带水。

所谓变，即不墨守成规，一切从实际出发。变不是心血来潮，一时冲动；而是审时度势，果断决策。变不是为变而变，哗众取宠；变是为了争取主动，顺应潮流。变是前进、探索，因势利导。这符合唯物辩证法的发展变化基本原则。秘鲁铁矿的变，一定要立足现实，着眼未来。统筹考虑，循序渐进。切忌操之过急，防止半途而废。一旦实施，一鼓作气，凝心聚力，不达目标不罢休。

《孙子兵法·势篇》中说：“凡战者，以正合，以奇胜。故善出奇者，无穷如天地，不竭如江河”。今天的商业竞争也有奇正之术的巧妙应用与推陈出新。“奇正相生，德智相融，治乱相宜，破立相协”。在激烈的商业竞争中，奇以正为基础，没有正的基础，奇就是空中楼阁。就企业而言，正就是管理规范化，经营决策制度化。奇是应对时势的经营谋略。奇正相生的基础是完善的管理、良好的生产组织，先进的工艺技术、优良的产品、优质的服务等。奇在扬长补短、出奇制胜上独树一帜。没有完善的管理和竞争能力，奇不会产生奇效，更不会产生奇迹。

一厢情愿、闭门造车的“奇”，只能是无源之水，无本之木，最后昙花一现。

市场变幻莫测，但企业的核心竞争力是相对稳定的。积累并加强核心竞争力是正的坚实基础。建立在核心竞争力基础上的奇才能适应变幻莫测的市场，以此为基础的营销策略才是奇的巧妙应用，才会产生奇效，才能创造奇迹。

奇的妙用会促进正的基础扩大、实力增强，才能捕捉到稍纵即逝的机遇，在激烈的竞争中把握先机，增强竞争能力和实力。正以奇为催化剂，奇以正为动力。巧用奇术，扩大正果。

奇正二字相辅相成，但根本还是增强正的基础，扩大正的优势，巩固正的成果。以正为基础，巧用奇术要抓住关键。首先，攻其无备，出其不意；其次，避实而击虚；第三，以迂为直，以退为进，不战而屈人之兵是也。攻其无备、出其不意的根本保证是知己知彼。重点是知其所长，攻其所短；避其锋芒，击其虚弱。以迂为直、以退为进是具体策略。三者不可分割，构成策略的统一整体。

企业如何在经营上做到出其不意、攻其不备呢？（1）经营决策出奇招，打破常规，逆向思维。（2）经营目标出奇点，在正常的市场目标之外，寻找未开发的处女地，填补空白。（3）产品创新出奇葩，以满足用户特殊需要为出发点，以方便客户、提供优质服务为努力方向，不断推出新产品。（4）分销渠道出奇道，打破常规方式，探索新的途径。（5）促销策略出奇思，不墨守成规，不随大流。以上的奇招能否奏效，关键在于正的基础、正的实力。没有正的强大后盾，再奇的营销策略也不会扩大正果。秦池酒的销声匿迹就是最好的见证。

作为经营者，既要培养奇思，形成妙想，更要脚踏实地，加强正的基本功，增强正的竞争力，培育正的凝聚力。不哗众取宠，不急功近利，不做表面文章。

读《挺经》有感

/2001年1月10日

自从到秘鲁铁矿工作以来，除了看外国管理书籍外，也看了很多国学经典，其中，有两本书始终不离左右，一本是《素书》，另一本是曾国藩的《挺经》。有空时读《挺经》，领悟道理；遇事时读《挺经》，寻找支撑。在秘鲁铁矿极其困难的环境下，《挺经》与我同在，克服了一个又一个困难，渡过一个又一个难关。读《挺经》铭记一句话：“大丈夫打掉牙和血吞”。反复读《挺经》，感触颇深。学习曾国藩，意志坚定。曾国藩的一生，是“勤敬爱民、勤谦自律、勤忠敬业”的一生。曾国藩是我的学习榜样。

古之成大事者，时刻都在告诫自己要“勤奋、敬民、谦恭，忠于职守。”曾国藩本人是“勤奋、敬民、谦恭，忠于职守”的楷模。他的勤敬观表现为：（1）肩负领导社会、转变风气、培养人才之责任；（2）严以律己，以身作则；（3）学识渊博，知人善任；（4）广收、慎用、勤教、严绳。集中体现了他追求的“民心顺、国家安”的目标。正是：“政之所兴，在顺民心；政之所废，在逆民心。”

曾国藩的勤谦观表现为勤奋、谦逊，强调个人修养。防止居官四败：（1）懒惰任下者败；（2）傲狠妄为者败；（3）贪鄙无忌者败；（4）反复多诈者败。警惕居家四败：（1）妇女奢淫者败；（2）子弟骄怠者败；（3）兄弟不和者败；（4）侮师慢客者败。

曾国藩的勤忠观表现为兢兢业业，尽职尽责。他认为，“以人事与天争衡，莫大乎忠勤二字。乱世多尚巧伪，唯忠者可以割其习。末俗多偷惰，惟勤者可以遏其流。忠不必有过人才智，尽吾心而已矣。勤不必有过人之精神，竭吾力而已矣。”

在风雨飘摇的晚清，曾国藩能发挥力挽狂澜的重要作用，源于他个人的勤敬、勤谦和勤忠。面对秘鲁铁矿的困难局面，曾国藩是我们最好的学习榜样。他的勤敬、勤谦、勤忠应该成为自己和员工的行动指南。无论遇到再大的困难，我们都要恪守坚持。静坐常思己过，检点自己的行为是否符合勤敬爱民、虚怀若谷、忠于职守的标准？是否有骄傲情绪、堕落行为？人生修炼以曾国藩为楷模。不怨天，在勤字上下功夫；不尤人，在忠字上做文章；不懈怠，在谦字上找出路。

《挺经·廉矩篇》中指出：“崇俭约以养廉。欲学廉介，必先知足。事事知足，人人守约，必可挽回。”这对当今的秘鲁铁矿是何等重要。我们多么需要这种共识，尤其是基层员工。治世之道，专以致贤，养民为本。治企之道，贵在聚贤，发展为本。发展之道，贵在养廉。养廉之道，贵在知足。崇俭养廉，领导以身作则。企业即使有利润也不能铺张浪费，何况秘鲁铁矿严重亏损，更需要崇俭养廉。因此，在建设企业文化的同时，要弘扬中华民族的优良传统，将其在秘鲁发扬光大。在深陷困境的秘鲁铁矿，让崇俭养廉的思想深入人心。然而，崇俭养廉能否蔚然成风，关键在领导自身。因此，作为经营者，除了在开拓市场上率先垂范外，在崇俭养廉上要身体力行。要求别人做到的，自己一定做到。作为农民的儿子，崇俭养廉有传统的本色。只要牢记使命，保持本色，就可以做员工崇俭养廉的表率。然而，告别种田多年，在经营者的位置上继续保持勤俭的本色，不忘本，不变色，还必须加强自身修养，克己守礼。不为体制原因所困惑，不为名利诱惑而动心，廉洁知足。抓管理从治本入手，淡泊名利，清心寡欲，以身作则。只要领导崇俭养廉，挺住艰难；全体员工安分守己，尽忠职守；秘鲁铁矿一定能起死回生，再创佳绩。

《挺经·盈虚篇》中开宗明义指出："尝观《易》之道，察盈虚消息之理，而知人不可无缺陷也。"其实，自然界的万事万物都充满了辩证关系，企业亦然。因此，对秘鲁铁矿的先天不足和后天困难，我们就不要庸人自扰了。我们应该勇于面对现实，敢于改变现状，集中精力、智慧，做自己该做的事情。学习古人的理论，借鉴今人的经验。确定秘鲁铁矿定位，以生存求发展，不好高骛远，宁守其缺，不求其全。学习今人理论，借鉴古人经验，坚守生活准则，不追求轰轰烈烈，不羡慕灯红酒绿；淡泊宁静，虚怀若谷。知足常乐，清心寡欲。不断加强自我修养，吾日三省吾身，反思不足。遵循自然法则，事不可为，不强为；事可为，百折不回。

挺住艰难，既要有高尚的道德操守，也要有坚定的意志品质。挺住艰难，既要有运筹帷幄的决策能力，还要有决胜千里的指挥魄力。挺住艰难，既要有凝心聚力的人格魅力，也要有娴熟的业务能力。学习《挺经》，熟悉盈虚之理，不求全责备。运用《挺经》，正心诚意修身，铭记居家四败；运用《挺经》，致知格物敬业，牢记居官四败。防微杜渐，崇俭养廉。选贤任能，身先士卒。凝心聚力，挺住艰难。

重温《挺经·藏锋篇》，对挺住艰难有了更深的理解。"君子得时则大行，不得时则龙蛇。龙蛇者，一曲一直，一伸一屈。"作为经营者，在市场低迷之时，显然不是得时之机，不能大行。应以龙蛇之势应对，一屈一伸。在不得时的大环境下，摆脱困境不能一味执着，刚直不阿行不通。应该深悟龙蛇之道，一曲一直，一伸一屈。

展望未来，企业的生产经营形势依然严峻，竞争更加激烈，生存的压力更大。牢记龙蛇之形，因时因势而动。领悟龙蛇之理，探索生存之道。借鉴经验，少走弯路。然而，龙蛇之形易记，伸屈之技难学。实乃冰冻三尺，非一日之寒。

龙蛇之道的关键是藏锋。藏锋的关键是讷于言，慎于行。守仁义，戒傲气。蓄势而发，待时而动。藏锋应从修炼开始，正心诚意，修身齐家。藏锋应持之以恒，忍耐、等待。不患位之不尊，而忧锋之未藏。面对激烈竞争的生产经营环境，勿意气用事，应冷静顺应。藏锋是永无止境的修炼，循序渐进，不能半途而废。挺住艰难，是意志品质的考验，是能力水平的较量，是凝心聚力的魅力，是运筹帷幄的结晶。

挺住艰难，路漫漫其修远兮，吾辈在跋涉中探索。

核心竞争力战略初探

/2001年6月4日

《核心能力战略——以核心竞争力为基础的战略》一书把传统管理文献中的类似术语“实力、技能、竞争力、能力、组织知识、无形资产”概括为核心竞争力（core competence）。

核心竞争力是企业拥有的特有资源和能力，竞争对手很难模仿。企业通过这种特有资源和市场机会相匹配，就形成了自身的竞争优势。核心竞争力除对手难以模仿外，它具有价值和稀缺性特点。它含有企业特有的资产、知识、信息、能力、特点和组织程序、具体反映在财务、人事、组织和生产过程。

不同企业拥有不同的竞争力，对竞争力管理利用好的企业在竞争中能够占据主动，并有意识地培养、开发竞争力，使其在竞争中的优势更加明显，为企业带来更大的收益。

企业管理者要使其核心竞争力资本化，需要对其鉴别，对如何开发、利用、扩展这种资源进行决策。利用企业特有资源制定公司的核心竞争力战略的过程，是一个学习的过程。这个过程包括知识获得、知识共享和知识运用三个阶段。不同阶段相互促进。

根据竞争力有价值、稀缺和难以模仿的三个特征，鉴别本企业竞争力是管理竞争力的起点。在鉴别竞争力的过程中，还应该全面揭示本企业的弱点和不足，分析外部环境的有利因素和风险。利用外部环境的有利因素，发挥企业竞争力优势，回避企业自身的弱点和外部风险。这是有效利用竞争力的根本。有目的地培养竞争力，协调不同竞争力之间的关系，实现优势互补，加强企业的总体竞争力是开发竞争力的主导思想。

不管是鉴别竞争力，还是利用竞争力和培养竞争力，都是全体员工的共同任务，不只是总经理和规划部门的事情。因此，在企业内部开展群众性的学习活动是增强企业竞争力的基础。通过学习获取新知识，掌握新技能。企业内部员工之间实现知识共享是形成竞争力的关键。有效运用共同掌握的知识，以形成企业的竞争优势。

核心竞争力战略的形成实际是统筹考虑外部因素和内部条件的有机结合。在开发环境机会、抵御环境威胁时，运用其内部实力避开内部弱点，以获得竞争优势。抓住机遇、抵御风险、运用实力、避开弱点是运用核心竞争力的关键。即SWOT分析法（strengths、weaknesses、opportunities、threats）。

核心竞争力是一种潜在的生产力。需要企业领导有计划、有组织地系统开发。在开发过程中要因地制宜，从实际出发，不能千篇一律。要充分考虑企业文化的约束、不同行业的特点以及应该遵循的商业规则。

竞争力的鉴别源于学习。竞争力的培养和利用也离不开学习。把企业看作一个学习的试验工厂，对内部知识进行加工、创新和实验；对外部信息进行整理、筛选，在现存的生态环境中以有效的措施解决问题。在现有条件下，优化组织结构，完善工艺过程，激发全体员工的工作热情和创造性，为每个人提供施展才华的舞台是保持竞争力经久不衰的动力源泉。

培养竞争力遵循共同的系统观：（1）找出现有程序需要解决的各种问题；（2）确立一种平等的价值观；（3）增强激励机制，被授权的个人在组织中将受到充分的尊重。他们有主人翁精神，自信、自由，并有不断解决问题的强烈动机。

找出了需要解决的各种问题，就必须通过收集信息、整合知识，找出解决问题的有效途径。为此，应遵循以下原则：（1）提倡内部知识整合；（2）奉行知识共享的价值观；（3）通过教育和培训实现上述目的。

在收集信息和知识整合的基础上，提出解决问题的措施，挑战现状。遵循以下工作思路：（1）进行不断的革新和试验；（2）提倡勇于冒险的价值观；（3）有针对性地建立聘用人员程序，确保员工队伍的创造性经久不衰。

树立博采众长的价值观，有效整合外部知识，容忍并接受外部知识，为实现和外部知识共享建立完善的渠道，制定相应的制度保障。

企业发展的关键就在于如何利用环境机会，增强自己的实力，克服自己的弱点，抵御环境的威胁，显示企业实力及价值。促进知识的获得、共享和有效运用，培育竞争力，扩散竞争力，整合竞争力，发挥竞争力，更新竞争力。这是一个永不间断的过程，是一个从实践到认识、再从认识到实践的循环往复、以至无穷的过程。管理者是维持这个过程正常运行的动力源泉和操作者。

《核心能力战略——以核心竞争力为基础的战略》一书谈得是企业核心竞争力。其实，对每位员工有具体的指导意义。把自己置身于人才竞争的大环境中，同样有捕捉环境机会、抵御环境风险的问题，应发挥自己的长处，弥补自己的不足。以唯物辩证法的观点分析个体的核心竞争力，就会走出“死生有命、富贵在天”的误区，就能发现不同个体有不同命运的真谛，就能摆脱生不逢时、命运不佳的自卑意识。

个人要在千变万化的社会中生存下来，首先，要学会利用环境提供的机会，避开环境可能带来的威胁。这就要求个人分析环境、了解环境、适应环境、利用环境。其次，要分析自己的实力、能力、优点，扬长补短，避实就虚，避开山穷水尽的命运，迎来柳暗花明的美景。个人要在激烈的竞争中生活得比别人好，工作有进步，事业有发展，不能只凭侥幸走捷径，要充分利用外部环境可能提供的一切机会。古语云：识时务者为俊杰。一语道破天机，把握事物的内在联系，可以遇难成祥、逢凶化吉。这是避开外部环境威胁的典型，也是利用外部机会、发挥自身优势的最高境界。

作为企业经营者，不但要培育企业的核心竞争力，而且，要构建学习型组织，培育员工的核心竞争力。把员工的职业生涯规划和企业的发展战略有机结合，在提升员工核心竞争力的基础上构建企业的核心竞争力。企业员工核心竞争力培育得越成功，构建企业核心竞争力就越有优势，在利用外部机会、避开环境威胁方面就越主动。

企业的核心竞争力战略，立足于员工核心竞争力的培养、提升，着眼于企业内部资源的有效整合、优势互补，在知己知彼的基础上，运筹于帷幄之中。唯有此，才能决胜于千里之外。这是企业经营者的神圣使命。

从核心竞争力战略出发，秘鲁铁矿首要任务是培养称职的员工，能够尽职尽责。在此基础上不断提高整个队伍的工作能力和竞争实力。主要途径是构建学习型组织，通过“学习知识、共享知识、运用知识”的途径，发掘员工的潜力，发现潜在的竞争力。在此基础上，有针对性地培养竞争力，开发竞争力，整合竞争力；从整体上提高全员素质，使不称职者称职，鼓励尽职者，淘汰渎职者。这是一项艰苦细致而漫长的工作，不能操之过急。

加强修炼，走出误区

/2001年9月28日

今天阅读《第五项修炼》前三章，深受启发。该书提出的五项修炼，其哲学基础是系统论思想。作者用系统论的观点考察企业和社会，分析不同企业的成败，总结出五项基本法则：系统思考、自我超越、改变心智模式、建立共同愿景、团队学习。

这五项基本原则是一个有机整体。系统思考是关键，如果缺少系统思考，我们的愿景将止于对未来不着边际的描述，对如何整合运用相关力量缺乏深刻理解；系统思考也需“建立共同愿景、改变心智模式、团队学习和自我超越”发挥其潜能。建立共同愿景，是培养成员对团队的长期承诺；改善心智模式专注于以开放的方式，找出我们认知方面的缺失；团队学习是发展团体的力量，使团体力量超过个人力量的总和。自我超越则是不断完善自己的一面镜子。

研究企业应该把企业放在系统中从五个方面分析，找出个体和团体之间的内在联系，把个体的愿景和团队的发展愿景有机结合起来，寻求增强团队实现共同愿景的途径，带领团队共同学习，共同前进，不达目标誓不罢休！

由于受传统思维的影响，对照五项修炼的内容，我们很难自觉地做到全部五项修炼；相反，很容易自觉不自觉陷入误区：一是局限思考。人们往往只专注于自身职务范围，不会对所有职务互动产生的结果有责任感。二是有问题时归罪于他人。人们往往不限于指责组织内的同仁，还会埋怨外部环境。三是缺乏主动思考的积极性，有时会冲动，陷入复杂事件的陷阱中。四是专注于个别事件，忽略渐进性变化带来的影响。五是误入陷阱而不觉。六是凭经验办事导致的失败。七是团队内部不协调引起的内耗。所有这些问题，有个人原因，也有组织的原因；有时是二者交织在一起，导致恶性循环，以堂而皇之的理由在扯皮，在断送一个有机体的前途和生命力。比如，企业的管理团队把时间花在争权夺利上，或者想方设法避免任何使自己失去颜面的事情发生；同时，佯装每个人都在为团队的共同目标而努力，以维持一个组织团结和谐的外貌。这实在是令人啼笑皆非的事情，但确实时有发生。

作为管理者，我们应该以冷静、审慎的态度找出工作环境中潜在的危险因素和司空见惯的障碍性因素。以敏锐和机制的眼光探求其真正的危害，以严谨、务实的态度寻求解决问题的对策，以果断、负责的态度采取行动，并最终达到理想境界。这是成熟管理者应该掌握的基本技能。

要学会以系统的观点看待现实世界中任何因果关系构成的系统，以把握全局。然而，现实生活中的任何事件并不存在简单的、一目了然的因果关系，不同的系统有不同的因果关系。一种是增强型反馈，会产生强烈的震荡效应，一种是调节性反馈，还有一种存在时间延滞。鉴于此，对任何事情都不能孤立地看，应仔细解剖其因果之间的互动类型，有针对性地采取措施，因势利导。

然而，真正吃透因果关系、纵观全局、掌握重点并非易事；既需要管理者具备渊博的理论基础和丰富的管理经验，又需要管理者能保持清醒的头脑，能够抵御急功近利思想的诱惑和投机心理的驱使，始终坚持高标准的服务质量，不断增加服务内容，不断增强服务意识，在改进完善服务中找到经济增长点——系统的杠杆点；还需要以发展的观点去完善现行的结构体系，逐步剔除限制性因素。最关键的是培养所有员工认真学习系统思考的技巧，掌握系统思考问题的方法，在工作中实现知识共享，以形成企业的核心竞争力。

这应该成为每个人的努力方向，以谦虚的态度博采众长，以顽强的毅力战胜各种困难。这与传统管理有本质的区别。传统权威组织的信条是管理、组织与控制，而第五项修炼的信条是愿景、价值观和心智模式。

调整心智模式在第五项修炼中占有重要地位，既是改变自己传统思维方式的转折点，也是增进和别人沟通、交流的有效途径。人的思维方式和行为准则是形成心智模式的基础，改变已经形成的思维方式是一件很困难的事情。这需要摆脱传统习惯和过去工作经验的误导，需要以开放的思想面对社会，面对不同意见。

随着社会地位的提高，改变心智模式的难度加大，很容易陷入经验主义而刚愎自用。唯有以开阔的胸襟、开放的视野面对荣誉、地位和自尊，才可以逐渐调整我们的思维方式，化解人为的误解和矛盾，真正了解事情的真相，提高决策水平和应变能力。

对一个集体而言，通过领导调整心智模式来影响全体员工的思维方式，逐步使全体员工的心智模式也发生变化，使大家能在一起深度交流，达到有效沟通的目的，互相启发，共同提高。调整心智模式对充分发挥广大职工的聪明才智有着十分重要的作用。通过调整职工的心智模式，建立共同愿景，形成共同的价值观，为共同事业奋斗。这是管理者的神圣使命。加强修炼，走出误区。路漫漫其修远兮，吾将上下而求索。

商者，企业之大事

/2002年12月16日

今天，阅读《商人活用孙子兵法》第一篇。兵者，国之大事，不可不察。为孙子2000多年前的深刻分析所震撼。孙子对国家、战争的分析是如此透彻。孙子的见解对今天的商战有重要的指导意义。

道、天、地、将、法五事，在今天的企业经营中可以找到相对应的内容。道是企业经营理念，天是商业机会，地是经营环境，将是管理者，法是管理制度。这五者是企业家必须统筹考虑的系统工程，不能偏废其一。

形成科学的经营理念，统一员工的思想意志，指出企业的发展方向和奋斗目标。这是企业家的重要使命，也是合格企业家应具备的起码素质。

深入实际，认真分析商业环境，及时发现有利时机和商业机会是对企业家经营能力的具体检验。一个合格的企业家，不仅知道企业所处的大环境，而且，应该知晓企业所处的小环境。不仅要知己，更重要的是知彼，善于在比较中发现机遇。

制定科学的制度，规范员工的行为，带领员工开拓市场、创造利润是企业发展壮大的根本保证。企业家应该从实际出发，充分考虑员工的切身关切，准确把握市场走势，优化管理流程，提高运营效率，培育核心竞争能力。

企业发展离不开企业家，更离不开科学的管理制度。明确的奋斗目标凝聚员工的力量，共同的愿景激发奉献热情。企业的成功既要抓住市场机会，又要学会适应环境，巧妙应对经营中的各种困难，趋利避害，以系统观统筹企业内部的天、道、地、将、法五者之间的关系，协调运转，稳妥推进，实现经营战略，创造经营业绩，造福员工队伍，回报股东和社会，履行企业的社会责任。商者，企业之大事，不可不察。

个人危机管理的思考

/2003年11月10日

在学习《企业危机管理》一书过程中，一个强烈的信号在脑海里反复闪现：个人危机管理。在研究企业危机管理的同时，也要学会对人生危机的管理。当灾难来临时，要有面对危机的勇气和解决危机的智慧，不能让危机任意扩散。

当危机爆发时，人生同样处在向上提升或向下沉沦的转折点。学会控制危机，因势利导，逐渐地从逆境中走出，进入正常的发展轨道。其实，危机并不可怕，可怕的是不知道危机在哪儿，最可怕的是跌倒爬不起来或爬起来却没有汲取教训，又在同样的地方再次跌倒。再次跌倒，并不能保证再次爬起来。

危机并不是突发的。在危机变化的动态过程中，有许多见微知著的量变过程。人生所犯的错误中，最严重的不是一次性的失败，而是每天例行性的错误，终年累月所造成的积微，形成个人素质之“癌症”。这种发生于平时不易察觉的错误，往往才是造成个人失败的主要原因。

危机刚开始是星星之火。如果把星星之火控制住，就不会爆发燎原之势的危机。因此，防患于未然是个人危机管理的关键。认真审视自己每天的言行，及时调整思维、工作方式，及时发现异常信号，冷静面对异常信号，果断采取有效措施。既注重自身的工作、学习，又要反思自己的不足，有意识地思考可能出现的危机，积极应对。以积极的态度创新思维，改变思维习惯和工作方法，改进工作业绩，提高综合素质，积极行动，提升个人影响力。

领悟

无论是危机管理还是创新发展，关键是行动。回顾自己过去的工作，虽说一直很努力，但自身的不足，始终没能及时弥补，以至于总犯类似错误。盲目自信，不注意周围的氛围；低头拉车，不抬头看路。

自己的最大教训是遇到挫折时，能反思总结，但防范的措施不能落到实处，特别是不能持之以恒地改变自己的缺点。反思多停留在纸上，多数不能具体落实。现在看，多好的理念，多么伟大的方案，如果不能立即付诸实施，只能是理念、方案而已。把想法付诸行动是事业成功的基础。

从现在起，从小事做起，从点滴抓起，改变盲目自信、盲目乐观的习惯。增强危机意识，凡事多问几个为什么，多考虑一些防范措施。吃一堑，长一智。

培育领导力

/2004年2月8日

杰克·韦尔奇说过："在这个竞争求生存的知识经济时代，要想获得成功，只有不断提升自己的能力，增强自身的综合素质，不断地提高自己的领导力。"

面对新的经济规则、变化了的市场环境和国际化的竞争，如何提升企业的经营管理水平，铸就核心竞争力，特别是提高CEO的领导力，在竞争中生存与发展，对中国的企业及经营管理者来说是一个十分严峻和永恒的课题。

领导力是一种能够激发团队成员热情与想象力的能力，也是能够与领导一起全力以赴实现企业成长目标的能力。同时，领导力也是领导者综合素质的体现，从情感上影响下属团结在自己周围的一种凝聚力。

领导力不是与生俱来的，是在领导实践和工作中慢慢培养起来的；领导力不是永恒不变的，是一个没有终点的发展过程，领导力不是个人智慧的全部，它是集个人智慧、群众创造力而形成的感染力、号召力和推动力。

有智慧的领导者从不为过去而满足，更不会沾沾自喜，而是虚心学习别人的经验，借鉴别人的长处，结合实际不断调整自己的工作方法，不断更新，充实自己的领导力，以适应新形势、新环境的要求。

领导力是一种借助他人完成工作任务的艺术。如果你想圆满完成工作任务，那么必须对员工进行激励、启发和引导，必须虚心倾听他们的意见和建议，及时了解员工对自己的反映。要做到这一点，领导者就要放下架子，从发号施令的角色转换到执行命令的角色，体会下属在执行命令中遇到的问题以及他们的想法和困难。只有设身处地了解下属，才会和下属形成共同语言，才能找出激励员工的有效措施。

让员工尽职是不够的，应该想办法让员工释放全部能量，要做到这一点，仅靠行政命令是不够的，必须让大家看到共同的愿景，为了实现这个目标而不遗余力。

激励员工除了改进、完善制度和分配政策外，更重要的是要增强全体员工的凝聚力。通过领导自身的实际行动感染员工，用自己的理念引导、启发员工。

总而言之，领导力不是个人能力的叠加。一个领导班子的领导力应该是班子成员能力的有机结合。如果优势互补，集体能力会大于个人能力之和。否则，会互相抵消，合力为零。领导班子能力的整合同样需要角色换位思考，不能以自我为中心。

正确处理领导个人和领导集体、领导和群众的关系，是提高领导力的基础，角色换位则是处理好各种关系的关键。克服个人英雄主义心态，树立全局观念，有利于领导力的形成和提高。

执行力是企业成功的保证

/2004年5月25日

读了Larry Bossidy的《执行》一书，对执行有了深刻的认识。以前，把执行看作是完成任务的过程，没有从实施公司战略的高度去认识“执行”二字。读了《执行》以后，才发现大公司的兴衰都与公司的执行能力有密切的关系，CEO的任务就是执行。不论中国企业，还是外国企业，凡是成功的企业都有很强的执行能力，反之亦然。

执行有丰富的内涵，不是我们平时想象的那么简单。它包含公司战略、人员流程和运营流程。制定公司战略时，不仅要提出战略，关键是考察公司执行战略的能力，考察战略是否符合公司的实际情况，考察战略的可操作性。同时，制定公司战略时要考虑完成战略的合适人选，每个人应该明确自己要执行什么？什么时间完成？完成任务的意义和影响力？

为了保证战略可执行，并取得预期效果，要有一套科学的运营流程，流程的每一个环节都在执行自己的任务。执行是一门科学，更是一门艺术。执行是对现代科学管理的一个贡献，让人们真正明白使企业成功的是执行，而非空泛的理论和战略规划。

企业的成功取决于其执行能力，而企业的执行能力高低则取决于主要领导的执行能力。一个合格的执行领导，既不是高高在上的官僚，也不是事无巨细的微观管理者，而是深入了解企业现状、发展战略、职工队伍现状及实现战略的执行者。根据企业现状、外部环境条件提出可操作的发展战略，并把责任落实到人。领导及时跟进各项工作，及时发现问题，及时解决问题，确保各项工作按计划推进。具体说，执行领导者应该具备以下基本条件：（1）了解企业和员工，实事求是地评价企业和员工，据此，提出公司的发展战略；（2）坚持以事实为基础，从实际出发，量力而行；（3）确立明确的目标和实现目标的先后顺序；（4）跟进，及时把握各项工作的进度、各环节的衔接程度；（5）对执行者进行奖励，论功行赏，不能被夸夸其谈的理论家蒙蔽，重成功，重业绩；（6）提高员工能力和素质，就是提高其执行能力；（7）领导要了解自己的长处和不足，敢于解剖自己，发现不足，勇于改正错误，虚心向任何人学习。

企业没有执行力就没有竞争力，领导亦然。因此，一个成功的企业，既重视执行文化建设，更重视执行能力的建设，二者不可偏废。一切以企业的经营业绩为标准来衡量。把执行文化上升为执行力，使企业的执行能力和竞争能力融为一体。

再好的战略，如果不付诸实施，也只能是方案、设想而已。企业要靠不折不扣的执行解决问题。执行不仅意味着服从、按计划进度推进，执行还要认真分析、解剖自己和企业实现战略的能力。如果企业因组织结构、文化等原因影响企业各项工作的顺利推进，有明显的内耗，那么，这个企业无竞争力可言。

企业应该做踏踏实实的工作。不应该追求时髦的管理名词，诸如核心竞争力新概念等，不做表面文章。其实，企业的核心竞争能力源于企业的执行能力，没有强有力的执行能力，何谈企业的核心竞争能力？当务之急，应该培养企业的执行能力。出色的执行能力源于强烈的执行意识。出色执行者的思想是开放的，能够以真诚的态度听取不同意见，认真分析执行方案的可操作性；不自以为是，不先入为主。没有真诚的态度，难以赢得别人的信任。

执行者应该有清晰的自我意识。只有客观认识自我后，才能找出自己的优点和不足，才能对自己的行为负责，随着环境的变化调整自己的心态和行为。谦虚是执行者成功的根本。唯有谦虚，才能得到有用的信息，才能从自己的错误中学习。遇到问题要反思自己的不足，而不是找借口、片面强调客观原因。执行意识不是天生的，是慢慢培养的。要想成为一名良好的执行者，就应该加强自身修养，增强执行意识，坚定执行信念，遇事不左顾右盼。

企业的长盛不衰，不仅要有强有力的执行领导，而且，要使员工的执行意识上升为执行文化。如果员工不能把企业的战略方案、奋斗目标分解成自己的具体目标和要求，企业的战略方案是难以贯彻落实的。因此，在企业内部培育良好的执行文化是实现企业目标的保证。

执行文化的形成，要全面落实到人员、运营、战略的各个环节。人员的培养、引导、激励都要围绕企业的执行文化。制定发展战略、运营流程要围绕如何有效执行展开，明确要求、标准和奖惩关系。战略方案必须基于公司的人员、资本、运营流程。

执行文化培养执行尖兵。凡事皆以执行的协作效果、解决问题能力衡量，不只是看报告、听汇报而已。企业无论大小，如果有了良好的执行文化，可以由小到大、由弱到强；可以凭借良好的执行文化培养出优秀的执行团队，在激烈竞争中立于不败之地。相反，即使大企业，如果没有良好的执行文化，在用人方面不重视执行力，仅凭个人好恶、感情用事，人才会流失，竞争力会下降，市场份额会减少。

执行文化要靠领导倡导、制度保证形成、巩固和发展。它代表企业的行为准则、价值观和处事规范，要求企业员工自觉遵守。执行文化应该不断充实，以适应外部环境和竞争对手的不断变化。由此可见，选择领导，既要考察工作经历、业务能力，也要考察个人修养、经营理念、价值准则和行为规范。首先，塑造良好的执行领导形象，为全体员工起示范和表率作用。在此基础上潜移默化，因势利导地塑造企业的执行文化，贯彻执行企业的战略、战术，推动各项工作前进，提升企业的执行能力，巩固企业的竞争能力。

从优秀到卓越

/2004年9月9日

今天是毛泽东主席逝世28周年纪念日，缅怀他老人家的一生，眼前浮现出一个从优秀到卓越的伟人。诚然，在他的后半生也犯了发动“文革”的错误。金无足赤，人无完人。由此联想到，一个人由普通成长为优秀难，从优秀成长为卓越更难，要长时间保持卓越则是难上加难。

从《从优秀到卓越》一书可以领悟到带领企业从小到大、从优秀到卓越的领袖们都是卓越的领导。他们有以下共同的特点：一是对现实刨根问底的执着态度，二是面对残酷现实的勇气，三是坚定必胜的信心，四是不达目标誓不罢休的追求，五是规范严格的自律和以身作则，六是勤俭节约的美德，七是肩负历史使命的责任感，八是敢于担当的献身精神。

对领导卓越品质的感悟，是对自己心灵深处的一次解剖和净化。要想从优秀成长为卓越，并保持基业长青，需要不断学习，不断提高和不断完善，努力克服自己的缺点，弥补身上的不足，朝着卓越的方向迈进，并以不懈努力走向卓越。不能停留在自我感觉良好的幻觉之中。

无论是个人，还是企业，从小到大的发展、从优秀到卓越的成长都可以实现，但在实现卓越之后，要想保持卓越就难了。这里有两方面的原因：一是竞争对手的成长、壮大超过了自己，二是自己在实现卓越后的居功自傲、自以为是，没有跟上时代发展的步伐，没有改变自己，失去了在新形势下的竞争优势。

针对人们经常会犯的错误，在心灵深处应该竖立警示牌：“成绩只能说明过去，保持卓越要靠不懈努力，不断自我完善。”在具体工作中应该放下“成功”的包袱，和所有人、所有企业一样，在同一起跑线上出发、比赛，要认真对待任何事情，永远保持从优秀到卓越的成长理念，要客观分析环境、竞争对手和自己，真正做到知己知彼。

学习是避免盲目自大的良师。一方面，要总结自己的过去，汲取失败的教训，探究失败的原因，引以为戒，不犯类似或重复的错误；另一方面，要向竞争对手学习，向社会学习，使自己的行为、追求和环境相适应，和社会相协调，在符合社会和环境的框架下履行自己的职责，追求自己的理想。唯有学习可以不断进步，走出“夜郎自大”的王国。

能够保持卓越成绩的企业有一个共同的特点：恪守核心价值观和核心目标，与时俱进，改变文化和运营模式，改变具体目标和策略。其实，就个人而言，要想保持卓越，也应具备这两点：一方面恪守核心价值观和核心目标，无论顺境还是逆境，都不能改变核心价值观；另一方面，随着环境的变化，工作方法、策略和具体目标都应该有些变化，这是典型的辩证法，谁掌握了这个原理，谁就可以不断进步。

由此得到的启发是：工作方法、策略应该根据不同环境进行调整，使之产生理想的效果，减少失误。适应环境是第一要务，在环境允许的条件下施展自己的才华，寻找实现自身价值的途径。最可怕的是低头拉车、不抬头看路，很容易偏离方向，做无用功。完善自我，改变心智模式，遇事换位思考。这有助于提高适应环境能力。培养良好的沟通能力、改变过去封闭的个性是适应环境的必修课。关键是适应环境，顺应潮流。

人生短暂，如因方法不当而错失良机，很难成就大事。这是一个警钟，警钟长鸣，在行进中保持恪守与改变的平衡。励精图治，沿着从优秀到卓越的方向前进。

项目经理的五项修炼

/2004年11月5日

彼得·圣吉的《第五项修炼》讲述了个人如何改变心智模式、超越自我、建立共同愿景、团队学习和系统思考。然而，涉及不同的岗位，要求全然不同。就项目经理而言，应该做好角色定位，加强以下五方面的修炼。

首先，管理过程。学会授权，不能什么事情都亲自做。既要控制工作进度，又要调动下属的工作积极性。其次，树立权威。威信是领导效能之本。没有主见，不能坚持自我，就当不好领导。同时，敢于正确对待工作中的缺点和不足，有错误及时纠正，不能掩盖错误，更不能回避问题。第三，当你在一个比较生疏的领域扮演领导角色时，学会边学习边领导；放下架子，不要冒充内行；明确自己的任务是整合资源，真正的技术问题靠专家。第四，领导每个人。领导单位就是领导每个人。领导每个人，而不是领导团队。只有真正领导了每个人，整个团队就在你的领导之下；否则，会陷入抽象的领导之中。第五，适度民主。这要因环境、因人员做具体的调整。既要有民主，又不泛民主。既要有集中，又不独裁。凭感觉找到民主和集中的结合点。

在项目管理过程中，并不是每一个出现的问题都能得到顺利、及时的解决，而需要在反馈信息的基础上反复进行分析。项目管理所面临的是一个由事态、组织、人员等因素组成的复杂的问题集合，对问题进行分析尤为重要。首先，分析问题的性质和条件。分析问题性质主要是弄清各种相关问题形成的问题集合、它们的来龙去脉，即问题的结构、过程和态势。其次，在里程碑处进行小结。将整个项目管理过程划分为几个里程碑阶段，每到一个里程碑处，应及时对前阶段工作进行小结，并对后续工作计划进行调整。第三，制定管理目标。管理目标是分层次的，包括高层目标和低层目标，低层目标比较明确具体，低层目标服从高层目标。第四，管理效果评价指标。通过评价指标来反映管理的效果。选用的指标既要符合评价要求，又可操作，可比较。第五，识别管理过程中的约束。约束是对项目管理在实践中的限制。管理方法不能违反约束条件，比如资源的限制、组织体制的束缚、法规政策的界限等。

作为项目经理，我们就是在各种约束条件下解决问题。因此，首先要学会分析问题。有效管理过程，逐渐树立威信，深入群众，边学习边领导，适度民主，科学集中，达到最终有效解决问题。这就是项目经理的五项修炼。

领导能为师

/2004年12月18日

古之师者，传道、授业、解惑也。在当今的激烈竞争环境下，要想当好一名经营管理者，也应该能为下属传道、授业、解惑。在创建《学习型组织》中，传道是首要任务，让员工知道企业的发展战略、建立共同愿景，朝着共同的目标发展。其次是授业。告诉员工如何掌握业务技能，做好本职工作，加强团队的合作与沟通，使每个员工都能胜任本职工作，提高团队的整体素质。第三是解惑。这就是加强和员工的面对面沟通，了解员工的疑惑，帮助他们分析、解答问题，提高员工对企业发展战略的认识，能够明白企业存在的理由、意义及企业追求的目标。第四是培育具有共同价值理念的企业文化，凝聚共识，激发潜能。

新时代的CEO不仅是德才皆备的指挥官，更是一位造诣高深的教师。在知识管理的变革时代，不但自己理解知识管理的要义，还要告诉员工知识管理的特点：（1）人本管理。首先，要确立人在管理过程中的主导地位，企业管理活动的重心就是紧紧围绕调动和发挥企业员工的自觉性、主动性和创造性这个中心开展一切活动。其次，要通过以人为本的管理活动，全面培养和塑造卓越的企业队伍，实现企业的可持续发展。（2）投资与收益管理。在知识经济条件下，投资与收益向知识资本、人力资本等无形资产倾斜，加强对人力资本投入，加强对知识工人的培训，建立起有效的投资与收益管理机制。（3）人才激励管理。从按劳分配到按知分配的人才激励管理，在知识经济时代，知识、信息等无形资产起决定作用。激励是管理的首要职能，只有调动、激发员工的积极性，才能实施计划、组织和控制职能，维持企业的向心力，实现企业的目标。物质激励是基础，精神激励是补充，晋升是激励员工爱岗敬业的直接动力。（4）信誉管理。诚信经营，保证企业、社会、客户之间的良好关系，承担企业应该承担的社会责任。在奉行经营理念的过程中，为社会提供优质服务，从而使企业获得稳定收入和利润，回报股东和社会。

新的岗位，新的挑战。不仅要当好领导，还能当好教师。因此，要加强学习，不断提高综合素质和知识素养。为培养新时期知识型员工、学习型组织而努力工作。新时期的员工不仅是勇猛杀敌、来之能战、战之能胜的勇士，更是一位敏而好学、不耻下问的学生。根据企业的发展战略，结合自己的工作职责，积极开展工作，坚持不懈学习。新时期的企业是一所学校。应该形成尊师重教的文化。师者为人师表，学者精益求精。

领悟

知止与进取

/2005年1月2日

隋代大儒文中子的《止学》告诫我们，在通往事业、权利顶峰的道路上要适可而止，该止就止；不能铤而走险，不择手段。他的忠告被历史上人们的实践所证实。

然而，就经营企业而言，提倡人们要有进取精神。凡事都追求完美，在实际工作中不断进步，在竞争中处于领先。这种进取精神是企业（组织）不断发展壮大的精髓。进取精神促使企业不断创新，引领潮流，在今天仍然有深远的现实意义。

在经济一体化、市场全球化的今天，跨国集团的发展壮大离不开进取精神。创新是企业进步的阶梯，进取是保持创新的源泉。对处于上升阶段的企业和个人而言，在追求领先和自我完善的同时，应该把握好知止和进取之间的关系，保持清醒的头脑，不能误入不择手段、忘记仁德原则的迷途，该止则止。否则，物极必反。就自己而言，以进取为主，遇挫折时保持冷静，该止则止。莫怨天，莫忧人。这也许是祸之福所依，塞翁失马焉知非福。永远保持一颗平常心。在追求真理和理想的道路上不断进取，在明理和个人享受方面，安于现状，该止就止。少一分苦恼，多一份满足。在知止与进取上保持平衡，走中庸之道。

新岗位充满挑战，必须以满腔的热情投入，积极推进各项工作，尽职尽责。但是，在积极推进工作的同时，要牢记《止学》的宗旨，不能盲目冒进，该止则止，知止而动。

知止就不会欲望膨胀，铤而走险。知止就能顺应时事，伺机而行。知止就能冷静。知止表现在行动上，知止源于人的理念和人生观。守中庸之道、学辩证之法是培养止学理念的基础。淡泊宁静、清心寡欲是修炼止学的最高境界。工作、事业追求高目标，生活、享受保持低水平。这样，既能磨炼自己的意志品质，又能抑制自己的贪欲冲动。

人生志存高远，为实现目标而奋斗，要拼搏。但拼搏者并非人人都能登上理想巅峰。人困乃正，命顺乃奇。因此，要正确面对生活中的困难和挫折。因为这属于正常情况，关键是在逆境中仍要矢志不渝、痴心不改，就会出现命顺的奇迹。坚持就有出路。要想以正化奇，把逆境化为顺境，有所不为是关键，该舍则舍。

行动是有计划、有目标、有准备的。既要抱最好的希望，又要做最坏的准备，能进则进，该止则止。知止而动，顺其自然。

务虚与务实

/2005年8月30日

眼下管理书籍多的眼花缭乱，刚看完《核心竞争力》，又出现了《战略竞争力》。其实，仔细分析，二者以不同角度说明企业的竞争优势。实际上，一个企业的真正优势是各种竞争力资源的有效整合，即系统竞争力。

所谓战略竞争力是指在实施长远性、根本性的战略发展目标时给经济社会发展所带来的无形的或潜在的利益，是企业未来发展的根本点。企业战略竞争力永远是企业生存、发展和增强竞争力的航标和灯塔。

战略管理的核心是战略决策，战略决策的基本要求就是要以未来变化趋势作为决策的基础，体现“现时决策的未来性”。战略竞争力是以动态竞争战略的制定为前提的，重视动态竞争互动，预测竞争对手的能力，削弱和限制竞争对手的能力。战略竞争力强调创造新的竞争优势。通过创造新优势，削弱对手的竞争优势。战略竞争力强调动态变化中的战略优势，不是孤立静止的，既有对自己未来的判断，也有对竞争对手未来的分析。此消彼长，形成自己的发展优势，即战略竞争力。

一个企业的战略应该建立在基础承载力之上，不能脱离实际，更不能赶时髦，贪大求洋。无论是核心竞争力，还是战略竞争力，都离不开企业的基础能力。企业的基础承载力是企业经营活动的载体，由动产和不动产、有形资产和无形资产组成。其中，人力资源及其有效整合是关键。人力资源和运营流程的有机结合可以提高企业的承载力。良好的经营业绩可以增加企业的现金流量，巩固企业的基础承载能力。基础承载力也包含企业内部管理、基础建设。因此，追求卓越的企业，一方面重视核心竞争力的培养，战略竞争力的培育；另一方面，要加紧基础建设，加强基础管理，打好基础，增强对外界的适应性。

最关键的是企业领导保持清醒的头脑，处理好务虚和务实的辩证关系，知己知彼，脚踏实地，不论制定什么战略，运用什么战术，都必须从企业的实际出发，量力而行，循序渐进。在人们都追求时髦的大环境下，要冷静地分析自己的长处和不足，研究外界的机遇和风险，集中精力培育基础承载力。这是企业发展壮大的根本。

什么决定成败?

/2006年7月15日

最近，热销的书有《细节决定成败》《战略决定成败》《制度决定成败》，然而，一位牧师则说，品格决定成败。每种说法似乎都有一定道理，那么，究竟什么决定成败呢?

这是一个复杂的系统工程，取决于诸多因素。作为个体，要养成良好的习惯，正心诚意修身，培育良好的品格，形成健全的人格。做事注重细节，精益求精，保持良好的合作关系，具有和谐的人际关系。精通业务，人品超群，仁义至上，德行为先，这是成功的基础。

作为企业领导，还应该具备战略思维、改革创新、科学发展的能力。战略思维能力的形成建立在勤奋学习、知己知彼基础之上，需要从传统思维方式向结构性思维方式转变。思维能力本身就是人们对世界的支配和改造能力。个人的思维能力决定一个人的生存和发展能力。组织的思维能力决定一个组织的生存和发展能力。突破思维就是从封闭思考到开放式思考，从传统思维到理性思维，从线性思维到系统思维，从分散思维到流程思维。通过提高思维质量可以提高企业的管理质量。改革创新能力建立在对经营规律、市场趋势的合理判断之上，适应环境变化，及时转变观念，改革固有体制机制，创新发展模式，激活发展动力。科学发展能力是企业从优秀走向卓越的根本保证。科学发展是追求卓越的灵魂。企业要在激烈的竞争中立于不败之地，就必须走科学发展之路。科学发展的核心是协调、可持续。组织和业务运营流程协调，管理和经营协调，战略和资源协调，领导和员工协调，内部和外部协调。人力资源可持续，现金流可持续，业务拓展可持续，核心竞争力可持续。

从优秀到卓越的企业，需要出类拔萃的经营团队，需要在卓越文化熏陶中培育成的凝聚力和市场应变能力，需要有效处理局部和全局、发展与稳定、做大与做强、效益与责任关系的能力。因此，一个成功的企业家应该具有驾驭团队、引领市场、创造业绩的综合能力。形成共同价值观是凝聚团队意志的基础，培育卓越文化是成功企业家责无旁贷的事情。因此，在激烈的竞争中始终保持成功的关键在于卓越的企业领导以身作则形成的引领全体员工共同遵循的企业文化。培育卓越文化是一项艰苦卓绝的工作，需要企业领导从点滴小事做起，从意识和思维方式的改变抓起，身体力行重塑企业文化。

成功的企业既注重细节的周密、战略的方向、制度的效率，更注重企业家的品行、卓越的企业文化和有效的执行力。企业从优秀走向卓越，路漫漫其修远兮，吾将上下而求索。

勤修身

/2005年4月22日

读付昭《处事悬镜》总有新感悟。“处贵而骄，败之端也；处富而奢，衰之始也；去骄戒奢，惟恭惟简。”今天再读这段话，又有了新的体会。随着地位的上升、环境的变化，骄傲的情绪自然滋生，奢侈的愿望自然膨胀；如果在思想上不重视节制，在行动上很难克制，有可能滑向堕落，走向失败。防止骄傲情绪滋生，戒骄戒躁；杜绝奢侈愿望膨胀，克勤克俭。

保持简朴的生活作风，戒贪、戒奢。不和别人比金钱、比地位，要知足，知足常乐。常反省自己是否无功受禄？是否缺乏合作精神。吾日三省吾身：“为人谋而不忠乎？与朋友交而不信乎？传不习乎？”静坐常思己过，闲谈莫论人非。即使受委屈、遭冷落，在工作上不能消极；学会忍耐，顺其自然，保持低调行事。

面对新环境，惟恭惟敬；解决新问题，惟忍惟让。自高者处危，自大者势孤，自满者必溢。为人处事，谨言慎行，平易近人。无论对上对下，都要谦逊平和，一视同仁；不能目空一切，不可一世。

平易是一种心态。正确对待地位，正确对待自己；长存感恩之心，不能忘乎所以，更不能盛气凌人。平易是一种修养，是道德品质的外在表现，是个性成熟的标志。凡是有雄才大略的人，都能平易近人；说话深入浅出，有“听君一席话，胜读十年书”之感。平易近人是和睦相处的法宝。人都有被别人尊重的期望。越是地位低的人，这种期望越高。作为领导，如能平易近人，必然会有良好的群众基础。有了良好的人际关系，就打开了事业成功的大门；有了稳固的群众基础，就踏上了登堂入室的旅程。平易近人是事业成功的奠基石。一个人无论多么有才，如果在工作中不能平易近人，很难在事业上获得成功。社会分工越来越细，彼此间的相互依赖越来越多；如不能平易近人，很难取得别人的理解信任，更得不到别人的支持和帮助，必然是孤家寡人。

迎接新挑战，谦卑藏锋。虎形似病，鹰立似睡。强势者求形弱。锋芒太露，容易伤人，遭人嫉妒。谦卑相处，和谐共存。理智处事，低调做人。放下架子，虚心倾听。磨炼意志品质，应对困难处境。山以高移，谷以卑安。恭则物顺，骄则必挫。藏锋行事，融入环境。铭记“三人同行必有吾师”之古训，防止自以为是、一意孤行之冲动。

修炼超越巅峰

/2005年4月27日

阅读《超越巅峰》一书，受启发，受鼓舞，更有鞭策。想超越巅峰，需明确什么是巅峰？如何达到巅峰？然后，才能考虑如何超越巅峰。从作者的观点看，巅峰是人生旅程中的一种状态。它不仅包含了事业的成功，更重要的是人格修炼达到忘我的崇高境界。巅峰是人生修炼追求的奋斗目标，以造福人类、与人和谐相处来检验你的社会性，而不是只衡量你做某事成败的自然性。达到巅峰的人必须有健全的人格、健康的心灵、和谐的家庭氛围。

要想达到并超越巅峰，必须在以下三方面不断努力、不断升华、不断完善：一是正确的态度。凡事都要以积极的态度去面对，奋发向上，不为困难所吓倒，不被世俗所左右，对生活充满希望。以足够的勇气实现自己的伟大理想，鼓励自己的每一次尝试，为生活注入活力。二是掌握专业技能。做任何事情，不仅需要坚韧、信心和热情，还必须具备专业技能，才能超越巅峰而岿然不动。三是坚实的性格基础。良好的习惯可以改变思维。思维影响行动，行动影响未来。通过有计划的训练，形成良好的习惯是超越巅峰的基础。

在激烈的竞争中，有些人事业成功，但家庭不幸；有些人堆金积玉，但心灵无法安宁；有些人拥有金钱，但无法赢得人们的信任。总之，没钱是不成功的，因为生活没有保障；但是，只有钱也不能保证幸福，钱不能取代精神满足。

一个健全的人实现全面成功至少包含以下几点：一是愉快。愉快是一种精神状态，取决于你对生活的态度、处世准则和合作精神。二是健康。健康是事业成功的基础和载体。没有健康的身体，一切无从谈起。三是富有。满足养家糊口，解决温饱问题，满足正常社会生活的开销，有一定的储蓄。四是安全。安全，既是生活环境的要求，也是心灵深处的反映，没有恐惧感，没有生存威胁。五是友情。有朋友倾诉苦恼、分享幸福，有朋友关心、惦记。六是家庭和睦。这是人全面成功的最终归宿。一个人如果没有和睦的家庭，再多的金钱也换不来天伦之乐。七是精神安宁。生活坦荡不钻营。不把自己的幸福建立在别人的痛苦之上。八是心态乐观。以积极的思维方式看待问题，正面认知社会和人群。具有快乐、自信和坚强的特质。无论贫富，都能保持乐观的心态，以积极的态度面对生活中的一切困难。

人生想有所作为，首先是自信。相信自己的智慧力量，只要有勇气，肯用功，别人能办成的事情你一定能办成。其次要坚强。遇到挫折不灰心，不气馁；矢志不渝，坚忍不拔。第三要保持快乐心态。人的一生是漫长的，如果没有快乐的心态，生活就会陷入忧郁之中。人生之事，十之八九不如意。处顺境要冷静，遇逆境要自信。没有自信，面对困难会一筹莫展，顺其自然就一事无成。唯有自信才能改变现状，创造未来。坚强是战胜困难、走出逆境的根本保证。把追求人生之美作为神圣使命，愈挫愈奋，不改初心。

保持健全的人格，培养快乐、自信、坚强的个性，就有望超越巅峰。会当凌绝顶，一览众山小。

内敛贵在恒

/2006年1月17日

人生智力差异的影响比后天意志品质的影响要小得多。大凡成就大事者，不唯有超群绝伦之才，亦必有青云不坠之志。古往今来，人们都十分重视个人修养，强化内在意志品质的磨炼。

鬼谷子《纵横经》开篇就是内敛。它强调，欲“乱中取胜、谋定天下，非长期修炼的高人不能为也。”修身内敛贵在恒，重在遵循天道。纵横天下，顺天行道，做可为之事。逆天行事，为不可为之事，虽成犹败。鬼谷子将春生、夏长、秋收、冬藏谓之为天道。知天道，方可断可为，决进退，真正成就大事业。然而，真正掌握大自然“春生、夏长、秋收、冬藏”之道，彻底悟透人生进退、名利、忍让之道，顺应潮流、因势利导并非易事。可谓冰冻三尺非一日之寒，乃千日之功。因此，仰慕功名，先沉下心来默默地耕耘；体验世态炎凉，感受人间冷暖；胜不骄，败不馁；矢志不渝，勇往直前。

时代不同了，内敛的难度加大了，外界的诱惑增加了。如果不能持之以恒地坚持，就会功亏一篑。不为名利所动，恪守清廉、勤俭、谨慎的做人原则。修炼内功，磨炼意志，锤炼品质，肩负起历史重任。振兴中华，从我做起。

古往今来，有志于为民做事、为国尽忠者，无不恪守“清、慎、勤”三字。吕本中在《官箴》中开宗明义：“当官之法，唯有三事，曰清，曰慎，曰勤。知此三者，可以保禄位，可以远耻辱，可以得上之知，可以得下之援。”君子行廉以全其真，守清以保其身。富财不如义多，高位不如德尊。立志报效祖国，敬业鞠躬尽瘁。君子务于德，修于政，谨于刑。

生于盛世，当不辱使命。情为民所系，利为民所谋，权为民所用。国泰民安，乃毕生之追求。执以危局，当临危不乱。忠于职守，信以服众，诚以待人。以忠固君臣，感天地，动神明。

养志

/2006年2月5日

人类在进化，个人在进步。这二者之间存在着内在的联系，没有人类的渐进式进化，难有个人持续的进步，尤其是个人修养方面的进步，离不开思维的进化。了解过去，指导未来；学习先哲，明心见性。

鬼谷子《纵横经》中对养志的系统论述，就是我们学习先哲、明心见性的指南。“志者，欲之使也；欲多则心散，心散则志衰，志衰则思不达也。故心气一则志不偟，欲不偟则志意不衰，志意不衰则思理达矣。”

显然，养志的关键在于抑制欲望，抑制欲望的关键在于养气。心平气和，清心寡欲。养志要耐得住寂寞，更要挡得住诱惑。人非草木，孰能无欲？人非圣贤，孰能无过？只有内敛克制，方可奠定事业之基；只有六欲不张，方可立鸿鹄之志。不计较一事之得失，不争一时之高下；忍让为先，克制为鉴。不图一时之虚名，不贪一己之私利。诚信为本，宽大为怀。不强人所难，不自鸣得意。静坐常思己过，闲谈莫论人非。不投机取巧，不见风使舵。认认真真做事，坦坦荡荡做人。

养志要超越自我，勇于挑战极限。矢志不渝，追求卓越。目光要高，不断提高理想的横杆；起点要低，不断夯实事业的基础；以愚公移山精神，构筑人生理想大厦。不怕蜀道难，何惧雪满山？三军可以夺帅，匹夫不可以夺志。有志者事竟成，破釜沉舟，百二秦关终属楚；苦心人天不负，卧薪尝胆，三千越甲可吞吴。

养志与时俱进，汲取人类进步的营养。“谨言，巧语悦人，自忧其身，闲言送日，亦搅汝神。”养志磨炼心性，借鉴先贤不屈的人格。“立志，荷道以躬，与之以言，一息尚存，永矢弗谖。”养志自我升华，陶冶自身做人的情操。“居敬，严恪齐明，以凝汝命，汝之不在，伐我生性。”养志虚怀若谷，牢记“满招损、谦受益”。

文明互鉴

/2006年5月9日

一个民族，无论历史多悠久，也不能妄自尊大；一个国家，无论历史多短，都有值得我们学习的地方。取人之长，补己之短；文明互鉴，和平共处。这是新世纪我们应该遵循的基本原则。

美国虽然只有二百多年的历史，但成为全球最强的经济大国。这其中有值得我们学习的成功智慧。美国人的成功智慧有以下几点：一是注重效果，办事目标很明确；二是强调自我，在任何事情中都要发挥自己的作用；三是白手起家，生活没有依赖思想，不靠祖宗遗产；四是勇于尝试，不怕失败，不达目标誓不罢休；五是永远自信，不迷信英雄，不迷信权威；六是实干苦干，从不投机取巧，始终脚踏实地；七是教子有方，从小培养孩子独立生活的能力。

犹太民族学会在磨难中发展，在磨难中保护自己，在磨难中主宰经济命脉，从而主宰自己的命运。逆境催生出犹太人的经商意识和经商本领，凝练为犹太人的生存智慧，金钱是生活之源。他们用金钱化解生存困局，改善生存条件。在犹太民族中流传这样一句话：“为了贫穷女孩子的嫁妆，可以在犹太教堂把《圣经》卖掉，为了这个女孩子一生富足，她的嫁妆里必须有一本《塔木德》。”

《塔木德》是犹太人的一本商业圣经。它教会犹太人在逆境中生存，通过提供商业服务赚钱。他们知道：“我们没有祖国，金钱就是我们这个民族的疆域，摩西律法就是我们的国界。”犹太人的悲惨经历，让他们早早地发现这样一个事实：“金钱是生活之源”。

领悟

打开《犹太人一生信奉的传世智慧》，展现在眼前的是“逆境磨炼出的智慧、心血凝结成的财富”，耐人深思，值得借鉴。

中华民族有五千多年的历史，勤劳勇敢，曾经创造过历史的辉煌。进入19世纪，鸦片战争使中国沦为半殖民地半封建的国家。在改革开放的今天，我们应该以开放的心态，包容借鉴人类文明，取人之长，补我之短。虚心学习美国人的成功智慧和精神，借鉴犹太人的经商头脑、顽强的生存意志和服务精神，扬长补短，积极参与国际合作，展示中华民族的优势，融合其他民族的精髓。

学习其他民族优秀文化，不能从一个极端走向另一个极端，不能放弃中华民族的优良传统。经济全球化加剧了世界各民族的相互渗透，互相影响。应该以积极的态度参加世界大融合，既要发扬中华民族的优良传统，又要学习其他民族的宝贵经验。面对困难和逆境，向犹太人学习。磨炼意志，增长智慧，学会生存，通过服务创造财富。面对竞争，向美国人学习。应对挑战，不怕失败，依赖自己，实现人生价值。

随着经济全球化、市场一体化进程的加快，谁能互鉴文明，谁就能在竞争中成长。学习别人，切忌邯郸学步，不能东施效颦。学习别人的精髓，发挥自己的优势。培养竞争意识，不忘勤俭节约；锤炼冒险精神，牢记诚信做人；在忍辱负重中学会逆境生存，在挑战极限中塑造智慧人生。勤能补拙，天道酬勤。文明互鉴，诚恳虚心。

创新思维

/2006年9月27日

《领导者之剑》一书强调了创新思维的作用。在激烈的市场竞争中，一个企业的竞争力不仅取决于企业积累形成的核心竞争力，而且，也取决于领导的思维方式。领导的思维创新不仅可以有效地整合优势资源，充分展现企业的核心竞争力。而且，通过创新思维可以发现新机遇，利用新机遇。

21世纪企业之间的竞争，不仅是企业核心竞争力的竞争、企业文化的竞争，也是企业领导创新思维能力的竞争。激烈的竞争，不仅需要关注战略、细节、智慧和态度，而且，更要关注创新思维的培养、训练。不仅领导要有创新思维的能力，而且，要培养训练一支创新思维的团队。不仅要集中精力做好眼前的事情，确保一贯的竞争优势，而且，要超前思考未来的发展方向、潜在机会、竞争对手等问题，以创新思维的方式研究应对方案，组织开展创新活动，包括创新管理、创新业务流程等。

创新不是摒弃原来的一切，创新是发扬成绩、优良传统、优秀文化，使其在新环境中赋予新的内涵，发挥新的作用。

创新并非高不可攀。《为学》篇首开宗明义，指出："天下事有难易乎？为之，则难者亦易矣。不为，则易者亦难矣。人之为学有难易乎？学之，则难者亦易矣，不学，则易者亦难矣。"毛泽东当年曾写下："贵有恒，何必三更起五更睡；最无益，只怕一日曝十日寒。"古往今来，圣贤对做事、做学问都有精辟论述，难与易是相对的；对不同的人来说，同一件事就表现的难易各异。

领悟

只要我们以积极的态度去做、去学，难事也会变得容易，可谓熟能生巧。相反，懒惰、不积极进取，易事也难以完成，必将一事无成。世上无难事，只要肯登攀。学习创新思维、培养创新思维的团队，不是高不可攀的事情。只要领导以身作则参与学习型组织建设，改变过去的心智模式，系统思考问题，就能形成浓厚的创新文化氛围。

作为企业领导，不满足于现状，不但要培育企业的核心竞争力，而且，要率先垂范，培养企业的创新思维能力。因此，首先从培养自己的创新思维入手，重新审视复杂多变的环境和激烈竞争的市场，独辟蹊径，寻找战略突破口。培养勇攀高峰的信心和决心。越是艰苦的环境，越需要创新思维；越是紧张的节奏，越能激发人的潜能；越是激烈的竞争，越能磨炼人的意志；养成创新思维的习惯，增强战胜困难的斗志。

明德与致知

/2007年1月2日

《大学》中写到："古之欲明明德于天下者，必先治其国；欲治其国者，必先齐其家；欲齐其家者，必先修其身；欲修其身者，必先正其心；欲正其心者，必先诚其意；欲诚其意者，必先知其致；致知在格物。"

先贤重视弘扬光明正大的优良品德，归根结底要抓好学习，掌握知识，研究客观事物的规律。今天重读《大学》，倍感亲切。它明确地指出一个"君子"应该努力的方向和具体人生轨迹，即"致知、诚意、正心、修身、齐家、治国、平天下"。

在新的一年里，自己依然要在明德大目标下致知，争取做到知己知彼。学以致用，为的是修身、齐家、治国、平天下。这是君子的历史使命。新的一年会有新的困难和风险，不能照搬过去的经验，仍然要虚怀若谷地学习。新的一年任重道远，靠《大学》指明方向，抓住《执行力》，提高《采纳》效率。取古今中外先贤之长，补己之短，利用和平发展的有利时机，再接再厉。不忘历史使命，勇攀事业高峰，告慰先贤祖宗。

今天抄写《弟子规》，心灵深处再次受到传统教育思想的熏陶。中国古代强调个人修养，遵循"格物、致知、诚意、正心、修身、齐家、治国、平天下"的轨迹。教蒙学读物是教育的第一步。刚开始，孩子可能并不理解其意思，慢慢地在诵读中逐渐理解其道理，在耳濡目染中实现了修身的目的。

抄毕《弟子规》，深深感受古人在教育上的良苦用心，不仅重视学知识，而且重视实践；不仅要提高自身道德修养，而且要帮助别人、关心别人，在蒙学中实现修身的目的。通过修身实践，实现蒙学倡导的理念。

掩卷沉思，现在的教育真有点见钱眼开，顾此失彼；只教书不教人，更有甚者，只收钱不教书，放任自流。呜呼，哀哉！面对市场经济对教育领域的冲击和渗透，真有杞人忧天的感觉。知识改变个人的命运，教育构建国家的未来。这二者的有机结合是教育的良性循环。

“先天下之忧而忧，后天下之乐而乐。居庙堂之高则忧其民，处江湖之远则忧其君”。重读《岳阳楼记》，再次感受到古代志士仁人通过蒙学的传统教育，沿着“格物、致知、诚意、正心、修身、齐家、治国、平天下”的轨迹，有着明确的理想，不争一时之高低，不恋一时之权位，坚守做人的基本准则：达则兼济天下，穷则独善其身。这应该是今人的座右铭。

培养青年是当务之急，国学教育是抢救迷失一代的突破口。先贤的人生追求和现代人的现实主义形成强烈的反差，缩小这种反差的根本出路在于教育。改革开放最大的失误在教育，要想重塑社会伦理道德，教育必须回归到它的社会定位：教书育人及传道、授业、解惑。

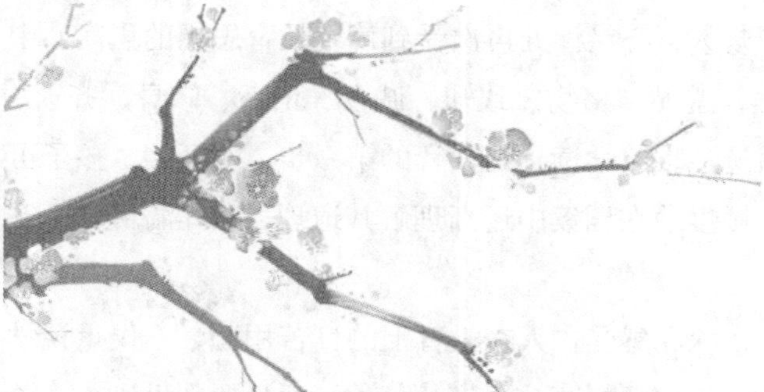

淡泊宁静

/2007年1月13日

诸葛亮曾告诫儿子："非淡泊无以明志，非宁静无以致远。"已近知天命之年，受环境影响，心绪杂乱难以平静，反倒不像以前那样淡泊宁静了。心动神疲，思绪茫然。

生活是现实的，现实是无情的。有感于此，再次提醒、告诫自己，谨慎冷静地面对现实，不为环境所动，始终固守本分。不奢望任何恩赐，更不追求公平和偏爱。只求付出，不问回报。但行好事，莫问前程。心境淡泊，不为物欲所趋。永远记住"知足常乐、能忍自安"的古训。

成人不自在，自在不成人。地位越高，自由度越小。为了追求更高的目标，就要固守清净无欲的境界。想有所为，就有所不为。欲成大事，勿因小失大；欲超越自我，勿迷恋物质享受；欲受人尊重，勿言行随意；欲攀高峰，勿怕艰辛；欲走阳关道，勿怕拥挤当道；欲成就丰功伟业，勿怕失败和挫折；欲成名，勿贪财、勿恋色；自警自省，吾日三省吾身。

今天抄写《千字文》，对其中一段话感悟颇深："性静情逸，心动神疲；守真志满，逐物意移。"古人对事物的理解，对生活的感悟非常精辟，尤其在物质极大丰富、诱惑极其广泛的今天，仔细品味这段话，具有重要的指导意义。

在五彩缤纷的世界面前，需要性静情逸；否则，就会陷入各种诱惑之中。对现实生活中任何东西的心动都会搅乱平静的心情，如果执着追求，势必心神疲惫。因此，不论权利，还是名誉，都适可而止，不执迷追逐。不论是金钱，还是美色，都要克制。不能有贪欲，更不能铤而走险。否则，会陷入困境，困惑而不能自拔；轻则心神焦虑，重则焦头烂额。

在追名逐利的潮流面前，不能当弄潮儿，随遇而安，一切顺其自然。工作尽职尽责，稍有闲暇，多和古人对话，从古人的智慧宝库中寻找消除烦恼的妙方。生活简朴知足，稍有盈余，接济亲朋，让大家一起丰衣足食。不追求时尚，不炫耀显赫。踏踏实实做事，平平淡淡生活，求得心静身宁，心旷神怡。慷慨陈词，岂能尽如人意，鞠躬尽瘁，但求无愧我心。

悟《申鉴》之道

/2007年1月21日

荀悦在《申鉴》中强调“治世所贵乎位者三：一曰达道于天下，二曰达惠于民，三曰达德于身。”以此为参考，检查自己的言行、思想，找出不足，加强修养，朝着达道于天下的目标前进，在日常工作中，奉行达惠于民的原则，让百姓安居乐业；在个人修养方面，沿着格物致知、诚意正心的轨迹，达德于身。

古代帝王虽然没有共产主义思想，但是，就其安邦治国奉行的原则看，有很多值得我们学习的地方。他们所强调的道，就是社会有序运行、百姓安居乐业的伦理道德、规范和基本原则。通过加强个人修养，以建立和弘扬基本原则：惟修六则以道经，一曰中，二曰和，三曰正，四曰公，五曰诚，六曰道。以天道作中，以地道作和，以仁德作正，以事物作公，以身极作诚，以变数作道，是谓道实。

在提倡道的过程中，始终坚持惠民的原则，强调仁德修养的重要性。这和我们今天的和谐社会目标是一致的。通过检查社会风气衡量社会“达道”的程度，找出社会存在的问题，采取措施加以解决。做人应该始终牢记“道、惠、德”，严于律己，守道如初，惠民至终，修德一生。

社会复杂，治理艰难。《申鉴》讲施政有十难：“一曰不知，二曰不进，三曰不任，四曰不终，五曰以小怨弃大德，六曰以小过黜大功，七曰以小失掩大美，八曰以奸讦伤忠正，九曰以邪说乱正度，十曰以馋嫉废贤能。是谓十难不除，则贤臣不用。用臣不贤，则国非其国也。”

领悟

古往今来，社会在不断进步，但任贤能所面临的共性问题依然存在，只是表现形式不同而已。最令人痛心的是奸佞当道，小人得志。尽管很多明君深知应该消除弊端，但执行过程中往往是事与愿违，走向反面。

察九风以定国安民，一曰治，二曰衰，三曰弱，四曰乖，五曰乱，六曰荒，七曰叛，八曰危，九曰亡。唯有君臣亲而有礼，百僚和而不同。让而不争，勤而不怨。无事惟职是司，此治国之风也。识时务，辨世风；明善恶，知进退。

察九风易，治衰国难。唯有选贤任能，近贤臣远小人，方可止衰扶弱。察九风易，除佞臣难。唯有天下为公，诚意为民，方可削乖张，除叛乱。察九风易，扶危国难。唯有抑恶扬善，崇俭养廉，方可扶大厦之将倾，挽狂澜于既倒。治国安民，路漫漫其修远兮，吾辈将上下而求索。

尊师守道

/2007年1月20日

周武王尊师太公，惕若恐惧，退而为戒。在自己的日常用品上铭刻警示语，告诫自己要立身、立德、立言。学习先贤的高尚品德，借鉴安邦治国的经验，汲取历代王朝灭亡的教训，防微杜渐。

武王尚且如此，我们更应该尊师守道。继承和发扬中华民族的优良传统，学习和借鉴西方国家的先进经验，总结和汲取以往工作的教训，巩固成绩，拓展未来。

尊师是一种美德。既要尊重师长本人，更要聆听师长的教诲，虚心听取不同意见。孔子云："三人行，必有我师焉，择其善者而从之，其不善者而改之。"在信息化的时代，向任何能为我们提供知识、信息的人学习，视他们为师长。不论地位，不论长幼。尊师要摆正自己的位置，放下架子；不能好为人师，自以为是，善于倾听不同意见。尊师要有行动，不能停留在口头上，要以身作则。

守道要经得住诱惑，不为世俗所困，不为美色所动。以"通神明之德、类万物之情"为己任，牢记玩人丧德、玩物丧志的古训。明德于天下，亲民、爱民。不忘"民可近，不可下；民为邦本，本固邦宁"的哲理，为齐家治国平天下而尊师守道，修身养性。

今天，阅读宋代范祖禹《帝学》，体会颇深。历代帝王都是治学守道的典范。伏羲"仰则观象于天，俯则观法于地，观鸟兽之文与地之宜，近取诸身，远取万物。于是，始作八卦，以通神明之德，以类万物之情"。

领悟

自伏羲以来，历代皇帝的学习态度依然，不但注重学习前人的理论知识，更注重在实践中观察。学习目的明确，就是“以通神明之德、以类万物之情”，真可谓守道之楷模。

掩卷沉思，皇帝亦如此，我们岂能夜郎自大呢？学习以解决问题、掌握规律为目的，不能停留在了解知识的只言片语上。学习注重思考，既要明白是什么，还要探索为什么，更要研究怎么办。学习要保持连续性，不能一曝十寒。“贵有恒，何必三更起五更睡；最无益，就怕一日曝十日寒。”学习要日积月累，举一反三。加深理解，触类旁通。学习不能一知半解，建立系统的知识根据地。学习要充满好奇心，善于捕捉新信息，拓展新领域。要培养创新思维，敢于对传统知识提出不同见解，善于发现问题，有志于解决问题。这是守道的根本目的。守道在于传承和创新，与时俱进；取其精华，去其糟粕；去粗取精，去伪存真。尊师守道，学之灵魂；齐家治国，人之使命。

悟《帝范》之道

/2007年1月23日

李世民在《帝范》求贤卷中写到："夫国之匡辅，必待忠良。任使得人，天下自治。故尧命四岳，舜举八元，以成恭己之隆，用赞钦明之道。士之居世，贤之立身，莫不戢翼隐鳞，待风云之会；怀奇蕴异，思会遇之秋。是明君旁求俊乂，博访英贤，搜扬侧陋。不以卑而不用，不以辱而不尊。昔伊尹，有莘之媵臣；吕望，渭滨之贱老。夷吾困于缧绁；韩信弊于逃亡。商汤不以鼎俎为羞，姬文不以屠钓为耻，终能献规景亳，光启殷朝；执旌牧野，会昌周室。齐成一匡之业，实资仲父之谋；汉以六合为家，是赖淮阴之策。故舟航之绝海也，必假桡楫之功；鸿鹄之凌云也，必因羽翮之用；帝王之为国也，必藉匡辅之资。故求之斯劳，任之斯逸。照车十二，黄金累千，岂如多士之隆，一贤之重。此乃求贤之贵也。"

一千多年前，李世民能有如此的人才观，让我们看到盛唐贞观之治的奥秘。选贤任能，不拘一格降人才。面对激烈的竞争，无论是国家，还是企业，唯有使用人才，才可以独占鳌头。完善用人选拔机制，创造优秀人才脱颖而出的氛围。人尽其才、物尽其用是重现盛世的坚实基础，是立于不败的根本保证。

治而不忘危，存而不忘亡。居安思危，崇俭诚盈。《帝范》开宗明义，写到："俭以养性，静以修身。"在历史的长河中，始终克勤克俭的皇帝寥寥无几。即使在登基之前有勤俭作风的，一旦登基也逐渐安于现状，贪图荣华富贵了。今天，再读《帝范》，对李世民肃然起敬。他是有志成就伟业之人的良师益友。

“夫圣世之君，存乎借鉴。富贵广大，守之以约；睿智聪明，守之以愚。不以身尊而骄人，不以德厚而矜物。”李世民告诫儿子，即使是富贵，也要勤俭节约，即使聪明，也不能张扬。特别强调，不因自己尊贵而对别人傲慢，不因道德尊贵而恃才傲物。

李世民既是一位明君，也是后人修身养性的楷模。面对鲜花掌声，我们能否尊而不骄？这是修身养性的试金石。随着生活条件的改善，生活上没有困难，经济上没有压力，很容易飘飘然，滋生安乐享受的思想，忘记勤俭节约的家风。忧勤惕厉，不因环境变化而滋长骄奢情绪，不因地位变化而助长傲慢作风。

忧勤惕厉

/2007年9月20日

在两千多年前《孙子兵法·火攻篇》中提到："主不可以怒而兴师，将不可以愠而致战，合于利而动，不合利而止。怒可以复喜，愠可以复悦，亡国不可以复存，死者不可以复生。故明君慎之，良将警之，此之安国全军之道也。"

英雄所见略同。毛泽东曾提出对敌作战坚持"有理、有利、有节"的原则，邓小平关于发展经济提出三个有利于。由此可见，不管是领袖，还是企业家，在做出任何重大决策之前，都要考虑事情的后果，都要检查实现目标的可行性、可靠性。在采取任何重大行动之前，都要检查工作布置、准备情况，凡事从最坏处着想，审慎地采取行动，把消极影响降到最小。

冷静、理智是决策者必备的素质。系统思考、权衡利弊、有的放矢是执行者的必备素质。作为企业领导，在小系统是决策者；作为集团子公司，在大系统下又是执行者。因此，提高决策水平和执行能力是永恒的课题，学无止境。要及时告诫自己"亡国不可以复存，死者不可以复生"，做任何决策、采取任何行动都要冷静、理智。

怒而兴师是国之灾难，富而忘本是家之悲哀。一个人能否守本分，决定了他能否担当大任。由于国企不是企业家自己的，有些人对勤俭节约不屑一顾，所以大部分企业缺乏竞争力。究其因，是经营者未富而先奢，未成而先贪，导致企业未捷先死。归根结底是未富而忘本。

在矿山恢复生产初期，穷大方、摆阔气的作风如继续下去，将难以实现企业的全面盈利。因此，一定要号召全体员工积极行动起来，防止未富先奢的风气蔓延。创业艰难需要勤俭节约。恢复生产初期投入大，没有产出，举债压力大，必须厉行节约。否则，入不敷出会被债务拖垮。精打细算是渡过难关的根本，我们不能忘本。

勤俭办企业需要从领导做起，带头起表率作用。勤俭办企业需要全员的努力，发挥大家的聪明才智开源节流。勤俭办企业需要保持艰苦奋斗的优良传统。创业艰难，唯有矢志不渝，才能立足、生存、发展。培养勤俭节约的员工队伍任重道远，唯有未雨而绸缪，精心组织，方可迎难而上，开拓、进取、创新。

重读《菜根谭》

/2008年9月15日

《菜根谭》作为一本启蒙读本，言简意明，耐人寻味；雅俗共赏，发人深思。每次阅读《菜根谭》，都有新的感悟。常读常新，思绪难平。“欲做精金美玉的人品，定从烈火中炼来；思立掀天揭地的事功，须向薄冰上履过。”这是对有志成大事者的忠告。今天读来，体会颇深。“为天地立心，为生民立命”是人生的最高境界。人要达到这一境界，必须不懈努力。修身励志，持身如泰山九鼎，应事若流水落花。要牢记“祸起玩忽之人，功败细微之事。”

求学悟道。学知识固然重要，悟道思辨人生更重要。学以致用，读万卷书，行万里路，知行合一，自强不息。如果不能把知识用于生活实践，解决问题，创造财富；所学知识的意义和价值对人生的作用并不大。学习知识重在领悟道理，把握契机。莫谓祸生无本，须知福至有因。处逆境时比于下，自己并非最不幸；心怠慌时思于上，贤才仍然在奋斗。

处世循理。人身三立，立德、立言、立功乃永恒追求。处世不怠，真诚、守信、包容乃立世之本。有德有才是基础；适应环境、外界认可是关键。知退一步之功，晓让三分之法；厚德载物，雅量容人。

克己警示。荣宠不必扬扬，牢记天外有天，人上有人；困穷何须戚戚，不忘流离失所者乐生，衣不蔽体者仍存。明世相之本体，负天下之重任。操持严明，守正不阿。

立言惠人

/2009年2月1日

今晨阅《格言联壁》一书，倍感亲切。仿佛是先贤在告诫自己如何做人，如何做事，如何做学问。文字如此精辟，刻骨铭心；内容如此丰富，开阔视野。以金科玉律之言，作暮鼓晨钟之警。说理之切，举事之实，择辞之精，皆盖古今。

掩倦沉思，古人讲立德、立言、立功。立德重在立身，立言惠及世人。孟子曰：“达则兼济天下，穷则独善其身。”要想立言，首先是博学，其次是多思，再次是总结。唯有此，才可以精炼升华。“古今来许多世家，无非积德。天地间第一人品，还是读书。”立言的基础是立德，立德的基础是修身。不因果报方修德，岂为功名始读书。

无德之人立言只是哗众取宠，为人所不齿，难以服众。有德之人立言乃人之楷模，为人所敬仰，青史留名。唯有立德、立言，方可立身于世。不为虚度年华而懊恼，不为碌碌无为而悔恨。光阴似箭，争分夺秒，惜时如金，方可有立言之机会。活到老，学到老，老不够用；三人同行，必有吾师，择其善者而从之，其不善者而改之。

人生怕进入误区，立言需审慎斟酌。人生短暂，道路坎坷，若不小心误入歧途，断送前程。世事纷繁，难辨真伪，狂妄自大会谬种流传，害人不浅。做人不可懈怠，遇事不可轻言。人生的误区源于思维。思维决定行为，行为决定个性，个性决定命运。科学的思维建立在渊博学识、敏锐观察的基础上。无知者无畏，很容易草率行事，铤而走险，陷绝境而绝望。精辟的语言，凝练于提纯升华。有心者有识，绝不会轻信谬言。

选择的力量

/2009年5月11日

今天重读《羊皮卷》一书，再次被书中的故事、哲理所感染。二十多年前，第一次阅读《羊皮卷》等励志书，深受鼓舞，坚定了自己刻苦钻研、努力工作的信心。从此，自己选择与励志书为伴，书中的哲理慢慢融化在脑海里、渗透到血液中……

人生的幸与不幸、成功与失败，很大程度上取决于自我心灵暗示。当自己相信能成功时，在心灵深处你就选择了成功，行动引导你走向成功。当畏惧困难时，在心灵深处就选择逃避，行动就表现为躲闪。当对周围的同事有好感时，心灵深处就选择了友善，建立良好的人际关系。当对周围的同事有偏见，甚至有敌意时，在心灵深处就选择了防范，行动就表现出敌意，彼此难以形成融洽的关系。凡此种种，不胜枚举。这说明一个道理，人生的成功与失败完全取决于心灵的选择。

学习前人智慧，打开心灵大门。博采众长，走自己的路，成功在等着你。然而，如何走自己的路，也绝非如此简单。心灵选择成功，需要在潜意识里注入积极的思维方式，正确面对周围的一切，胜不骄，败不馁。思维积极，行动果断。养成雷厉风行的习惯，磨炼百折不挠的意志。凡事敢为人先，受挫冷静面对。有志者事竟成，破釜沉舟，百二秦关终属楚；苦心人天不负，卧薪尝胆，三千越甲可吞吴。

心灵选择成功，行动选择坚强；百折不挠，矢志不渝。积跬步之功，行千里之路，处处留心皆学问。聚涓涓细流，成浩瀚江海，扬帆远航搏激流。意志在锤炼中坚定，思想经磨炼而成熟。品格在修身中完善，人生遇磨难而刚强。选择积极的思维方式就选择了成功。积极应对不幸和灾难，愈挫愈奋，意志顽强。不懈的努力积淀智慧，顽强的拼搏主宰命运。命运掌握在自己手里，这就是选择的力量。

人生从选择心态开始。可以选择财富，可以选择幸福；然而，现实中有些人则选择了郁闷，选择了悲伤。当你选择了积极的心态，坦然面对挫折不幸，你会乐观，变得坚强。选择了积极的心态，可以从挫折中总结经验，汲取教训，可以从别人身上学习长处，弥补不足，不断完善自己。增强对环境的适应能力，提高职业生涯的竞争能力。选择积极的心态，就会辩证地思维，客观地对待名利，正确地权衡得失，豁达地接纳意见。选择积极的心态，长存感恩之心。选择积极的心态，开启积极进取人生。选择了成功的希望，必然有美好的未来。

建本路漫漫其修远兮

/2009年12月2日

孔子曰："君子务本，本立而道生。"夫，本不正者末必倚，始不盛者终必衰。《易》曰："建其本而万物理，失之毫厘，差以千里。"是故君子贵建本重立始。

本是人生价值观、行为准则、处世哲学等。人唯有固本，才能强基。基是知识、技能和智慧等。想成大事者，首先，确立高尚的人生观；其次，精通业务。高尚的人生观建立在道和德的基础上。古三公之事，常在道也。九卿之事，常在德也。大夫之事，常在仁也。列士之事，常在义也。人法地，地法天，天法道，道法自然。固本要遵循自然规律。

格物、致知、诚意、正心是建本的基础，齐家、治国、平天下是建本的目的。修身是建本的全过程。通过修身检验建本的成效。活到老，修身到老，建本无止境。

物有本末，事有始终。知此先后，近乎道也。为人处世不能偏离原则，为官从商不能背信弃义。齐家要固本，治国需强基。弘扬正气，整肃邪佞，荐贤用能，安抚百姓，这是治国的基础。和睦邻里，尊老爱幼，兄友弟恭，安居乐业，这是齐家的根本。

不论你官多大，如果不能固本，人身的意义、价值会黯然失色。不论你多富有，如果不能固本，财富的作用和效果会日趋淡化。人要固本，不能忘本。滴水之恩，当涌泉相报。

随着时间的推移，现实和固本的要求相去甚远。固本之路漫长。古人强调未雨而绸缪，今人热衷临渴而掘井。古人重义轻利，今人重利轻义。古人崇尚仁、义、礼、智、信，今人信奉自我为中心、巧取豪夺。

这是社会进步，还是历史倒退？两者都不是。古人强调的伦理道德并非人人崇尚，仍有一部分小人佞臣靠投机而钻营。且一人当官，鸡犬升天。故这种钻营哲学有行销市场，热衷者不乏其人，效仿者摩肩接踵。今天也并非人人以自我为中心，都靠投机钻营，仍有相当多的人恪守“达则兼济天下、穷则独善其身”的理念。这是理想和现实的反差而已。

凡事预则立，不预则废。从这个意义讲，要立于不败之地，就应未雨而绸缪，因势利导，做好准备，妥善应对突发事件。面对全球金融危机的影响，要有充分的思想准备，不能盲目乐观。审时度势，防止盲目冒进。该止则止，该退则退。

古往今来，很多人在得意、得势之时忘记了知止的道理，物极必反，乐极生悲。然而，由于人性之故，一般人很难把握“止”的尺度，处顺境时，总想乘胜追击，勇往直前；处逆境时，易躁动，会铤而走险。其实，客观上需要“止”的时候，应该仔细分析“止”的约束和自身的内在缺陷。

正确认识“止”，理智选择退。以退为进，保全自己。有效利用“止”，冷静解剖己。取人之长，补己之短。坦然面对“止”，认真思考“进”，进退有据。在现实生活中止与进是相对的。知止而后有定，定而后能静，静而后能安，安而后能虑，虑而后能得。心静则神安，神安则思有所得，悟有所见。心浮则神燥，神燥则意乱。

建本需立德，立德要知止。知止需修身，修身要心静。心静则神宁。神宁易知止，知止能虑险。虑险利立德，立德助建本。建本之路漫长，吾辈需上下而求索。

知人知己

/2009年12月21日

刘邵的《人物志》开篇写到："夫圣贤所美，莫美乎聪明；聪明之所贵，莫贵乎知人。知人诚智，则众材得其序，而庶绩之业兴矣。"

知人难，知己更难。知人贵在识人用人，知己贵在务实本分。知人重在体察辨识，知己重在扬长补短。知人最怕偏听偏信，知己最怕自以为是。路遥知马力，日久见人心。知人不在于他说什么，而在于他干什么。表里如一，贵在诚实守信。知己不在于想干什么，而在于自己能干什么。凡事要有感恩的心，不要夸大自己的作用和能力，不要低估普通百姓的作用和影响力。不要把自己看得太重，不要忽视任何人的存在。

知人难在定性，孰优孰劣？孰仁孰德？知己难在定位，能高能低？能大能小？对人而言，无论其优劣，不管其仁德，要以诚相待，有效沟通，积极合作。宁愿人负我，我绝不负人。对己而言，无论地位高低，不管作用大小，要尽力去做；但行好事，莫问回报。

知己才能知人。设身处地考虑问题，潜心研究解决方案。切莫以己度人。遇事豁达大度，待人真诚守信。知人要加强修身，知己切勿居功。

唐玄宗的开元之治是知人知己的典范，值得我们学习。姚崇、宋璟的个性不同，唐玄宗能用其所长，二人的治国方略各有特色。唐玄宗知人善任，成就了开元盛世。姚崇和宋璟的处世风格迥然不同，唐玄宗对二人的使用恰当，值得后人深思。不是朝中没有人才，而是帝王能否发现人才，是否乐于使用人才。

领悟

最难相处的莫过君臣关系。在君臣相处中会有不同意见，在处理具体事务中会产生分歧，甚至是矛盾。如何处理好君臣之间的关系，关系到国家的江山社稷。唐太宗李世民和魏征的合作，为后人做出了表率。凡事以大局为重，不要把自尊看得太重。特别是臣子，即使为国尽忠，也要把握分寸；不能一味愚忠而触怒圣上，要学会把握时机，急流勇退，否则，会兔死狗烹。

我们应该学习宋璟的原则性和姚崇的灵活性，相机行事，把问题解决好。处理好君臣关系的根本是臣子做好本职工作，为圣上分忧，这是姚宋二人的共性。他们的治国方略深得圣上的赏识。唐玄宗与姚崇、宋璟和谐的君臣关系，让我们感悟到人生德为上，才为用。修德是人生的必修课。积累知识，增长才干是处理问题的根本。升华智慧是应对人生危局的护身符。品德、知识、才干和智慧缺一不可。以“春蚕到死丝方尽，蜡炬成灰泪始干”的奉献精神，尽职尽责；以虚怀若谷、博采众长的谦卑，增长学识；以扶大厦于将倾的才干，担当重任；以淡泊宁静、豁达宽容的智慧，和谐共存。此乃知己知彼百战百胜的根本。

古为今用

/2010年1月8日

《韩非子》在两千多年前提出的建议和治国方略，今天读来，倍感亲切。如果我们能以其为镜，则可以顺民意，防微杜渐。“爱臣太亲，必危其身；人臣太贵，必易主位；主妾无等，必危嫡子；兄弟不服，必危社稷。”这些论点对今天的治国安邦具有一定的现实意义。

八奸列出了君主应该警惕、防范、消除的八种危害现象：“同床、在旁、父兄、养殃、民萌、流行、威强、四方”。如要国泰民安、国强民富，必须杜绝以上八种不良风气。审慎使用“刑德”二柄，有效控制臣民，使国家在法度内运行。“奉法者强，则国强；奉法者弱，则国弱。能去私曲就公法者，民安而国治；能去私刑行公法者，则兵强而敌弱。故审得失有法度之制者，加以群臣之上，则主不可以欺以诈伪；审得失有权衡之称者，以听远事，则主不可欺以天下之轻重。今若以誉进能，则臣离上而下比周；若以党举官，则民务交而不求于法。故官之失能者乱其国。忠臣死于非罪，奸邪之臣安利于无功。”

“夫道者，宏大而无形；德者，核理而普至。道不同于万物，德不同于阴阳，衡不同于轻重，绳不同于出入，和不同于燥湿，君不同于群臣。”这高度概括了守道依法治国的理念。对今天的反腐倡廉、构建和谐社会、加强党的执政能力建设有重要的指导意义。

“道者，万物之始，是非之纪也。是以明君守始以知万物之源，治纪以知善败之端。故虚静以待，令名自命也，令事自定也。虚则知实之情，静则知动者正。明君无为而上，君臣竦惧而下。明君之道，使智者尽其虑，而君因以断事，故君不躬于智；贤者敕其才，君因而任之，故君不躬于能；有功则君有其贤，有过则臣任其罪，故君不躬于名。是故不贤而为贤者师，不智而为智者正。臣有其劳，君有其功成。此之谓贤主之径也。”

“人主之道，静退以为室。不自操事而知拙与巧，不自计虑而知福与咎。是以不言而善应，不约而善增。言已应，则执其契；事已增，则操其符。符契之所合，赏罚之所生也。故群臣陈其言，君以其主授其事，事以责其功。功当其事，事当其言，则赏。功不当其事，事不当其言，则罚。明君之道，臣不得陈言而不当。是故明君之行赏也，暖乎如时雨，百姓利其泽。其行罚也，畏乎如雷霆，神圣不能解也。故明君无偷赏，无赦罚。赏偷，则功臣堕其业；赦罚，则奸臣易为非。是故诚有功，则虽疏贱必赏；诚有过，则虽近爱必诛。疏贱必赏，近爱必诛，则疏贱者不殆，而近爱者不骄也。”

人尽其才，物尽其用，治国安邦之最高境界。依法治国，秉公办事，治事安民之唯一准绳。依法治国，路漫漫其修远兮，吾将上下而求索。古为今用，道深邃其浩瀚兮，吾昼夜而钻研。

感悟道

/2010年4月18日

老子《道德经》开篇指出："道可道，非常道；名可名，非常名。"显然，人类认识自然是一个逐渐深入、不断深化的过程，不能一蹴而就。在认识自然中感悟道，在学习过程中钻研道，在工作实践中遵循道。首先，学道于书。从人类的文化遗产中学习哲理，领悟智慧；借鉴前人的经验，汲取前人的教训，体悟认识世界的轨迹，循序渐进。学道，古为今用，与时俱进。其次，问道于人。三人同行有吾师。向师友学，虚怀若谷，深钻细研。向晚辈学，敏而好学，不耻下问。问道不问年龄。道之所存，师之所存。第三，悟道于心。时过境迁，切忌僵化。照搬书上的道理，陷入教条主义；盲从别人的经验，会犯经验主义。因此，面对现实，在学道问道的基础上悟道。悟道，不能脱离实际，不能有倾向性，不能浮躁。悟道，静思内在联系，探寻因果轨迹。悟道于心，升华于脑。凝练为智，总结为理。第四，得道于天。人法地，地法天，天法道，道法自然。在认识自然中领悟道，从生活实践中解剖道，在总结经验时归纳道。学道于书，问道于人。悟道于心，得道于天。天道酬勤，勤能补拙。

祸福相依，依循于道。福生于隐约，祸生于得意。廉者常乐而无求，贪者常忧而不足。唯慎唯廉者，福自常相伴。得意易惹祸，贪财易遭难。人以仁为己任。小人任智而背仁，为贼；君子任智而背仁，为乱。德智相佐，能成大事。缺德少仁，智为贼乱。修德育仁，智可为善。

领悟

学思不殆，知行不惑。学贵勤奋，习贵应用。读万卷书，行万里路，知行合一，悟道于心。行善积德有余荫，慈悲人生智慧萌。廉而慎，福路通；仁而智，禄自丰。知而行，守诚信。学而思，悟人生。道之所存，济弱扶贫。德之所依，仁爱是本。

有感张居正的“考成簿”

/2010年7月25日

在明朝万历年间，国库空虚，腐败横行，官僚专权，民怨载道，身为主持内阁的大臣（相当于宰相）张居正，从朱元璋那里找到了解决问题的答案——“考成簿”。张居正对六部的工作以详细的计划编制成簿，严格奖惩和晋升。

张居正推行“考成簿”取得以下成果：首先，整顿了吏治，谁也不敢无所事事了；其次，激活了经济，增加了税收；第三，开辟了“开源节流”的先河。

张居正的考成簿相当于今天的预算和业绩考核体系。但是，我们在执行预算和业绩考核体系时并没有取得如此成绩。究其因，并不是方法不好，而是执行不力。执行不力的原因是多方面的，其中是对主要领导的变通，下不为例，上帝之手干预考核不可小视。向张居正那样，以身作则，反特权、保清廉是每个官员应该坚持的基本原则。如果以上两点在新形势下赋予新的内涵，严格考核业绩，严格奖惩兑现，和官员的晋升紧密联系，国家机器的运转会高效、和谐；能有效控制“认认真真扯皮”的现象，形成“踏踏实实做事”的风气。部门工作效率会更高，官员业绩会更突出，百姓对政府的满意度会更高，百姓的生活会更美好。

有了张居正以身作则、秉公办事的作风，所谓的“深层次矛盾”都能迎刃而解，社会不稳定因素就逐渐减少，投机钻营的官员就会变成过街老鼠。其实，改变现状并不难。难就难在为官者不能都像张居正那样行事。百姓期盼官员秉公办事，人人自律才能以身作则。

凝练智慧

/2010年8月3日

最近，阅读张居正的《权谋残卷》、杨慎的《韬晦术》、来俊臣的《罗织经》和冯道的《小人经》，感悟颇多。在正统的典籍以外，还有很多为官者的权谋感悟。这些书虽不像四书五经受人推崇，但是，对指导人生依然有一定的作用。我们应该本着扬弃的精神，辩证地看待作者的观点，去粗取精，去伪存真，结合现实环境，恰当地应对困难和问题。正心诚意修身，为的是齐家、治国、平天下的远大理想。在实现理想的过程中，我们会遇到各种复杂问题，了解一些处事秘诀，多一分思索，少一分困恼。多一点选择，少一丝迷茫。

无论是来俊臣的《罗织经》，还是杨慎的《韬晦术》，都是在深刻理解中华文化的基础上，对自然、社会、人本质的解剖和高度总结，归纳出如何趋利避害。尽管书名好像与传统的伦理道德相左，但它真实地揭示了几千年来人类历史长河中生存和斗争的哲学。对初出茅庐的年轻人不乏借鉴作用。

也许人们会骂来俊臣奸诈、阴险，其实，他能把自己的感悟、经验写下来留给后人，这本身对全社会认识和防范奸诈就是一种贡献。至少，他比道貌岸然的伪君子更坦荡。了解《罗织经》不是为了害人，而是为了防范小人，防患于未然。

在人类社会前进的过程中，君子与小人争斗、公与私博弈，一直是非常残酷的事情，从来就没有“温良恭俭让”。尽管孔孟之道是社会的道德指引，但它似乎理想化了，许多人把它当作掩人耳目的工具，自己却在暗度陈仓。相反，来俊臣的《罗织经》则淋漓尽致地揭开了社会生活的真实画面，揭示了人性中的阴暗面，对我们客观认识社会、理解历史有现实意义。

张居正的《权谋残卷》是一部点石成金的经典，是为官者难得的教材，也是仕途新手的行动指南。智察卷告诫人们："察者智，不察者迷。明察，进可以全国，退可以保身。君子以惕然。察不明，则奸佞生，奸佞生则贤人去，贤人去则国不举；国不举，必殆，殆则危矣。"筹谋卷告诫人们："要顺天应人。君子谋国，小人谋身。谋国者，先忧天下；谋己者，先利其身。盖智者所图者远，所谋者深。惟其深远，方能顺天应人。"事上卷言简意明："事上宜以诚，诚则无隙，故宁忤而不欺。不以小过而损大节，忠也，智也。"避祸卷耐人寻味："廓然怀天下之心，而宜韬之晦。牙坚而先失，舌柔而后存。柔克刚，而弱胜强。人心有所叵测，知人机者，危矣。故知微者，宜善藏之。"

以智谋事上，方可趋吉避凶；以诚信事上，方可顺天应人。权谋有章可循，时局有机可图。以礼示人，以德服人，攻其心，折其志，不战而屈之。

冯道的《小人经》勾画出小人成长、发迹的轨迹和哲学。正如曾国藩所言："扬君子，而君子命蹇；斥小人，而小人逍遥。"一部《小人经》道尽小人之秘籍、人生之荣枯。它使小人汗颜，令君子惊悚，实乃千年不二之异书。冯道对小人的总结比较客观，值得我们借鉴、防范。圆通是小人的立身之本。善恶有名，智者不拘也。天理有常，明者不弃也。道之靡通，易也无虞也。这是典型的实用主义哲学。智者对于善恶不在意，在意的是个人的利益。惜名者伤其名，惜身者全其身。明理无咎，逐之非罪，过乃人也。这就说明小人的立足点是保全自己。

领悟

君子非贵，小人非贱。贵贱莫以名世。君子无得，小人无失，得失无由心也。名者皆虚，利者惑人，人所难拒哉。冯道深刻揭示了贵贱得失之理和名利的本质。从某种意义上讲，小人对事物的认识更深刻，更能抓住机会。小人为了抓住机会而不择手段。由此可见，明枪易躲，暗箭难防。君子易处，小人难防。我们不做小人，但要知道小人哲学。我们不学小人，但要学会识别小人。

感悟《潜夫论》

/2010年9月21日

东汉王符的《潜夫论》所描述的情景，在一千八百多年后的今天似乎依然可见，所阐释的道理，在今天依然可循。足见王符的见地之深，窥探之细，令人惊讶，让人钦佩。认识社会到如此境界，实乃治国之才。

“国之所以治者，明君也 ；其所以乱者，君暗也。君之所以明，兼听也；其所以暗者，偏信也。”如此精辟的论述，对家国、政府、企业都有重要的借鉴指导作用。企业所以繁荣，领导明智也；其所以乱象横生者，领导昏暗也。领导之所以明智，兼听也；其所以昏暗者，偏信也。个人之所以进步，明智也；其所以失败，昏暗也。个人之所以明智，兼听也；其所以昏暗，偏信也。

一个人能兼听不同意见，就可以避免在决策中失误；反之，偏信个别人的意见，决策会偏离正确方向。然而，在现实生活中，偏信易，兼听难。尤其是身处高位时，兼听更难。随着地位的升迁，自我感觉良好，很难听进去不同意见。相反，对阿谀奉承的话倒是津津乐道，满心欢喜。甚至，对阿谀奉承者信任有加，盲人骑瞎马而不觉，半夜临身地而不知。事业春风得意时容易忘乎所以，个人英雄主义思想膨胀；过高地估计自己的力量，过分地看重自己的贡献，过度地依赖自己的经验，在重大决策中，很难兼听，很容易偏信，这是人性的弱点，我们应该时刻警醒。兼听无害，偏信有祸。

“世之所以不治者，由贤难也。循善则见妒，行贤则见嫉也，而必遇患难者也。虞舜之所以放殛，子胥之所以被诛，上圣大贤犹不能自免于嫉妒，则又况乎中世之人哉？此秀士所以虽有贤才美质，然犹不得直道而行，遂成其志也。”王符以自己的切身感受，道出怀才不遇的原委，总结了贤难的原因。由于对贤才的嫉妒，连舜也只能悲哀地在苍梧驾崩。今天重温这段话，心底豁然。古往今来，贤都难。有志成才者，莫畏难。

治国安邦，牢记使命。夫为国者，以富民为本，以正学为基。民富乃可教，学正乃得义。民贫则背善，学淫则诈伪。入学则不乱，得义则忠孝。故明君之法，务此二者，以为成太平之基，至休徵之祥。足见王符对治学守义之推崇。知识分子的使命感跃然纸上，“为天地立心，为生民立命，为往圣继绝学，为万世开太平。”今天学习，依然有重大的现实意义。治国须务本，本立而道生。走富民道，倡正学风，乃国之大事，不可不察。

治国先治本，治学先治基。固本强基，抑恶扬善。救贫厄者于水火，匡富贵者于迷途。净化心灵，和谐共存。治国家以扶贫弱。兴学风而存德义。扶贫弱以启蒙修身，存德义要正心诚意。启蒙修身需匡正教育，正心诚意要净化师德。救教育于迷途，塑师德于迷茫。路漫漫其修远兮，吾辈需上下而求索。

借鉴管仲的管理思想

/2010年2月7日

《管子·立政篇》中指出："君之所审者三，一曰德不当其位，二曰功不当其禄，三曰能不当其官。此三者，治乱之源也。故国有德义未明于朝者，则不可加以尊位；功力未见于国者，则不可以授以重禄；临事不信于民者，则不可以任大官。故德厚而位卑者，谓之过；德薄而位尊者，谓之失。宁过于君子，毋失于小人。过于君子，其为怨浅；失于小人，其为祸深。"君子所慎者四：一曰大德不至仁，不可以授国柄；二曰见贤不能让，不可与尊位；三曰罚避亲贵，不可使主兵；四曰不好本事，不务地利而轻赋敛，不可与都邑。此四务者，安危之本也。

对企业而言，主要领导的德是否配位、功是否服人、能是否胜任尤为重要。领导以身作则，带领团队朝着理想的目标前进。谨言慎行，恪守安危之本。治理企业，抓住主要矛盾，考核德能勤绩。弘扬优秀价值观，实干；防止夸夸其谈者，误事。培养干部德才兼备，以德为先。任人唯贤，身先士卒。治事安人，身体力行。深入实际，体恤下情。

《管子》的七法是"则、象、法、化、决塞、心术、计数"。则是万物的自然法则，固有规律，即道。象是现实中事物的状态。法是衡量的标准，制定的准则，遵循的原则。化是因势利导，教化、感化。决塞是影响事态变化的关键因素、重点环节。心术是诚信为本的道德准则。计数是对事物的定量分析、描述、研究。

《管子》的七法对企业家有重要的指导意义。企业要在激烈的竞争中获得成功，首先，要遵循经济规律、自然规律和企业自身的规律，即守则。其次，要知己知彼，把握真实情况，即知象。第三，企业的规章制度，保证企业有序经营、规范管理，即有法。第四，因势利导，扬长避短，即感化。第五，把握关键环节，控制重点要素，即控制要害。第六，坚持诚信为本的原则，弘扬社会道德和正义，形成积极进取的企业文化，即驾驭心术。第七，认真研判环境和竞争对手，知己知彼，用各种定量手段对事物进行计算、分析、比较，即权衡利弊。

对企业家而言，把《管子》的有关原理和企业的实际相结合，深钻细研，感悟要义。《管子》在七法中指出："言是而不能立，言非而不能废，有功而不能赏，有罪而不能诛，若是而能治民者，未之有也。不能治其民，而能强其兵者，未之有也；能治其民，而不明于为兵之数，犹之不可。不能强其兵，而能胜其敌国者，未之有也；能强其兵，而不明于胜敌国之道者，犹之不胜也。"

把治民、强兵、胜敌国转化为企业内部的主要工作，有重要的现实意义。一个企业，如果言是而不能立，言非而不能废，有功而不赏，有罪而不诛。则正气不能树立，民心不能凝聚，肯定没有竞争力。企业即使能够规范员工行为，但不精通企业的管理之道，不能有效利用环境提供的机会，不能发挥自己的专长，面对新形势和新挑战就不能应对自如，更不能占据主动而开拓市场。一个企业如果在激烈的竞争中不能把握先机，占据主动，很难战胜竞争对手。一个企业只知道培育企业内部的核心竞争力，而忽视了竞争对手的战略和策略，在激烈的竞争中也难以取胜。

兵不能胜敌国，而能正天下者，未之有也；兵必胜敌国，而不明正天下之分，犹之不可。治国如此，企业亦然。一个企业不能战胜竞争对手，想基业长青不可能。即使能战胜竞争对手，但不能因时因事提出竞争策略，也难于基业长青。治企如治国，员工士气乃企业成败之关键，企业文化是员工行动之灵魂，凝心聚力乃基业长青之根本。员工士气、企业文化，企业成败之大事，不可不察。

慎微

/2010年10月7日

王符引经据典论述了善恶全在于自己。因此，要想立德、立言、立功，必须从慎微开始。今天读来，受益匪浅。《潜夫论》是一部很好的廉政教材。

“凡山陵之高，非削成而崛起也；必步增而稍上焉；川谷之卑，非截断而颠陷也，比陂池而稍下焉。是故积上不止，必致嵩山之高；积下不已，必极黄泉之深。非独山川也，人行亦然。有布衣积善不怠，必致颜、闵之贤；积恶不休，必致桀、跖之名。非独布衣也，人臣亦然。积正不倦，必生节义之志；积邪不止，必生暴弑之心。非独人臣也，国君亦然。政教积德，必致安泰之福；举措数失，必致危亡之祸。故仲尼曰：‘汤、武非一善而王也，桀纣非一恶而亡也。三代之废兴也，在其所积。积善多者，虽有一恶，谓之过失，未足以亡。人君闻此，可以悚惧；布衣闻此，可以改容。’”

无论你是人君，还是布衣，都应该从善如流，积小善聚成大善。修身养性，勿因善小而不为，勿因恶小而为之。从善应自愿，勿计较回报。施恩莫记，受惠莫忘。

欲治国者，不忘从小善做起。“凡有国之君者，未尝不欲治也；而治不见世者，所任不贤故也。世未尝无贤也，而贤不得用者，群臣妒也。主有索贤之心，而无得贤之术；臣有进贤之名，而无进贤之实。此以人君孤危于上，而道独抑于下也。”

修身慎微，治国亦然。夫贤者之为臣，因“不损君以奉佞”而难。君子慎微，臣子慎独。君臣同心，其利断金。国之所以存者，治也；其所以亡也，乱也。人君莫不好治而忘乱、乐存而畏亡。然而，令人悲叹的是错失治乱之基，忽视治乱之本。历史在延续，忠良在悲叹。朝代在更替，忠臣在哀鸣。社会在进步，奸佞在攀附。

呜呼，哀哉！慎微，国之大事，事关国之安危，情系人之忠孝，不可不察。慎微，宜慎言慎行；慎微，须慎思慎虑。慎微，如履薄冰，战战兢兢。慎微，广开言路，为国为民。

慎微，乃人生之职责。人不是只为自己而生存，也为别人的幸福而生存。最有价值的生活不只是自我享乐，甚至，也不是沽名钓誉，而是扎扎实实做事，兢兢业业做人。人生的职责，像天空的星光照耀大地；像鲜花一样洒满人间，装点人们的美好生活；像春蚕吐丝，造福人类；像蜡炬成灰，燃烧自己，照亮别人。人生的职责，像伫立在大海的灯塔，指引航船前进的方向；像不知疲倦的老黄牛，默默地耕耘大地，把丰收献给人间。它吃的是草，挤出的是奶。毕生慎微而行，履行人生职责。

富民的思考

/2012年1月31日

全心全意为人民服务是我们党的宗旨。在新形势下，胡锦涛总书记概括为："权为民所用，利为民所谋，情为民所系。"

由于人民群众日益增长的物质文化需求和落后的社会生产力之间的矛盾仍然是当前社会的主要矛盾，解决人民的温饱问题依然是我们的首要任务，特别是广大农民的安居乐业问题是实现小康社会难以逾越的鸿沟。我们必须花大力气解决富民问题，否则，社会的不和谐现象会层出不穷，社会不稳定问题会此起彼伏。

富民问题是历代政治家关注的首要问题。齐桓公问管仲曰："王者何贵？"曰："贵天。"桓公仰而视天。管仲曰："所谓天者，非谓苍苍莽莽之天也。君人者以百姓为天。百姓与之则安，辅之则强，非之则危，背之则亡。"《诗》云："人而无良，相怨一方。"民怨其上，不遂亡者，未之有也。

河间献王曰："管子称：'仓廪实，知礼节；衣食足，知荣辱。'夫谷者，国家所以昌炽，士女所以姣好，礼义所以行，而人心所以安也。《尚书》'五福'以富为始，子贡问为政，孔子曰：'富之，既富乃教之也'，此治国之本也。"

重温先贤之言，沉思当今之事，方知富民乃首要任务。中国13亿多人口，9亿多农民。让农民富裕是国家稳定的关键所在。农民富裕的首要任务是提高地方施政能力。努力解决温饱问题、拓展致富渠道、健全基层民主、完善公共设施。

农民问题、农村问题和农业问题是一个系统工程，需要统筹规划，因地制宜。统筹兼顾，量力而行。诸如民工的社会地位和待遇问题、空巢老人问题、留守儿童的教育问题、留守妇女身心健康和家庭稳定问题、民工的生理需求问题等。

唯有农民工的家庭真正融入城市生活，享受公共社会资源和医疗保险等社会福利，实现做人的起码尊严，解决孩子入学问题，富民问题才能有所突破。

农民问题，国之大事，不可不察。富民之路，国之重任，不可不修。

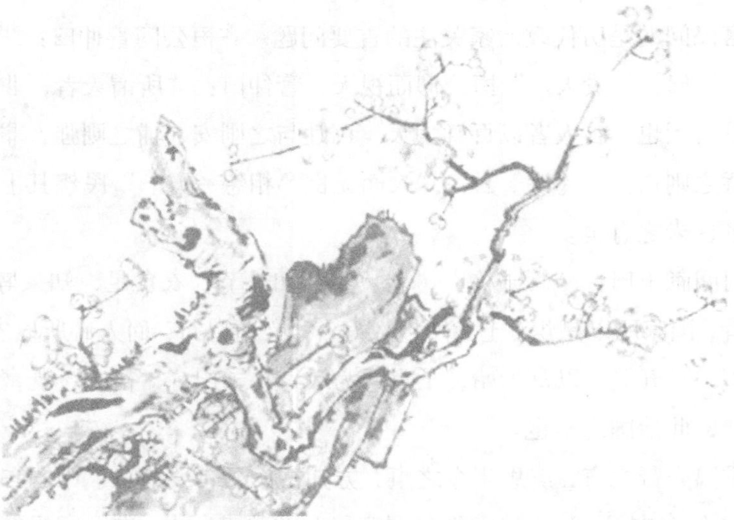

品格与教育

/2013年1月28日

（英）塞穆尔、斯迈尔斯的《品格的力量》指出："在整个人生的历程中，人们的幸福在很大程度上都是依靠人们自身后天的努力——依靠自己的勤奋、自我修养、自我磨炼和自律自制；但首先必须要保持自己的诚实、正直和不折不扣地履行自己的职责等品质。正是这些优秀的品行塑造了人类坚毅果敢的人格品质。"

天才是超群智力的硕果，品格是高尚灵魂的结晶。对大部分人而言，不能成为天才，但是，可以正直诚实、光明磊落地做人、做好自己的本职工作，最大限度地发挥自己的能力、实现自己的价值。平凡者同样可以形成伟大的品格。勤劳、简朴、正直、诚实，是值得人类崇敬的品格。教育的使命不是培养天才，而是培养伟大的品格和高尚的灵魂。

在平凡中孕育伟大，在点滴中折射整体。骨气是基于品格表现出来的一种道德准则，有骨气的人是整个民族的脊梁，值得人们尊重。诚实正直、尽职尽责是品格的基础。品格源于家庭的熏陶和影响。母亲对孩子的品格形成有着十分重要的作用。诚实是家庭教育的基础，是做人的根本。母亲是孩子的第一任教师，其品行在孩子身上会留下深深的烙印。

诚实品格是在耳濡目染中形成的，母亲的言行潜移默化地影响孩子的品格，并在潜移默化中世代传承。提高整个民族的素质应从教育抓起；提高儿童素质应从家庭教育抓起；提高家庭素质应从母亲的教育抓起；振兴一个民族应从女童的教育抓起。

寻找一位节俭、善良、乐观、整洁的女人是男人的使命。培养造就节俭、善良、乐观、整洁的女人是国家教育的使命。

一个男人品行不端，影响自己一辈子；一个女人品行不端，影响婆家八辈子。要想做一位合格的母亲，就要加强自身修养，母仪天下。

河水不可倒流，人生不可再来。教育孩子应该从胎教开始。为了孩子的未来，母亲应该有意识地完善自己的品格，规范自己的行为，为孩子树立一个良好的榜样。做一位合格的母亲，既是教育孩子的历史使命，也是振兴民族的现实要求。

做好自己

/2013年3月3日

美国前国务卿科林·鲍威尔的自传《我赢定了》（IT WORKED FOR ME），展示的不是政治和西方意识形态，而是鲍威尔作为一名军人、外交官的生活和领导的艺术，即经验总结（成功秘诀）。他的成功秘诀就是“做好自我”。

每个人都想成功，有所作为，那就应该努力做好自我。一分耕耘，一分收获；天道酬勤，勤能补拙。从小养成良好的习惯，接受良好的教育。做人正心诚意，学习尽心尽力。长大了养成良好的工作习惯，建立良好的人际关系，自觉承担家庭义务。修身齐家，尽职尽责。

此书是献给作者孙子和外孙的礼物。可见，外国人也重视家教，有意传承家风，也希望家中代代才人出，各领风骚数十年。鲍威尔告诉我们：“生活和领导的艺术就在于全心全意为人民服务。”可见，中外成功人士的精神追求是一致的。

无论是事业有成的中年人，还是风华正茂的90后，都应该做好自己。学习别人的成功经验，弥补自己的不足。处处留心皆学问，勤于思考、勤于总结、勤于实践，在探索中做好自己。

“子曰：三人行，必有我师焉。择其善者而从之，其不善者而改之。”曾子曰：“吾日三省吾身——为人谋而不忠乎？与朋友交而不信乎？传不习乎？”先贤告诉我们如何做好自己。

了解自己，做好自己。过好每一天，做有意义的事。平凡中孕育伟大，普通人成就辉煌。雷锋的人生短暂，但他的精神永远激励后人。鲍威尔是移民后裔，却成长为美国第一位黑人国务卿。有志者事竟成，破釜沉舟，百二秦关终属楚；苦心人天不负，卧薪尝胆，三千越甲可吞吴。

积智补拙

/2013年7月27日

今天是周六，在家浏览书籍，随手从书架上拿起八年前曾经看过的《智慧书》。看着八年前阅读时的批注，仿佛听到葛拉西安400年前的声音。此时再看，同样的话语，似乎又有了新的感悟。《智慧学》，真是学无止境；每次浏览，感悟全新。积智补拙，受益无穷。

人该博览群书，积智于童年；知行合一，悟智于青年；融会贯通，修智于中年；立德立言，藏智于老年。然而，由于“文革”的原因，童年在辍学中荒废，心田在迷茫中荒芜。乃至早已过了知天命之年，仍觉智慧不足，应接不暇。今天应惜秉烛之明，继承勤俭家风，传智慧于子孙。《智慧书》，感悟不尽。勤俭路，永无止境。

“夫如是，故远人不服，则修文德以来之。既来之，则安之。”看如今，仍近忧不断，要安百姓以化之，既化之，则安之。营造和谐社会，不仅要创造财富，而且要共享财富。不仅要执着敬业，而且要积智补拙。

立身之道，唯谦与学。胜人者有力，自胜者强。敬人者，人恒敬之。学会陪衬，把握分寸；韬光养晦，抑制冲动。克己勤奋，真诚待人；磨炼技能，优雅悦人。积智补拙，励志成长。砺智育才，立志成才。

正己、正人、正风

/2013年12月29日

葛洪在《抱朴子外篇·官理卷第九》中强调“夫君犹器也，臣犹物也；器小物大，不能相受矣。”“故良骏败于拙御，智者踬于暗世。”由此可见，唯有正己，才能正人；唯有正己正人，才能正风；唯有正风，才能正国。因此，人的地位越高，越应该严格要求自己，为下属和周围的人做表率。

古今中外对此有相似的认知。美国西点军校的领导力教学，强调领导应该以自己的可信力影响他接触的下属，塑造下属的可信力，如此循序渐进，形成良性循环，有更多的人塑造了公众可信力。这种彼此影响的可信力互相感染，在组织中渐渐形成可信文化和共同价值观、理想。

其实，不论是君主，还是各级领导，在你统御的范围内，都存在“器物”的辩证关系。彼此有共同价值观和共同可信力，就会对下属的成长进步产生推动作用；相反，就会产生阻碍作用，就会出现“良骏败于拙御的”遗憾，组织因此蒙受损失；更有甚者，会发生“智者踬于暗世”的危机；民生凋敝，矛盾丛生；忠臣因诽死于无罪，奸臣因誉赏于无功。

欲振兴国家，须塑造全社会共同的价值观，形成共同的可信文化。欲形成共同的价值观，就要从教育入手，沿着“正己、正人、正风”的轨迹前进，在致知、格物的基础上，正心诚意磨炼品性，修身齐家做出示范。唯有此，正国才有基础，治国才有希望，平天下才有感召力和战斗力！

欲振兴教育，就要认真总结成败得失，明确“教书育人”的定位，牢记“十年树木、百年树人”的规律，师者，为人师表，以身作则；先正己，后正人。师者，“传道、授业、解惑”，不可有点滴闪失、谬种流传，误人子弟。

欲民族兴旺发达，国家后继有人；教育须正本清源，正风刻不容缓。学校应该成为科学知识的殿堂，不能被抄袭造假、投机钻营所玷污。教师应该是人类灵魂的工程师，言传身教，现身说法，传递正能量。学生应该是勤奋刻苦学习的标兵，不能效仿照抄，羡慕作弊。

学校应该从“正己、正人、正风”做起，为全社会树立榜样。全社会应该以“正己、正人、正风”为己任，从自身做起。正己以先贤为榜样，传承优秀文化精髓；正人言传身教，形成共同价值观；正风弘扬正气，凝聚人心。

修己、安人、治事

/2014年4月29日

翻开《一路直行——我的企业理想》（李玉琢著），曾仕强在推荐序中写道：“我一直致力于宣传‘中国式管理’，为此我几乎将自己的全部的时间和精力投入到著书立说之中……”当我打开这本书后，就深深地被李玉琢这个人吸引住了，我确信他就是“中国式管理”的践行者，虽然他不一定了解我一直以来所倡导的“中国式管理”。

曾仕强指出“中国式管理”有三个核心：修己——洞悉人性，即洞悉人性动态变化，掌控变数，有效沟通，拥有丰沛人脉；安人——知人善任，即掌握识人读心的领导本事，栽培能干得力的左右手；治事——运筹帷幄，轻松愉快，宁静致远，日理万机而不失策。”

修己是中国传统文化的核心，正心诚意修身，齐家治国平天下。正心重在调整好心态，懂得宽容，不拘小节。心态好，人缘就好。人缘好，做事顺利，生活愉快。诚意重在真诚、实在。为人正直，做事坦诚。既不阿谀奉承，也不藏污纳垢。修身重在制怒、包容。兼听则明，克制宽容。多一点耐心倾听，少一点霸气训人。正心诚意修身，能激发人生最大的潜能，是最大的财富。

安人是为人民服务的核心。权为民所用，情为民所系，利为民所谋。企业安人的第一要务是员工的切身利益。只有员工的切身利益受到保护，股东的利益才有保障，企业尽社会责任才有基础。把企业的发展和员工的职业生涯有机结合，安人就进入良性循环的轨道。安人既要关心个体需求，更要关心个体潜能的发挥，为企业创造更多的财富，做出更多的贡献。

治事是企业家的第一要务。企业存在的价值就是为员工、股东和社会创造价值。企业为社会创造价值的多少取决于企业家的治事能力。企业是一个系统工程，企业家不能面面俱到，亲力亲为。但是，要有战略决策能力，带领企业做正确的事；要有领导能力，带领团队正确地做事；要有执行能力，严格履职考核，严明奖惩兑现；要有统筹谋划能力，优化资源配置，优化运营流程，实现人力资源有序接替，管理资源有效利用。治事在于公平、清正、廉洁。唯有此，才能上情下达，下情上达。“吏不畏吾严，而畏吾廉，民不服吾能，而服吾公。公则民不敢慢,廉则吏不敢欺。公生明，廉生威。”

自我修炼

/2014年6月27日

最近重读（美）戴维·尤里奇的《领导力密码》一书，对构成领导力密码的五要素有了新的理解和感悟。从长期战略领导力要求出发，领导应该具备勾勒愿景的能力。从组织的有效执行、立足于不败之地出发，领导应该具备主动变革的能力。从培养团队竞争力出发，领导应该有激励人心的能力。从基业长青的可持续性出发，领导应该有培养接班人的能力。从满足以上要求、具备相应素质出发，领导应该注重自我修炼。

自我修炼是领导力密码的核心，唯有自我修炼的纯熟，勾勒愿景才会抓住人心，主动变革才会占领先机，团队建设才会充满活力，接班人培养才会激发热情。

自我修炼主要包括以下方面：（1）透过细节看本质；（2）认识自我；（3）控制情绪；（4）保持好奇心；（5）拥有活力和热情；（6）善待自己。就我自己的体会而言，这六个方面的修炼，重点要抓住自我认知和控制情绪两方面，下大力气磨炼，用苦功夫检验。唯有此，其他方面的修炼才有望走上良性循环的道路，性格才会适应环境和工作的挑战。

个人的自我认知，重在反思自己的不足；反思自己的不足，重在从内心深处挖掘根源。唯有冷静地分析、理智地判断，才能找出自己的不足。唯有以理智的态度面对外界的挑战，才有望克制急躁情绪，防止冲动引起不测。唯有以尊重的心态去面对下属的挑战，才不会盛气凌人、目空一切。良言一语三冬暖，恶语伤人六月寒。唯有以冷静的心态面对同僚的误解等挑战，才不会误入陷阱而失去理智，言语失态而口无遮拦，情绪失控而大打出手。

控制情绪是自我修炼最重要又最艰难的事情。一方面，外部环境的压力容易使我们的情绪烦躁，另一方面，工作任务的挑战容易使我们急躁。更进一步，机会不均、待遇不公的严峻现实则会使情绪冲动而狂躁。然而，无论如何，如不能理性地控制情绪，往往会因烦躁而错过和别人合作交流的机会，因急躁而操之过急，一着不慎，满盘皆输，因狂躁而失去理智，留下千古遗恨！

得意时很难控制自鸣得意的情绪，容易忘乎所以；失意时很难摆脱消沉的情绪，容易心灰意冷。心态冷静是自我认知的前提，理智思考是控制情绪的基础，冷静、理智是自我修炼的核心。生命中不可缺少的修炼：（1）忍得住孤独；（2）耐得住寂寞；（3）挺得住痛苦；（4）顶得住压力；（5）挡得住诱惑；（6）经得起折腾；（7）受得起打击；（8）丢得起面子；（9）担得起责任；（10）提得起精神。

道在潜移默化中传承

/2014年7月19日

今天是周六，在书房重读老子《道德经》，又有新的感悟。朱子云："道，犹路也，人人之所共由也。"生天、生地、生人、生物，公共之理，故谓之道。道，先天地而长存，后天地而不敝；生于天地之先，混于虚无之内，无可见，亦无可闻。

天人合一，道法自然。人类起始"不知道德之名，更不闻仁义礼智之说，然而抱朴完整，任气机之自动，与天地以同流。俨若不教而化，无为而成，自与道德为一，仁义礼智不相违焉。"

世世代代，道在潜移默化中传承。任凭统治者花言巧语，司马昭之心路人皆知。老百姓有识别定力，知敦厚以为礼，故取其厚，而不取其薄；知虚华之非智，故取其实，不取其华。去取攸宜，大道在社会动荡、战火延绵中仍能代代传承。

尽管现在的社会充满欺诈和贪腐，然而，四川的"棒棒工"依旧传承着"道"，人虽穷，缺钱不缺德。相反，令人汗颜的是曾经位高权重的人民公仆——"大老虎"，贪腐惊天，动辄几十亿。真不知这些公仆曾经读的是"什么经"，守的是"什么道"。整天慷慨陈词、出镜道貌岸然的"领导"，张口教育群众、闭口引领群众的"公仆"，竟然是"世味浓而道味淡，圣念浅而贪欲深"的伪君子。

现实的反差让我们汗颜。人民，只有人民，才是历史的创造者。不要整天教育群众，应该检点自己的言行。不能高高在上，应该深入群众；不能哗众取宠，应该挖掘"缺钱不缺德"的普通百姓；不能自恃高贵，应该有“道德楷模”的灵魂；以身作则，凝聚人心，净化日益沦丧的道德环境。

不欲以静，天下将自正。老百姓心里有杆秤，孰优孰劣不用问。牢记“贵以贱为本，高以下为基”，深入基层，了解实情。接地气，问民生。唯有此，“特色社会主义之道”才能深入人心。否则，忘机者息天下之机，好事者启天下之事。隐患深重，绝非危言耸听。整改任重，务必勠力同心！以柔以弱，立德立功。道在潜移默化中传承，人在耳濡目染中前进。净化社会环境，塑造孩子灵魂。

知止知足难

/2014年7月20日

今天是周日，在书房闭门读书。重读《道德经》，感悟老子的境界。掩卷沉思，深感“随波逐流易，知止知足难”。两千多年来，读《道德经》者众，信《道德经》者寡。讲《道德经》易，守《道德经》难。

《道德经》第四十四章：“名与身孰亲？身与货孰多？得与亡孰病？是故甚爱必大费，多藏必厚亡。知足不辱，知止不殆，可以长久。”

反思贪腐蔓延现状，细想党的教育彷徨。人民公仆，为何不顾人民的清苦，反而大肆贪腐？高级干部，为何不惧党纪国法，反而权钱交易？有志“身入中南海”者，为何“身陷囹圄”？

本该“致虚养静”，从无知无觉时，寻有知有觉处。然而，好名好利者，莫不以名能显扬我身，货足肥润我身，身若无名则湮没不彰，身若无货困苦难堪矣，是以贪名者舍身而不顾，黩货者丧身而不辞。贪名敛财丧身者皆因不知敛抑，不自退藏，贪多不止，以至于结怨于民，获罪于天。望重为国家所忌，积厚为造物所尤。

人只为身而求名，何以因名而丧身？人皆求货以为身，何以亡身而因货？与其得名货而失身，不如得身而失名货之为愈。况好名位者损精神、伤生命，甚爱者所以大费也；厚储蓄者，用权谋、戕身心，多藏所以厚亡也。尽管如此，追名逐利者如飞蛾扑火，前赴后继。足见名利诱惑之大，知止知足之难。

贪幻境者多被魔缠，好搬运者难免凶咎。贪女色者多被情溺，好名利者难免翻船。唯知止知足，止于至善者，才不会为欲所累、为名所惑、为事所缠。若心智清明，意志坚定，淡然无欲，天地亦不能转动我，鬼神亦不能役使我，况一切区区事物乎？

然而，人往往因一时之欲，为欲所驱；便如牛如马，听人羁络；甚至，不惜铤而走险，卖官鬻爵。人常常因一念之差，为名所累；则为鹰为犬，任物鞭挞；甚至，热衷结党营私，巧取豪夺。

确立价值观易，坚守价值观难。唯有心存正气，坚守正道，知止知足，才能止于至善。

读《予学》有感

/2014年8月11日

东汉许邵的《予学》精辟分析了人生得失、顺逆、尊卑、休戚、荣辱、成败、兴亡之间的关系，深刻阐述了“予”的作用。善施者荣，吝施者衰。道理简单，易学难行。

人一生中最大的困惑莫过于在得失之间的纠结，有时患得患失，结果事与愿违。有时顺其自然，但行好事，反倒收获颇丰。究其因，道法自然，《予学》真谛蕴含其中。天地所以伟大绵长，是它不断付出的结果。大成功需大舍弃，大祸患启于大贪婪。得失之患，源于不舍。

《予学》告诫我们：“取为后，予为先；得为后，舍为先。不懂施与者，必得而复失”。然而，人们在现实生活中，自觉不自觉地陷入得失的纠缠、困惑之中，一方面是物质匮乏，另一方面是欲望驱使。能“予”，基础是物丰，“予”不影响己。愿“予”，是寡欲，利他助人为先。物欲无止境，利他有爱心。老子云：为腹不为目，是也；物丰难以开启“予”的大门，利已难有恻隐之心。

“予”的理念并非与生俱来。“予”是家范的外延、家教的传承。从小母亲就告诫我们“请人要大气、过日子要仔细”，母亲的话融化到我们的血液里，内化于心，外化于行。利他的家风耳濡目染，施舍的本能代代传承。

“予”要自觉自愿，水到渠成。“予”的意识内化于心、外化于行，既是家教、家风的体现，是个人修养的必然。有些人并不富裕，习惯于助人于危难之时，慷慨解囊。有些人并不贫穷，沉迷于自我消费之中，吝啬于扶危济困。有的人不忘感恩，滴水之恩以涌泉相报。有的人利欲熏心，民脂民膏搜刮不停。

对处于社会主义初级阶段的中国来说，主要矛盾依然是落后的社会生产力和人民日益增长的物质文化需求之间的矛盾。构建和谐社会，一方面需要大力发展生产力，不断增强国力，改善人民群众的物质文化生活；另一方面，需要提倡助人为乐的精神，勤俭节约，施与急需之人，走共同富裕之路。

牢记《予学》精髓，“大失莫逾亡也，身存则无失焉。大得莫及生也，害命则无得焉。”

人胜我无害

/2014年8月17日

（宋）林逋等人的《省心录》对于“名与利、胜与败”有独到的见解，今天读来，感悟颇深，受益匪浅。

“务名者害其身，多财者祸其后。”在一千多年前，先贤就对追名逐利有深刻的认识，并能辩证地看待名利的副作用。对照当今社会发生的一些“悲剧”，足见其前瞻性。

“人胜我无害，彼无蓄怨之心；我胜人非福，恐有不测之祸。”这就告诫我们凡事不要过分求胜，只要尽力而为，名利归谁都顺其自然。否则，你一人拔得头筹，别人势必会“羡慕嫉妒恨”，使本来融洽的关系出现裂痕。

今天重温这些忠告，具有重要的现实指导意义。凡事顺其自然，万一你真的胜了别人，不要自鸣得意，要关注别人的感受，更不能张扬炫耀。其实，一时的胜负不代表一生的成败，要韬光养晦，低调谦和。

在个人成长的道路上，追求智慧，坚守理想，挑战自我，走向成熟。这是唯一正确的选择。否则，过分关注虚名，小成就大张扬；过分关注得失，重利益轻原则。这势必助长飘飘然的作风，容易脱离实际，变成“空中楼阁，头重脚轻根底浅；山间的竹笋，嘴尖皮厚腹中空”的人物。

自我完善要从灵魂深处的磨炼开始。故天将降大任于斯人矣，必先苦其心志，劳其筋骨，饿其体肤，空乏其身，行拂乱其所为，所以动心忍性，曾益其所不能。不怨位之不尊，只恐吾之不能。曾子曰：“吾日三省吾身：为人谋而不忠乎？与朋友交而不信乎？传不习乎？”

领悟

不在意胜负，并不表示人生不上进，随波逐流；而是看淡胜负，宠辱不惊。我胜人莫喜，有危机意识，防不测之祸；化险为夷，营造和谐气氛。人胜我莫怨，查找不足，扬长补短。只要不懈努力，坚持追赶，一定有超越的机会。即使超越不了别人，不懈努力的过程也是自我提升的过程。只要志向不移，就一定能到达理想的彼岸。

读《谏太宗十思疏》有感

/2014年10月19日

魏征以谏君而闻名，太宗因兼听而思危。“君人者，诚能见可欲，则思知足以自戒；将有作，则思知止以安人；念高危，则思谦冲而自牧；惧满溢，则思江海下百川；乐盘游，则思三驱以为度；忧懈怠，则思慎始而敬终；虑壅蔽，则思虚心以纳下；惧谗邪，则思正身以黜恶；恩所加，则思无因喜以谬赏；罚所及，则思无以怒而滥刑。总此十思，宏兹九德，简能而任之，择善而从之……”

一千三百多年前，魏征以深入浅出的道理劝谏太宗，“源不深而望流之远，根不固而求木之长，德不厚而思国之安，臣虽愚下，知其不可，而况于明哲乎？”并循循善诱地指出，“不念居安思危，戒奢以俭，德不处其厚，情不胜其欲，斯亦伐根以求木茂，塞源而欲流长者也。”真是切中要害，入木三分。

一千三百多年后的今天，我们再不能以深层次原因来搪塞不作为，其实，只要我们品鉴十思疏，就能找出问题的症结。只要我们居安思危，就能解决深层次的问题。只要君臣一心、上下同志，就能黜恶以除壅蔽，任贤以聚人心。诚能见贪腐，则思固本以强基；有结党，则思除奸以安民；遇浮夸，则思鼓泡沫必害人；闻钻营，则思堵漏洞而肃清；民怨生，则思唯安居才能振兴；人迷茫，则思教书以育人；遭围堵，则思国安要强军；作假盛，则思执法需严明；忧自喜，则思疆藏依旧不稳；盼统一，则思台海仍不平静。总此十思，兹念九州。中华民族之振兴，几代人之夙愿。路漫漫其修远兮，吾辈需矢志不渝；雾蒙蒙其险峻兮，同胞应百折不挠。

深化改革元年，成绩固然喜人。治乱之本在左右，谨防违道顺上者荣；凝聚人心路遥，转变作风任重。万物之本在自身，切勿好大喜功者兴。天下之本在家，百姓安居乐业是根本！

明德慎刑

/2014年11月30日

今天重读《贞观政要·刑法·第三十一卷》，结合依法治国文献的学习有了新的感悟。古往今来的君主既倡导依法治国，更注重百姓疾苦；既强调严明法纪，更注重规范言行。忧患意识之盛、法制意识之强是贞观之治的秘诀所在。

“死者不可再生，用法务在宽简。”民之治乱在于上，国之安危在于政。唐太宗深明其意，悟透亡国之因。实乃“恐惧之心日弛，邪僻之情转放”，岂知事起乎所忽，祸生于无妄。因此，他主张“礼以禁其奢，乐以防其佚”，强调“乐不可极，极乐成哀；欲不可纵，纵欲成灾。勿内荒于色，勿外荒于禽，勿贵难得之货，勿听亡国之音。”治国宜韬光养晦，弱其强而治其乱，伸其屈而枉其直。

这和今天的八项规定、“反四风”何其相似，有异曲同工之妙。真是“以铜为镜正衣冠，以史为鉴知得失”。剖析反腐案例，依旧可见“极乐、纵欲”的痕迹。

天之清，地之宁，王之贞。四时不言而代序，万物无为而受成。明德慎罚，贵在君。夫上易事，则下易知。君长不劳，百姓不惑。故君有一德，臣无二心。上播忠厚之诚，下竭股肱之力。然后太平之基不坠。

思劳谦以受益，不自满以招损。君主安不忘危，存不忘亡，治不忘乱，是以身安而国家可保也。静之则安，动之则乱。人皆知之，非隐而难见也，非微而难察也。然亡国者，鲜蹈平易之途，多遭覆车之辙，何哉？在于安不思危，治不思乱，存不虑亡之所致也。

夫鉴形之美恶，必就于止水；鉴国之安危，必取于亡国。借鉴历史，明晰未来。法制非一蹴而就，正人先正己。

戒之在初

/2014年12月27日

今天是周六，再读（宋）吕本中《官箴》，感悟颇多。掩卷沉思，今之官员雪崩式落马为何？历史演进了九百多年，吏制在完善，约束在增多，官员做不到清、慎、勤，为何？

《官箴》言："当官之法，唯有三事，曰清、曰慎、曰勤。知此三者，可以保禄位，可以远耻辱，可以得上之知，可以得下之援。故设心处事，戒之在初，不可不察。"

我一直在苦苦思索，党纪国法之多，要求监督之严，为何有些官员不戒之在初呢？近日，大老虎相继落马，我才恍然大悟。原来有些官员贪腐与晋升并行，甚至与时俱进！这不是个人出了问题，是吏制、吏治出了问题。

正因为吏治有问题，有些官员才无视党纪国法，心存侥幸，而且屡屡得手。甚至小贪羡慕大贪如鱼得水、平步青云之路。

天网恢恢，疏而不漏。贪官得意之日，正是走向堕落之时；贪官忏悔之日，正是政治生命终结之时。与其持巧于末，孰若拙戒于初。此天下之要言，当官处事之大法。

《官箴》言："当官处事，常思有以及人。不与人争者常得利多，退一步者常进百步，取之廉者，得之常过其初；约于今者，必有垂报于后，不可不思也。"

言简意赅，发人深思。如能铭记心间，处事尽心尽力，就不会有"早知今日，何必当初"之哀叹！戒之在初，为官之要，不可不察。

命运掌握在自己手中，邪念萌生于自己心中。正心诚意修身，敬天畏人；致知格物履职，规范言行。清慎勤廉，严以律己。敦厚诚信，宽以待人。不为前事忏悔，不被后人唾弃。牢记先贤教诲，戒之在初……

自助

/2015年1月10日

（英）塞缪尔•斯迈尔斯的《自助》一书，通过展现普通人经过努力成为各行各业名人，以顽强的毅力战胜千难万险，最终开创卓越人生的鲜活事例，论述了一个人的幸福与成功来自自我塑造。只有自立自强、坚忍不拔、刻苦勤奋、诚实公正才能获得幸福与成功。

无论是刚从学校步入社会的精英，还是在职场征战的翘楚，不要为眼下的处境无奈，不必对人生的前途彷徨。有志者事竟成，破釜沉舟，百二秦关终属楚。苦心人天不负，卧薪尝胆，三千越甲可吞吴。只要矢志不渝，心无旁骛，一分耕耘，一分收获。成才无捷径，成功无坦途。成功的希望在于坚持，不迷茫；成才的真谛就是坚守，不放弃。

无论是出身贫寒的学子，还是天赋一般的通才，不要为出生自卑，不必因天赋发愁。命运掌握在自己手里，天道酬勤，勤能补拙。事业成功不是贵族的世袭，人生成才不是精英的专利。对工作上心，不朝秦暮楚；做事要用心，不心猿意马；对疑难问题专心，不半途而废。只要你干一行爱一行，就一定能做有所成。平凡中成就伟大，普通中蕴育精英。

学校，无论是普通，还是重点，都应该灌输自强自立的思想，培养坚忍不拔的意志，坚守诚实正直的情操。教书育人，学生既要勤奋学习，更要热爱劳动。既追求理想，又面对现实。乐观向上，坚信天生我材必有用；矢志不渝，定能直挂云帆济沧海。

学校培养学生健全的人格，社会倡导自强不息的精神，国家的繁荣富强才有希望，民族才有屹立世界的未来。以自助精神激励的个人坚不可摧，以自助精神武装的民族定能辉煌！

激活心之力

——读《心之力》有感

/2015年1月21日

1917年的中国，“有德者心力难济，无德者霸拥民众所赋世权以为私势，神器私用，贪腐国贼举家富贵，万众民脂民膏皆被劫掠。”经过“甲午海战，八国联军……不平等诸般条约引狼入室，资敌来犯，实为召唤、鼓励诸多蛮夷强盗分食华夏之举……恶敌觊觎长存，亡我之心不死。太多国耻未雪，蛮夷、豺狼、凶魔纷沓而至，国民皆因腐败汉奸、军阀、买办所欠洋人无尽之亡国债务而自危。国债深陷，物价飞涨，民众食宿艰难，灾厄连连……满清鞑虏虽败，可恨国、政、经济均被愚昧独夫、洋奴把持，国民心力沉疴羸弱，蛮夷恶敌肆意分割、吞并华夏，万民为奴，国资殆尽。”

1917年的中国，在西方列强眼里是东亚病夫。西方列强烧杀掠抢之余，定睛回眸，发现中国原来是一头睡着的狮子……

1917年的中国，一位24岁的年轻人，写下《心之力》，令人眼前一亮；仿佛看到病夫强健之路、雄狮站立之势。这位年轻人就是毛泽东。

拜读《心之力》，心灵深处受到极大的冲击。敬佩毛主席的伟大胸怀，赞叹毛主席的远见卓识，缅怀毛主席忧国忧民的情怀。掩卷沉思，感叹我们昔日的同志怎么居然成为今天这个样子？1917年的诸多弊端为何今天依然存在？沉思良久，豁然开朗。原来这些同志心已死。哀莫大于心死，悲哉，悲哉！

深化改革元年，成绩斐然。巩固改革成果，道路艰难。国之悲触目惊心，民之怨累积颇深。逆势淘汰之盛，暗箱交易之滥。“虽有智者、勇者愿做中流砥柱，却犹如闹市之人语，瀑下之鱼鸣。”久而久之，嫉恶如仇者寡，麻木观望者众。秉公执法者辱，投机专营者荣。

国之志，改革富民强国，勿忘民族灾难；开放勿忘国耻，铭记历史屈辱。民之愿，整肃吏治环境，净化社会风气；关心民生疾苦，分享改革成果。

拜读《心之力》，方显毛主席英明。惩治腐败，足见治国之任重；抵御外辱，方知安邦之艰辛。

昔日，毛泽东坚信，“确立伟志，发其动力，奋发踔厉，摧陷廓清”。若能正本清源，为民立心，聚爱成行，定会翻天覆地，扭转乾坤。共产党人以荧荧之光点燃通天之亮，星星之火燃成燎原之势。中华民族从此站起来了！

今天，激活心之力，道远而任重。传承心之力，信念依然坚定。激活心之力，引起共鸣。治国之要，振兴民心。凝心聚力，圆中国梦。割除弊端，思想维新。

鉴史知今

/2015年3月16日

（清）宋宗元《巾经纂》（又名正经）以大量的典籍故事阐述了君臣之间的微妙关系，治国理政的复杂环境。掩卷沉思，君子知事识人难，臣子尽忠做人难。历史有惊人的相似之处，现实有经验可借鉴；仔细阅读历史，有助于解剖现实。仔细领悟前朝成败，方可防患于未然。监史知今，幡然顿悟。

君子，非一腔热情能招揽贤才，辨忠奸非一事之易，需经纷繁之事考验。君子，非一事英明就稳坐江山，守天下非一时之功，要聚人心以固江山。治国难，君孤单。君子纵览天下，若一时不明，会酿成大患。君子运筹帷幄，若一事不慎，必铸成大错。君子一言九鼎，如一语不慎，将痛失人心。君临天下，爱民如子。君民同心，无所不成。

臣子，非一片忠心能报效国家，识时务不易 ，辨忠奸更难。臣子，非一世愚忠能保证平安，小人会作乱，君子常误判。辅佐君不易，臣子路艰难。坚守六正之道，谨防六邪之诱。正己立身，淡泊宁静。随遇而安，远离权禁。

国家兴亡，匹夫有责。举荐德才并重，慎之又慎。才高者，易掩其德之不足，德高者，常遮其才之不显。识才需考验，危难德行现。口若悬河者，未必有真才。木讷厚重者，或堪当大任。阿谀奉迎者，难以同心同德。直言谏君者，常怀忠诚之心。识人难，用人更难。非常理之举动，非忠也，慎信。非常人之言行，非义也，慎思。唯秉公荐贤，外举不避仇，内举不避亲，方可群贤毕至。

全面建设小康社会，任重道远。非务实以民为本，不足以凝聚民心。全面深化改革，内外艰险。非稳定安居乐业，不足以决胜千里。全面依法治国，藩篱交错。非秉公一视同仁，不足以弘扬正气。全面从严治党，障碍纵横。非铁腕整肃吏治，不足以抵御外患。

振兴中华，凝结全民族智慧。抵御外患，积聚全民族力量。提高国民素质，重在匡正道德，重塑诚信。勿觊觎权贵，勿贪婪财色。提高军队战斗力，重在重塑灵魂，不辱使命。勿花天酒地，歌舞升平。建设小康，安居乐业；弘扬正气，抵御外患；国之大事，不可不察。居安思危，临危不乱。勿结党营私，勿谣言惑众。明理知恩，不能“曲突徙薪无恩泽，焦头烂额为上客”。

重读《说苑》

/2015年6月24日

三年后，再次重读《说苑》，依旧爱不释卷。每当捧起《说苑》时，就不想放下；每当打开《说苑》时，眼前就一亮；每当合上《说苑》掩卷沉思时，就感慨万千……

这次暂且浏览了前十卷，仅从每卷的题目看，就让你爱不释卷。这十卷的题目分别是君道、臣术、建本、立节、贵德、复恩、政理、尊贤、正谏、敬慎。

君道为纲，治国安民。国君要有爱民思想，重教化轻刑罚；要知人善任，选贤任能；要加强品德修养，谨言慎行；要独立决断，远离奸佞；要敬天畏人，注重内省；要居安思危，天下为公。

臣术阐明为臣要“益于国”、“补于君”；为臣要有胸怀，要进贤、让贤；为臣不可张扬、骄傲；为臣要勤俭朴素、为人低调；为臣要守“六正”、避“六邪”。

建本就是树立根本。“君子务本，本立而道生。”首先，要慎；其次，要尽孝；第三，勤学好问；第四，以民为本，“民怨其上，不遂亡者，未之有也”；第五，丰衣足食，“仓廪实，知礼节，衣食足，知荣辱”。

立节就是做人有气节。在危急关头能够忠于国家、忠于人民、忠于国君，能够维护自己的人格尊严，坚持真理和正义。

贵德强调的是政治道德。核心是爱民，要有悲天悯人的情怀。“圣人之于天下百姓也，其犹赤子乎！”要解决百姓的衣食困难，爱民不求回报，与民同乐，不乱杀无辜。

复恩主要针对君臣、主仆之间的关系而言，从治国安邦的政治高度探讨复恩的社会作用。“夫臣不复君之恩，而苟营其私门，祸之源也；君不能报臣之功，而惮刑赏者，亦乱之基也。夫祸乱之源、基，由不报恩生矣。”

政理阐述治国的道理。核心是仁政，是教化。君子之德如风，小人之德如草，“草上之风，必偃”，治国要关心民生问题。“利之而勿害，成之勿败，生之勿杀，与之勿夺，乐之勿苦，喜之勿怒，此治国之道。使民之义也，爱之而已矣。”治国要提高自身修养，执政要防“社鼠”，防奸臣当道。

尊贤，顾名思义，就是尊重贤士。贤士是国家栋梁，不可一日无。贤士乃鸿鹄之羽翼、游江海之船。国君要慧眼识人才，贤士可弥补国君之不足，选贤重忠厚、诚信、仁慈。尊贤赏罚严明，以凝心聚力。

正谏就是正言直谏。进谏是臣子的职责，是忠诚于国家、君主的体现。良药苦口利于病，忠言逆耳利于行。

敬慎就是待人恭敬，做事谨慎。“存亡祸福，要在其身。”士不可骄，高而能下，满而能虚，富而能俭，贵而能卑，智而能愚，勇而能怯，辩而能讷，博而能浅，明而能闇。“怨生于不报，祸生于多福。”

两千多年前，刘向提出自己治国理政的系统主张，意在扭转外戚和宦官干政的危局，匡扶汉室，可谓用心良苦。今天读来，仍然有很多值得借鉴的内容，特别是在开展“三严三实”的学习活动中，对我们净化心灵、心存敬畏、认真履职有重要的现实意义，对于弘扬传统文化有重要的历史意义。

君道为纲，示范人民。上行下效，气正风清。严以修身，志在贤臣。贵视其所举，富视其所与。严以用权，理政为民。水浊则鱼困，令苛则乱民。严以律己，牢记建本。木受绳则直，人受谏则圣。谋事要实，尊贤敬慎。存亡福祸，其要在身。创业要实，赏罚严明。视民如伤，创业为民。做人要实，立节忠信。以身作则，贵德爱民。

严以修身是毕生的事情。严以修身，谋事要实。应该做到守“六正”，卑贱身体，夙兴夜寐，进贤不解，以安国家社稷宗庙。昭然独见存亡之机，得失之要，预禁乎不然之前，防患于未然。避“六邪”，勿安官贪禄，营于私家，不务公事，怀其智，藏其能，不肯尽节，左右观望；勿人云亦云，投其所好，隐而求其进；勿巧言令色，嫉贤妒能，妄行过任，赏罚不当；勿文过饰非，离间乱世；勿专权擅势，结党营私；勿谗言以邪，朋党比周，以蔽主明。

严以用权是职业操守的起码要求。严以用权，创业要实。用权贵在守法，创业贵在务实。敬天畏人，如履薄冰。以身作则，不徇私情。实事求是，恪守公平。维护权益，据理力争。用权重在建本，创业重在回报。勤学好问，贴近基层。科学决策，制度严谨。防范风险，制度先行。落实责任，有效执行。用权严在履职，创业严在执行。创业以民为本，安民富民。顾全大局，对国忠诚。尊贤聚力，敬慎为民。

严以律己是敬慎履职的必然要求。严以律己，做人要实。忠于职守，为国为民。脚踏实地，正谏笃行。礼义廉耻，刻骨铭心。立节守义，净化灵魂。居安思危，勤俭谦恭。恪守诚信，一视同仁。戒骄戒躁，谨言慎行。团结进取，敬业忠诚。拜读《说苑》，正心诚意修身。领悟精髓，致知格物精进。

丢掉幻想

/2015年7月10日

在纪念抗日战争及反法西斯战争胜利七十周年之际，我阅读了王冷斋《卢沟桥抗战纪事诗四十首》，重温了2014年甲午战争120周年的有关文章，心情颇为沉重，脑海浮现出四个字：丢掉幻想。

“长虹万丈跨卢沟，胜地流传七百秋。桥上睡狮今渐醒，似知匕首已临头。”王冷斋的诗道出“人在家中坐，祸从天上来”的无奈与愤慨。进城寻找“失踪”士兵是铁蹄践踏大好河山的唯一借口，谁也不会相信。“安内必攘外”的幻想被严酷的现实砸得粉碎，“大东亚共荣”的幌子实际是日本军国主义的招魂幡。

1894年的中日甲午战争，以签订《马关条约》的耻辱激起国人的愤怒，和日本睦邻友好的幻想破灭了，换来的是割地赔款，丧权辱国。2014年在纪念中日甲午战争120周年时，国内各界举行研讨会，研究甲午战争失败的原因。军界认为是军事失败，因为陆军和海军不和，为军费拨付不公阋墙，在国难面前陆军看海军笑话。文化界认为是文化失败，鸦片战争中国败给英国。经济学家说是经济失败，政治理论工作者说是政治失败，法学家总结为制度失败。我们败在腐朽没落封建的专制制度。每一种分析都有一定道理，每一种失败的原因都值得反思。

然而，在战后的赔偿中，中国竟然无条件地放弃了日本的战争赔偿。出发点相当美好，为了中日世代友好；愿望相当善良，为的是睦邻关系。这简直是与虎谋皮，令人义愤填膺。在纪念抗日战争胜利七十周年之际，回顾七十年来中日关系的改善，并非我们的仁义、厚道，而是国力的增强。七十年来，日本亡我之心未眠，一直匆匆欲动，磨刀霍霍。2012年国有化钓鱼岛，终于露出了张牙舞爪的本性。现实对“世代友好”的善良愿望以冷酷回击，我们只能打掉牙和血吞，无颜面对父老乡亲。

我们不能忘记1985年，在中国还不富裕的条件下，让3000日本青年免费在中国参观访问，换来的是今天日本解禁集体自卫权，否定南京大屠杀，否定侵略……

这就是善良换来的友好，仁义得到的回报。血的教训未雪耻，泪的印痕依犹存!

痛定思痛，友好是彼此的默契，不是一厢情愿的忍让。国安是综合实力的增强，不是对邻国的一再忍让。国盛是国民意志的凝聚，不是对侵略者宽容体谅。历史的耻辱难忘，毛主席的教导耳边回响：“人不犯我，我不犯人；人若犯我，我必犯人。”

凝聚国民意志，反思不足，取人之长。脚踏实地做事，精进务实，实现梦想。唯有国力增强，方可有效抵御列强。只要全民团结，才能不怕霸主猖狂。东方睡狮，见证了曾经的耻辱，凝聚了雪耻的力量。弱国无外交，落后必挨打。铭记耻辱，丢掉幻想！坚持原则立场，不再屈辱忍让。卧薪尝胆，自立自强。

勤学深思有未来

/2015年7月24日

曾国藩一生坚守五勤，青史留名。五勤并非高不可学，实乃点滴用心。有意修炼五勤，为人处世精进。矢志坚守五勤，可与圣贤齐名。一勤天下无难事，崇俭尚廉贵修身。

“五勤，一曰身勤，险远之路，身往验之；艰苦之境，身亲尝之。二曰眼勤，遇一人，必详细察看；接一文，必反复审阅。三曰手勤，易弃之物，随手收拾；易忘之事，随笔记载。四曰口勤，待同僚，则相互规劝；待下属，则再三训诰。五曰心勤，精诚所至，金石亦开；苦思所积，鬼神亦通。”

牢记五勤，天下无难事，学会三思，世上有坦途。五勤立身，三思而行。勤耕、勤读、勤探索。思古、思今、思未来。耕读养身，思修益智。知行合一，自强不息。

思古之学子，矢志不渝，水滴石穿。敏而好学头悬梁，不耻下问恳求师。思古之志士，卧薪尝胆，忍辱负重。有志者事竟成，破釜沉舟，百二秦关终属楚；苦心人天不负，卧薪尝胆，三千越甲可吞吴。思古之先贤，澹泊明志，宁静致远。艰难曲折不停步，坎坷泥泞总登攀。弘扬正义无畏惧，普度众生有慈悲。思古之百姓，任劳任怨，朴实真诚。心存善良吞忍辱，恪守诚信传家风。勤俭持家，耕读继世。思王侯将相，地位如昙花，名利似流水。天下长城今犹在，不见当年秦始皇。

思今之英才，继往开来。天道酬勤非传承，开天辟地出寒门。秉持正义人颂扬，扶贫济困业辉煌。思今之贤才，引领未来。潜心读书忘贫寒，立志成才肯登攀。节衣缩食惜分秒，清苦卑贱恪守道。思今之良才，恪尽职守。不惧寒暑尽天职，朴实敦厚暖人心。历经风雨无怨言，精益求精传后人。思今之百姓，忍辱负重。眷恋昔日之清风，无奈窒息之雾霾。

思未来，学先贤之勤，勤能补拙。习今人之思，思修精进。天下古今之庸人，皆以一惰字致败。以勤治惰，以勤治庸。不管是修身自律，还是为人处事，一勤天下无难事，三思世上有坦途。天生我材必有用，长风破浪会有时，直挂云帆济沧海。克己守礼无遗憾，勤学深思有未来。

因应

/2015年12月19日

浏览《易》六十四卦，每一卦针对一种状态，提出应对之策。六十四卦包含六十四种状态。在不同状态下，都存在转换的可能、机会，乐极生悲，否极泰来。因此，学《易》重在悟，应对把握度。人生有顺逆，因应莫违数。

人更三圣，世历三古；智慧结晶，用心感悟。安不忘危，存不忘亡。元亨利贞，明理慎处。居上位而不骄，处下位而不忧。明君，以社稷为重，论功行赏，秉公执法，近贤臣，远小人，以求国泰民安。

处逆境慎思，辨世事慎行。俭德以避难，不可荣以禄。应深入基层，深入群众；接地气，通下情，营泰之势。防高高在上，脱离实际；近小人，远贤臣，酿否之患。承万众之愿，载万物之需，遏恶扬善，顺天休命。处高位自重，履要职自谦。天之所助者顺也，人之所助者信也。履信思乎顺，尚贤。谦恭人之美德，满招损，谦受益。得意者勿恃才傲物，失意时应虚心反思。

蓄德聚才，养刚健之基，育笃实之体。稳中有进，修习德行。慎言以养德行，节事以养身体。养正莫善于知止，知止知足。修身莫大于制怒，止怒止躁。天地万物共存，为人处事谦恭。

习坎知其难，修德莫悲叹。学而不厌莫畏难，诲人不倦涉险滩。敬天尚德行，涉险只有惊。畏人敬神灵，山川共其存。居于天地间，避险记心中。遇险静其心，应对贵韧恒。遇睽求同存异，勿水火不容。顺势而一，殊途同归。遇蹇宜反身修德，柔顺待时，进退宜当；上下同心，和衷共济，见险而能止，智矣哉。

做人不失内刚。自立自强，不屈不挠；处事不乏外柔，协调关系，化解矛盾；君子内秉刚健之德，外显柔和之志。刚柔相济，内外相宜。

遇风在水上行之事，人心似水流动，小道消息似风传播，负面消息易推波助澜，导致人心浮动。此时，宜疏，宜导，不宜堵。疏宜早，导宜巧。

天地节而四时成，人欲节而五谷丰。君子以制度数，议德行，不可凭好恶。如泽节水，称其大小深浅，要使不溃不涸而已。节俭适度，勿奢，勿吝啬；宽严相济，勿纵，勿苦行。节以制度，不伤才，不害民；恪守人伦，不伤风，不败俗。

知易行难

/2015年12月2日

阅读《群书治要》，感触良多。唐太宗从历代帝王治国资政史料中寻找“修身、齐家、治国、平天下”之精要，以求“用之当今，足以鉴览前古；传之来叶，可以贻厥孙谋”。唐太宗读《群书治要》手不释卷，知风化之本，见政理之源。他认为：“以铜为镜，可以正衣冠；以史为镜，可以知兴替；以人为镜，可以明得失。”

研读《群书治要》，君学可以治国，臣学可以辅政，民学可以齐家。社会治乱的根本在人心，其人存，则其政举；其人亡，则其政息。无论治国辅政，还是修身齐家，关键在人。“法者，治之端也；然法不能独立，得其人则存，失其人则亡。君子者，法之源也。故有君子，法虽省，足以遍矣；无君子，则法虽具，足以乱矣。故明主急得其人，而暗主急得其势。急得其人，则身逸而国之治，功大而名美。急得其势，则身劳而国乱，功废而名辱。”此乃得人心者得天下焉。

古今中外，无论民主制度多么健全，如果缺乏仁慈博爱、诚实守信的社会公德，没有公平正义的社会秩序，形式上的民主法制难以维护社会的公平正义，避免不了政息人亡的悲剧。熟读《群书治要》精华易，恪守《群书治要》原则难，践行《群书治要》举措难上加难。

有鉴于历史，治国安邦需德礼刑并用。德治是理想状态，源于社会的诚信、礼仪完善，礼治依赖克己复礼的士大夫为民示范，刑治在于匡正局部、规范秩序，不得已而为之。然而，当社会缺失诚信、士大夫不能克己守礼时，社会秩序乱，民间怨恨多，德治步履艰，教化似浮云，重建社会诚信更为紧迫。否则，单纯地用刑会事与愿违，欲速则不达。

君子务本，本立而道生。孝悌者也，其仁之本也。学习传统国学，弘扬孝道文化，牢记礼义廉耻，正心诚意修身。君子多识前言往行，以蓄其德。《群书治要》意在治国理政，重在修身进德。《群书治要》汇聚古圣先贤之血脉，囊括千年文明之精髓，以“务乎政术，存乎劝谏”为宗旨，昭德塞违，劝善惩恶。用之当今，足以鉴览前古；传之来时，可以贻厥孙谋。引而申之，触类而长；盖亦言之者无罪，用之者足以自戒。

《群书治要》首卷即是《易》，以《易》为统揽，求治国之精要，悟处事之真谛。《易》博大精深，智慧结晶。安不忘危，存不忘亡；元亨利贞，用心感悟。天行健，君子以自强不息。居上位而不骄，处下位而不忧。地势坤，君子以厚德载物。敬以直内，义以方外，敬义立而德不孤。以国家社稷为重，论功行赏，秉公执法，近贤臣，远小人，以求国泰民安。处逆境慎思，辨世事慎行，以俭德避难，不可荣以禄。要深入基层，深入群众，接地气，通下情，营泰之势。防作风漂浮，脱离群众，近小人，远实情，酿否之患。得时则大行，承万众之愿，载万物之需，遏恶扬善，顺天休命。处高位自重，履要职自谦。牢记“满招损，谦受益”，得意时勿恃才傲物，失意时应虚心反思。

读《群书治要》易，悟安邦治国难；信守安邦治国易，践行修身进德难。天下之事，知易行难。正心诚意修身，致知格物齐家。知行合一，自强不息。

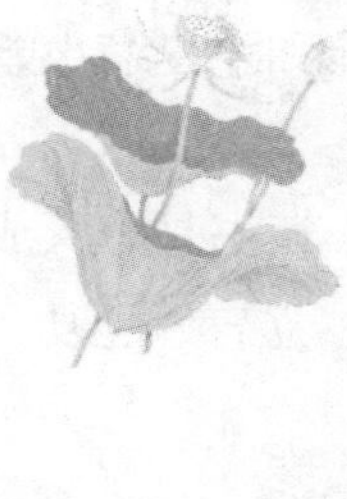

博学多思

/ 2016 年 1 月 2 日

昨天，去书店买了商务印书馆翻译的《理想国》《论灵魂》《宗教经验之种种》《佛教逻辑》等书。开卷浏览，感悟颇多。这些外国作者的著作之所以能世代流传，并译成不同文字，其根本原因在于作者博学多思，遇事有独到见解，人生有独立追求，凡事能独立思考，有不畏权贵的独立人格。

人生短暂，能留下独到见解是最大的财富。生平物质财富再多，自己享用有限，若全留子孙，焉知祸福？君不见富家子弟游手好闲，皆因家境好激发了享乐欲，忘记了奋进。滋生了占有欲，忘记了博学多思。滋长了攀比心，忘记了勤俭持家。古人云:遗子黄金宝，何如教一经。万般皆下品，唯有读书高。

人无论穷富，都应该读书。读书是改变人生命运的出路。博学多思，知行合一，自强不息。读书要静心、深思、细研，探求是什么？为什么？读书要入脑、入心。读书不能一目十行，掩卷无印象。读书要凝神思辨，敢于质疑，不能不加分辨地全盘肯定，更不能人云亦云地全面接纳。读书要去粗取精，去伪存真，由此及彼，由表及里，由浅入深，循序渐进。

老幼皆应读书。少而好学，如日出之阳。壮而好学，如日中之光。老而好学，如秉烛之明。读书趁年轻，学习贵有恒。年长读书易忘，不能惆怅，唯有加倍用功，才能和才俊缩小差距。年长读书易懒，要养成习惯，持之以恒。

书籍是人类进步的阶梯，读书是个人成长的旅程。博学多思，矢志前行。正心诚意修身，立德、立言、立功。

正义与非正义

/2016年1月10日

在柏拉图《理想国》关于正义和非正义的辩论中，苏格拉底显得技高一筹。格劳索、阿德曼托斯就理想状态下，放下正义与非正义之名，就其实际解析，非正义得实惠、享荣华，令人羡慕，政客都在正义之名下行不正义之实，那些口口声声骂非正义者，对非正义的好处趋之若鹜。然而，正义者除了令人羡慕的名声之外，必须接受屈辱、污蔑，忍受困难，面对艰险，生活苦涩。他们对正义与非正义剖析得非常清楚。

苏格拉底的高明之处在于偷换概念，他以小字看不清楚换一行大字看，把个人正义与非正义的分析换成一个城邦来分析。为了城邦的人有饭吃、有衣穿、有工具用，大家必须正义地工作、付出，以换来自己生活的必需。为了城邦的正义延续，作者必须编正义的假故事给孩子们讲，以传承城邦的正义。这样，城邦才稳定，才会出现理想国。

二者的辩论，文质彬彬，娓娓道来，慢条斯理。乍听似乎都有道理，胜者好像是苏格拉底。其实，苏格拉底揭示出社会需要正义，格劳索、阿德曼托斯剖析了人性中坚持正义难、追求个人生活享受者会借正义之名行非正义之实，以得到具体实惠。显然，《理想国》的目标难以实现，为了维护正义，为了让正义者不吃亏，一个法治社会跃然纸上，历史朝这个方向前进。

这是社会需要正义和个体本能非正义欲望的矛盾。几乎与柏拉图《理想国》同一时期的先哲都认识到这一基本矛盾。老子以《道德经》强调人应该遵循大自然的道，无为而治，修德得道。他坚信“积德虽无人见，行善自有天知”。儒家强调“正心诚意修身，齐家治国平天下”，致知格物，以“仁义礼智信”规范社会行为。佛教则以其“苦集灭道”逻辑原理，以六道轮回的故事启迪信众闻思修佛法，规范人的言行，克制“贪、嗔、痴”，慈悲为怀，普度众生。

随着历史的演进，社会形态不断变化，三权鼎立的民主政治制度虽风行一时，在经济新常态下也暴露出内在的矛盾，无法有机协调“社会需要正义和个体本能非正义欲望”之间的矛盾，正如联合国在20世纪90年代就开始的消除贫困计划，20多年过去了，贫困人口越来越多，贫富悬殊、分化越来越严重。民主选举的历史暴露出竞选者以正义的名义骗取选票，一旦当选，则以正义之名行不正义之实，中饱私囊。历史的演进证明了柏拉图在《理想国》中的判断，民主政治是最不理想、最不稳定的社会治理方式。

正义与非正义矛盾是推动社会进步的根本动力。人类借鉴前人的智慧，结合本国的实际，不断完善本国的治理形态。深入推进的“三严三实”活动必将为解决人类社会的根本矛盾做出有益探索，积累宝贵经验。实现社会正义，抑制本能欲望。路漫漫其修远兮，吾辈将上下而求索。

读《道德箴言录》之点滴感悟

/2016年2月11日

(法)拉罗什福科著的《道德箴言录》语言犀利，视角独特；但有些观点不敢苟同。现将学《道德箴言录》的点滴感悟列出：

（1）用理智的甘露浸没激情的火苗，把冲动的隐患消灭在萌芽之中。

（2）多疑者多忌，多忌者多怒，多怒者多悲，多悲者多难。

（3）自信与骄傲是对孪生兄弟。骄傲是自信外化的膨胀。把握自信外化的度，展示人们乐于接受的自信。

（4）重视承诺是一种习惯，履行承诺是对习惯的奖赏。良好的习惯演化为优雅的个性，优雅的个性为成功铺平道路。

（5）情绪左右命运，性格决定命运。情绪化处事，结局悲惨。情绪平静、性格平稳可以在逆境中发现生机、捕捉生机，绝地反弹，涅槃重生。

（6）尊重财富与尊重哲学是一个硬币的两面，彼此不能割裂。哲学给人启迪，财富让人温饱。

（7）从失利中汲取教训是走向成熟的途径，在顺境中查找不足是防止滑落的警钟。居安思危，居危思变，临危不乱。

（8）习惯决定个性，个性决定命运。养成良好的习惯，培养优雅的品行。

（9）纯洁的爱深藏心底，夜深人静时爬上心头、浮上眉头，化作潜意识的惦记、无意识的牵挂、不自觉地流露。

（10）人可能不犯情爱之错，但几乎没有唯一的初犯之错。克制初犯之冲动，胜过亡羊补牢。

（11）钟爱正义是人们恐惧不公，维护正义有助于消除不公。

（12）过分沉默是缺乏自信，过分自信则缺少沉静。在生活中告别沉默，培养自信。在得意时保持沉默，收获自信，把自信融入沉默。

（13）交友之难在于不易发现其灵魂，过分的轻信会误入歧途，过分的热情会迷失于冲动。相交在于心，相信在于品。

（14）诚信为本，克制为鉴，忍让为先，宽大为怀。

（15）野心易膨胀，遇障碍而不知，见陷阱而不识。抑制野心，防止碰壁，避免一意孤行。

（16）功绩客观存在，蓄意难以掩盖。品行客观存在，进步无法掩盖。走正道不停步，积跬步以至千里，汇细流以成江海。

（17）思想是一个深邃的宝库，洞察力孕育其中。思想不断丰富、博采众长，洞察力不断增强。培育思想是人走向成熟的重要任务。

（18）精神、心灵和思想是一个人有别于他人的关键要素。思想的丰富与浅薄决定了精神的高尚与低俗。

（19）精神是心灵的一面镜子，思想是精神的源泉。孕育思想，激发理想。

（20）求知不满足于一知半解，学习不局限于一章一句。学习由浅入深，抽丝剥茧。

（21）如何才能不软弱？孕育骨子里的自信，磨炼刻在脸上的刚毅。如何才能不背叛？恪守血液里的诚信，捍卫心底正义的灵魂。

（22）肯定自己是人生乐趣的源泉，激励自己是人生进步的阶梯，完善自己是走向成功的保障。

（23）自信容易上当，自负容易受骗。低调行事、高标做人是防止受骗上当的良药。

（24）精明胜过聪明，诚实胜过精明。诚信待人，精明处事。

（25）装傻是最好的防卫手段，沉默是最好的避险工具。

（26）唯有坚强方可走向成熟，唯有谦虚才能走向成功。

（27）培育爱情源于渴求爱情的冲动，沉溺爱情是失去理性的冲动。抑制冲动，斟别爱情，梳理情感，恪守理性。

（28）伪装的聪明比诚实的愚笨更可笑，巧言令色比直言谏语更可怕。

（29）夸夸其谈彰显虚荣，木讷实干流露本性。

（30）保持沉默能战胜不幸，悲情戚戚则延续不幸。

（31）言谈围绕听众，寻求积极互动。启迪别人的思路胜过展示自己的才华。

（32）有比较方显英雄，能吃苦磨炼灵魂。山外有山，卧薪尝胆。

（33）自恃高明者易忽视别人，忽视别人者终究会碰壁。碰壁使人变得理性，能吃苦中苦，不甘人后人。

（34）赞美的效果比动机重要，别人的反应比自我感觉重要。察颜观色，随机应变。

（35）忠言逆耳利于行，需理性分辨；甜言蜜语藏祸心，要冷静思考。

（36）学会赞美是成熟的开始，赢得赞美是进步的阶梯。理性看待赞美，冷静检讨不足。在赞美别人时取长补短，赢得赞美后勿忘乎所以。

读《论语》为政之悟

/2016年2月21日

为人以诚，正心修身，居其位而众人敬之。路漫长，一生之向导，行有方。守之以法，行之以德，民敬而无怨。凝心周而不比，聚力和而不同。荐贤不拘一格，用能不避疏亲，则民服。苟且营私，则民不服。

为官务实，务实而国兴。治事安民，为官之本。哗众取宠，鲜矣惠民。为官勤学，勤学而知明。穷根究底，为学之本。拾人牙慧，鲜矣知真。为官勤俭，勤俭而惠民。苍生安居，俭用为本。穷奢极欲，鲜矣清明。为官谨信，谨避冲动，忌好大喜功。信能服众，宜教化安民。敬民而守信，俭用而爱民。

为政之路，宜俭宜勤，宜恭宜敬，宜廉宜洁，宜信宜诚，宜忠宜义，守法敬民。牢记《无逸》语，不忘《康诰》声。夏商终结事，时刻是警钟。春秋战国乱，世代要铭心。

为政之本，在正心修身。常思民之苦，常念民之困。使民以时，不误耕织。耕者有其田，织者有其衣。轻徭役，减苛捐。统筹环境治理，改善居住环境。权为民所用，利为民所谋，情为民所系。

为政不忘谏上守真，实事求是，勿谗言奉承。秉公用权，举贤荐能。作风务实，深入基层。接地气，通下情。倡导勤政廉洁，防止浮夸之风。铭记肩负使命，脱贫攻坚，造福百姓。

读《孝经》之感悟

/2016年2月22日

孝是广义的，不局限于孝顺父母，还包括事君、立身。在当今浮躁的社会环境下，重新审视人们的烦躁，似乎应重温《孝经》，体会人的使命和义务。作为社会的人，我们有追求自我价值、享受社会进步成果的权利，同时，我们有孝顺父母、服务社会的义务。

《孝经》开宗明义："夫孝，德之本也，教之所由生也……身体发肤，受之父母，不敢毁伤，孝之始也。立身行道，扬名于后世，以显父母，孝之终也。夫孝，始于事亲，中于事君，终于立身。"显然，孝是立身行道的基础，正心诚意修炼。对年轻人而言，读《孝经》应该感悟做人真谛。爱护自己的身体，不让父母忧心。自强不息，立身行道，不让父母操心。尽职尽责，不辱使命，不让父母揪心。

《孝经》规范了天子、诸侯、卿大夫、士、庶人孝的内涵。今天，我们应该对照社会定位，检点自己的言行是否符合孝的规范。

"爱亲者，不敢恶于人。敬亲者，不敢慢于人。爱敬尽于事亲，而德教加于百姓，刑于四海，盖天子之孝也。"

"在上不骄，高而不危，制节谨度，满而不溢。高而不危，所以长守贵也；满而不溢，所以长守富也。富贵不离其身，然后能保其社稷，而和其民人。盖诸侯之孝也。"

"非先王之法服，不敢服；非先王之法言，不敢道；非先王之德行，不敢行。是故非法不言，非道不行。口无择言，身无择行。言满天下无口过，行满天下无怨恶。三者备矣，然后能守其宗庙。盖卿大夫之孝也。《诗》云：夙夜匪懈，以事一人。”

“资于事父以事母，而爱同；资于事父以事君，而敬同。故母取其爱，而君取其敬，兼之者父也。故以孝事君则忠，以敬事长则顺。忠顺不失，以事其上，然后能保其禄位，而守其祭祀。盖士之孝也。《诗》云：夙兴夜寐，无忝尔所生。”

“因天之道，分地之利，谨身节用，以养父母。此庶人之孝也。故自天子至于庶人，孝无始终，而患不及己者，未之有也。”

在践行“三严三实”活动中，读《孝经》，明事理；常反思，应警醒。“夫孝，天之经也，地之义也，民之行也。”

“教民亲爱，莫善于孝；教民礼顺，莫善于悌；移风易俗，莫善于乐；安上治民，莫善于礼。礼者，敬而已矣。故敬其父则子悦，敬其兄则弟悦，敬其君则臣悦，敬一人而千万人悦。所敬者寡，悦者众。此之谓要道也。”

孝重在孝亲、事君、立身，道重在顺人、悦人、敬人。敬人者，人恒敬之。浮躁烦忧，检点自身；孝亲有诚意乎？事君已尽力乎？立身志高远乎？行孝起于小事，贵在修身。立身赖于小事，与众不同。尽责抓住小事，踏石留印。

读《论语》杂感

/2016年2月23日

《论语》中关于仁、德、善、礼等有多处论述。不管从哪个角度论述，其核心是个人正心、修身、示范。无论是治世还是安民，都强调己所不欲，勿施于人。忠信崇德，处事秉公。

习礼仪，知仁义。心慈悲，有善举。若欲仁，心致诚。三人行，择善从。守仁求道，人之所行。正心诚意守仁，致知格物求道。“仁以为己任，不亦重乎？死而后已，不亦远乎？”勿骄勿吝，勿奢勿慵。“学如不及，犹恐失之。”

修德治学，行义为善。凡事皆有度，过谦不可取。修德始于耳濡目染，治学恪守循序渐进。克勤克俭，讷于言，敏于行。兢兢业业，明志向，贵践行。忌功亏一篑，积跬步之功。“士不可以不弘毅，任重而道远。”

礼为纲，正人伦。克己不逾矩，守礼不强人。为人坦诚，待人恭敬。“恭而无礼则劳，慎而无礼则葸，勇而无礼则乱，直而无礼则绞。”守礼重在修身，“见贤思齐焉，见不贤而内自省也。”

治国有不同，礼法不可轻。晓之以礼，治之以法，维护秩序，监督公平。执法重在严明，在其位，谋其政。天子与庶人同罪，高贵与卑贱同法。“其行己也恭，其事上也敬，其养民也惠，其使民也义。”选贤任能，净化世风。以身作则，治世贤明。

治国安邦，博采众长。学《论语》，与时进。悟真谛，取其精。勿食古，识其境。匡世德，在修身。和睦处，在安民。为政者，法理情。德示范，感化民。

读《孔子家语》之悟

/ 2016年3月1日

《孔子家语》是一部记录孔子及孔门弟子思想言行的著作。其内容涉及政治、礼乐制度、与国君问答、与弟子问答、言谈行事等，集中阐述了儒家的社会政治思想、礼治观、伦理观、人才观、仁政说等。

《孔子家语》，道理深入浅出；掩卷沉思，语言耐人寻味。从古到今，万变不离其宗。个人重在修养、视野、胸襟，治国安邦重在示范、以身作则。用贤人，远小人，戒奢侈，惠民生。治理祸乱，有法必依，执法必严。乱世有因，法不治众。君子该反省，正本清源，修身正心。慎用刑于民，勤教化于礼。风俗乃官僚作风的弥漫，秩序乃官吏品行的外延。奢靡之风源于上，正本清源宜治上。善举应时，谨防不当。行不越位，事不越权，述不越级，治不越时。人存政举，人亡政息，故为政在人。“上失其道，而杀其下，非理也；不教以孝，而听其狱，是杀不辜也。”

维持秩序，崇道尚德，教化在先。“夫道者，所以明德也；德者，所以尊道也。是故非德道不尊也，非道德不明也。内修七教而上不劳，外行三至而财不费。此之谓明王之道也。”“凡上者，民之表也，表正则何物不正。”知耻而后勇，知不足而精进。“物耻，则足以振之；国耻，则足以兴之。故为政先乎礼，礼其政之本也。”

礼之基础在于家。家道，在孝与敬。孝父母，敬其亲。首敬妻，重人伦。敬妻乃家道之灵魂，孝母乃家道之命脉。家和乃政礼之基础，人伦乃家和之根本；洁身自好乃孝之行也，尊老爱幼乃德之为也。“妻也者，亲之主也；子也者，亲之后也，敢不敬与？是故君子无不敬也。敬也者，敬身为大。身也者，亲之支也，敢不敬与？不敬其身，是伤其亲；伤其亲，是伤其本也；伤其本，则支从而亡。三者百姓之象也。”

择善而交，崇德而敬，逢道而学。“与善人居，如入芝兰之室，久而不闻其香，即与之化矣；与不善人居，如入鲍鱼之肆，久而不闻其臭，亦与之化矣。是以君子必慎其所与者焉。”

人道，在政与正。克己守礼，治事安民；修身节欲，勤俭正风。审事兼听，体恤下情；与万民同利，忌一意孤行。“夫人道，政为大。夫政者，正也。君为正，则百姓从而正矣。君之所为，百姓之所从也。君子不为，百姓何从？”“君者，舟也；庶人者，水也；水所以载舟，亦所以覆舟。”“存亡祸福，皆在己而已，天灾地妖，弗能加也。”

观周知兴替，悟道明得失。“夫明镜者，所以察形；往古者，所以知今。”问道于安存之要，铭心于危亡之因。“天道无亲，常与善人，戒之哉！”机会无亲，常与勤者；财富无亲，常与俭者；防患于未然，治患于萌芽。守拙如初，行善至终。

君贤在识人而用，求贤若渴。“郊舍三日，琴瑟不御。”臣贤在荐贤为公，让贤为民。精忠为国，勠力同心。尊贤而用，贱不肖而弃，此乃兴盛之道。尊贤而不用，非尊也；弃贱而不离，非弃也。此乃衰亡之因。

理政慎思。“勤之慎之，奉天之时。无夺无伐，无暴无盗。”治事慎言。“言人之善，若己有之；匿人之善，斯谓蔽贤。”安民慎行。“政之急者，莫大乎民富且寿也。省力役，薄赋敛，则民富矣。敦礼教，远罪疾，则民寿矣。”

一部《孔子家语》，万家修身宝典。人人修身，个个济世，何愁国泰民安？

儒学治国的思考

——学《明夷待访录》

/2016年3月11日

明末清初，黄宗羲的《明夷待访录》是中国政治思想史上的一部名著。这部书对三代（夏、商、周）以后，尤其是明代的政治文化和政治制度进行了深刻反思，并且在对儒家政治理想进行重新阐释的基础上，提出了新的制度构想。今天读来，仍有一定的参考价值。我们不仅要努力开拓创新，更需要深入分析时事变迁的根源、影响。

几千年的封建社会，世袭制有不可调和的内部矛盾，有无可避免的宦官专权和后宫干政的弊端。权利的诱惑与人的贪欲结合在一起，像一匹脱缰的野马，伦理道德难以驯服。吏制设计以控制权力、抑制贪欲为前提，使君臣不能贪、不敢贪、不想贪。唯有此，政府才能有效运转，政治有望清明，政策有望实施。

孔子曾经的理想治国思路遇到现实严峻的挑战，“世道衰微，邪说暴行有作，臣弑其君者有之，子弑其父者有之，孔子惧，作《春秋》”。其实，我们研究儒学治国，应该从《春秋》的微言大义中领悟现实，从《论语》的仁礼道德中把握修身。“孔子在庶，德无所施，功无所就，志在《春秋》，行在《孝经》。所以《春秋》言志在，《孝经》言行在。”

儒法相融，博采众长。韩非子《五蠹》对春秋以来的乱象提出了值得借鉴的有效治理途径。“今欲以先王之政，治当世之民，皆守株之类也。”世异则事异，事异则备变。上古竞于道德，中世逐于智谋，当今争于气力。故明王峭其法而严其刑也。

自秦统一中国后，西汉、王莽新政、东汉、隋、唐、五代十国、宋、元、明的演变史，充满了春秋、战国式的骨肉相残、邪佞当道悲剧，也不乏尝试儒学治国的先驱，王莽便是纯粹儒学治国的牺牲者。经历过明代阉党专权迫害的黄宗羲，在痛苦地思索理想的治国模式和架构，试图找到儒学治国的新突破。

《明夷待访录》分析了理想君子和现实君子的反差，找到了儒学治国失败的根源。此君非彼君。理想的君子是“不以一己之利为利，而使天下受其利，不以一己之害为害，而使天下释其害”。然而，“后之为人君者不然，以为天下利害之权皆出于我，我以天下之利尽归于己，以天下之害尽归于人，亦无不可。使天下之人不敢自私，不敢自利，以我之大私为天下之大公。始而惭焉，久而安焉，是天下莫大之产业，传之子孙，受享无穷。”

《明夷待访录》分析了理想的臣子是：“我之出而仕也，为天下，非为君也。为万民，非为一姓也。”盖天下之治乱，不在一姓之兴亡，而在万民之忧乐。然而，“世之为臣者昧于此义，以谓臣为君而设者也。君分吾以天下而后治之，君授吾以人民而后牧之，视天下人民为人君囊中私物。”

仅此分析，就足以看出儒学治国的偏差不在儒学本身，而在君臣的品行。治国安邦应立足实际，儒法相融。君臣同心，不辱使命。随着社会环境的变化，仁礼治国的功能衰减。物质日渐丰富，贪欲与时俱进。靠礼难抑制，唯法可制衡。君把国当家，世袭祸患生。争权骨肉残，谄媚邪佞兴。吏治当进化，选贤与任能。《明夷待访录》，可悟事艰辛。万代皆追寻，公平远离民。仁礼修身事，治国法维新。

学《礼记》，守纲纪

/2016年3月24日

《礼记》是中国古代一部重要的典章制度。该书由西汉礼学家戴德和他的侄子戴圣编定，东汉郑玄集注。《礼记》不仅是一部描写规章制度的书，也是一部关于仁义道德的教科书。

温故而知新。无论是古人还是今人，作为社会的一员，都应该遵守社会的法律、纲纪，都不能凌驾于社会的纲纪之上。在信仰迷失、道德滑坡的恶劣社会生态下，今天学习《礼记》对于匡正道德、重塑诚信有十分重要的意义。学习《礼记》，与时俱进。取其精华，去其糟粕。依法治国，强化纲纪。

学习《礼记》，彰显四维。若诚信缺失，则四维不张。人有礼义廉耻之心，事无贪赃枉法之嫌。天下之事，有善有恶，任善人则国安，用恶人则国乱。选贤任能，不拘一格。若爱而知其恶，憎而知其善，去邪勿疑，任贤勿贰，则天下可以兴矣。

学《礼记》，恪守中庸。君子戒慎乎所不睹，恐惧乎所不闻。莫见乎隐，莫显乎微，故君子慎其独也。君子道人以言，而禁人以行。故言必虑其所终，而行必稽其所蔽，则民谨于言慎于行也。

学《礼记》，尊孝道。夫孝道者，善继人之志，善述人之事也。君子以身作则，行为世范。下之事上也，不从其所令，而从其所行。故上之所好恶，不可不慎也，是民之表也。

学《礼记》，尊礼乐。先王慎其所以感之者，故礼以道其志，乐以和其声，政以一其行，刑以防其奸。礼乐刑政，其极一也，所以同民心而出治道。礼节民心，乐和民声，政以行之，刑以防之，礼乐刑政四达而不悖，则五道备矣。情动于中，声形于外。君好之，臣为之；上行之，则民从之。

学《礼记》，守时令。顺四时，睦邻里。物产丰，民安居。勤耕读，细考绩。整军容，振士气。强国防，固封疆。完要塞，御列强。

大道之行也，天下为公。选贤与能。故人不独亲其亲，不独子其子。使老有所终，幼有所长，使鳏寡孤独废疾者皆有所养。是故谋闭而不行，盗窃乱贼而不作，是谓大同。

由此可见，匡正道德非不可及也，重塑诚信非不能达也。君臣同心，其利断金。为上可望而知也，为下可述而志也，则君不疑于臣，而臣不惑于其君矣。为上易事也，为下易知也，则刑不烦矣。故天下有道，则行有枝叶，相得益彰。天下无道，则辞有枝叶，哗众取宠。听其言，观其行，辨其道，识其伪。选人看德，用人依法。君德不越权，君权不欺法。上行下效，恪守纲纪。治国先治君，治君先治权，治权先规范，政权为人民。

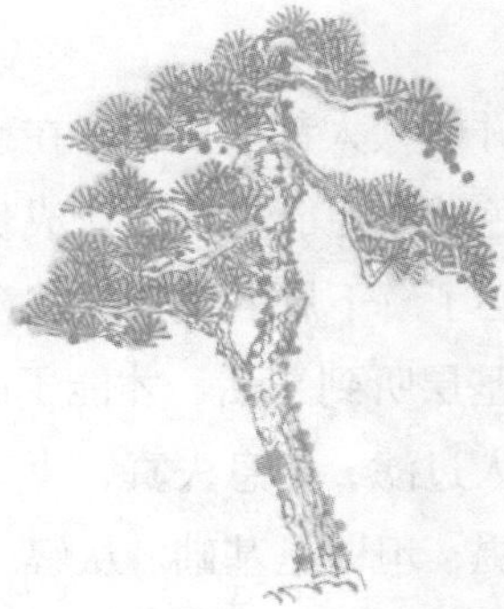

沟通

/2016年3月30日

《向领导大师学沟通》一书介绍了十二位大师的沟通技巧，从创建领导信息渠道开始，传达领导信息，然后，延续领导信息，形成一个沟通闭路，保证领导全面掌握信息沟通的状态、过程和结果。

在日常生活中，都有和别人沟通的经历、体验，但能够算得上有效沟通的恐怕不多。这不是彼此表达不清沟通内容，也不是缺乏正式的沟通渠道；而是，双方缺乏心灵深处对沟通的需要和诚意，有的沟通出于形式上的需要，纯属于应付，有的沟通为的是履行程序。总而言之，一般情况的沟通，往往形式大于内容，有效沟通不多。

然而，要想把工作做好，和别人的有效沟通是极其重要的事情。就自身而言，要有沟通的诚意，明确沟通的内容和重点；其次，要选择沟通的时机，把握沟通的节奏，形成有效互动；第三，要注意沟通的技巧，先扬后抑，不使沟通陷入僵局。第四，把握沟通过程中出现的转机，因势利导，循序渐进。第五，在沟通中适时肯定共识，明示存在的分歧，逐步缩小沟通范围，聚焦难点，寻求突破。第六，正式的沟通应该形成备忘录。

人人都很努力，并非人人都能成功。在事业上的成功，除了精通业务、敬业精进外，出色的沟通能力是事业成功的根本保证。学会和下属沟通。放下架子，真心了解下属的关切，诚意帮助下属解决生活中的困难。唯有此，才能从基层听到真话，才能了解实情，发现问题的真谛。否则，信息被周围的人过滤，信息失真，决策失误，执行失败。学会和同僚沟通。尊重是前提，坦诚是基础。从解决问题出发，找出产生分歧的原因，寻找消除分歧的途径，体谅对方的关切，考虑对方的诉求。学会和领导沟通。不能投石问路，察言观色。要说明观点、立场，倾听领导意见。一般情况要服从，原则问题不让步。不能激化矛盾，也不能回避矛盾。正视矛盾，直面问题。无论何时，都不能失去人格尊严，曲意逢迎。无论何地，都不能放弃原则立场，唯利是图。

沟通是毕生的事情。上学时，需要和同学沟通，和老师沟通，和家长沟通。工作后，需要和同事沟通，和领导沟通，和下属沟通，和合作者沟通。成家后，需要和爱人沟通，和亲属沟通。沟通不畅，产生误解，引发矛盾，影响情绪，甚至影响人际关系。沟通乃人生之大事，事关生活质量，决定工作成败，不可不察。

培养沟通能力是提高沟通效果的根本保证。沟通能力取决于沟通技巧和沟通中对机会的把握。同样的外部环境，不同的人去沟通，会产生截然不同的沟通结果，有的不欢而散，有的化干戈为玉帛。这里起关键作用的就是沟通能力。

沟通能力需要慢慢培养，日积月累。人生需要处理各种问题，化解各种矛盾，如果没有良好的沟通能力，很难达到预期效果。针对不同的对象、不同的问题，需要不同的沟通技巧。因此，在日常生活、工作中留心不同的环境、不同的问题，探索不同的沟通技巧。

不论在何时，也不管在何处，提高沟通能力需要注意以下几点：一是诚恳。以坦诚的态度和别人沟通，不要哗众取宠，要实实在在。二是守信。说到的要做到，做不到的不允诺。言必信，行必果。三是坦荡。要毫无保留的沟通，共享信息，提高彼此对问题的理解、了解程度，减少误会和偏见，以达成共识为目标。四是谦逊。以平易近人的态度和别人沟通，虚心请教，不能趾高气扬，让人敬而远之。

有效沟通、积极合作是成功的基础，尽职尽责是成功的保证，二者不可偏废。正心诚意修身，诚恳待人，守信经营，坦荡沟通，谦逊交往。

引以为戒

——读《逸周书》有感

/2016年4月7日

两千多年前的周朝，从兴盛到衰落，从春秋五雄争霸，到战国七强征战，灾害连年，饿殍遍野，民不聊生。重读《逸周书》，感慨万千。朝代建立之初，顺天时兴百业，薄赋税而民安，守社稷而国强。朝代更迭之际，群雄争霸，弱肉强食，民处水深火热之中。近年中东之乱局，难民如潮，流离失所。家园破败，田地荒芜。平民死于无辜，国家毁于战乱。

厉王暴政，良夫谏言："民归于德，德则民戴，否德民仇。兹言允效，于前不远。商纣弗改夏桀之虐，肆我有周有家。"呜呼！世风日糜，弗图大艰，偷生苟安。爵以贿成，贤智箝口，小人鼓舌，逃害要利，并得其求，惟曰哀哉。

"能制其有者，则能制人之有；不能制其有者，则人制之。令行禁止，王之始也。"兵强胜人，人强胜天。兵胜人以力，人胜天以德。用官惟德，用人惟贤。观其行知其德，问其事知其智，听其言察其实，任其事察其能。弃嬖宠而用贤良，戒奢侈而倡节俭。

殊不知，以言取人，人饰其言；以行取人，人竭其行。饰言无庸，竭行有成。敬思以明德，备乃祸难。难至而悔，悔将安及？

朝代更迭，道理永恒。君，乃民之父母。任用贤良，弘德守道。天地人和，阴阳平衡。天有四灾，水、旱、饥、荒。其至无时，非务集聚，何以备之？人有四殃，馋、懒、狎、诳。其害无穷，非务修身，何以防之？

治国安邦，民生乃要务。民以食为天，防灾保平安。勤俭节约，有备无患。顺应时令，精耕细作。开源节流，施舍予人。守礼义廉耻，诚信做人。温良恭俭让，精进做事。止奢行俭，自力更生。学中外之文明，鉴古今之教训。要未雨而绸缪，勿临渴而掘井。严以律己，遵纪守法。宽以待人，和谐共存。正心诚意修身，致知格物精进。引以为戒，防患于未然。弘扬正义，国泰民安。惟祸发于人之攸忽，咎起于人之攸轻。心不存焉，变之攸伏。

听古人对话，悟做人真谛

——读《韩诗外传》有感

/2016年4月8日

《韩诗外传》是一部西汉初年记述前代史实、传闻的著作。多述孔子轶闻、诸子杂说和春秋故事，非诗非传。读韩婴的《韩诗外传》，仿佛聆听古人对话，领悟人生真谛；感受治国安邦理念，沐浴正心修身雨露。慎思为官之道，秉承贵民思想。

《韩诗外传》通过对话阐释治国理念。以民为贵，强调百姓与之为安，辅之则强，非之则危，背之则亡，执政者要以百姓为天。对百姓先养后教，使百姓内不乏食，外不患寒，乃可以御以礼矣。

《韩诗外传》主张荐贤用能。与贤士为伍，以明扶明，则升于天；以明扶暗，则归其人。若不亲贤臣，任用小人，则如两瞽相扶，不触墙木，不陷井阱，则其幸也。

《韩诗外传》认为福生于无为、祸生于多欲，要知足常乐。洁身自好，扬长补短。尊者爱民行义理，富者振穷救不足，勇者卫上而攻战，智者善谋正义，美者统朝莅民。

《韩诗外传》主张修身养性，益智怡神。原天命，究其真。治心术，找路径。理好恶，秉公平。适情性，察真情。治道善，贵执行。不惑祸福，不妄喜怒，不贪无用，欲不过节。常自警，擅自省。天高而日月显其明，地厚而山陵成其居，道顺而百事顺其序。

《韩诗外传》劝君以智者为师。兼听则明，偏信则暗。欲观存亡，必由其下。同明者相见，同听者相闻，同志者相从，非贤者莫能用贤。故辅佐左右所任使，有存亡之机、得失之要也，可无慎乎。

《韩诗外传》重视民情和人欲。君治民，重人情。尊六亲，义理通。因其情，节之以礼。从其欲，制之以义。尽心为人，推己及人。

《韩诗外传》以桀纣失位之教训告诫后人，贵爵而贱德者，虽为天子不贵矣。贪物而不知止者，虽有天下不富矣。君不与民争财利，人不以强凌弱，褒奖敬长怜孤者。

《韩诗外传》的道理浅显，寓意深刻。夜深人静读之，刻骨铭心。天下以民为贵，民安则国安。治国，安民乃第一要务，不可不察。

守中庸，养心神

/2016年4月10日

今天中午，在中央电视台10频道“百家讲坛”讲座，专家讲《黄帝内经》关于养心神。人的五脏六腑，心为主宰，其他器官各司其职，各负其责。人的五脏六腑在心的统领下，感知外界，协调运行，步调一致，人的身体处于健康状态。反之，则会出现郁闷、焦虑、烦躁等问题。

无独有偶，一则微信以《易经》里的十大名句警示为题，指出：“大喜易失言、大怒易失礼、大惊易失志、大哀易失颜、大乐易失察、大惧易失节、大思易失爱、大醉易失态、大话易失信、大欲易失命。”

人非圣贤，孰能无忧。喜怒忧思悲恐惊乃人之七情，生活纷繁，情绪易激动，最易伤七情。按照《易经》提示，根据《黄帝内经》指导，人应该有意识地控制情绪。处顺境时勿大喜，大喜易乐极生悲。遇挫折时勿泄气，小忧易悲观失望。人应该“勿大勿小守中庸，不急不躁养心神”。

这需要从心灵深处暗示。让心神触摸世界，感悟生活；不急不躁，凡事守中庸，把握度；不卑不亢，逢人有真诚，秉承信；遵循道，恪守礼。工作，不偏不倚；做人，中正无私。

加强日常个人修养，奠定守中庸的基础，积聚养心神的养料。喜勿多言，言多必失；怒易伤肝，火旺失礼；惊易乱神，神乱失志；哀易忧虑，忧易伤颜；乐易放纵，纵易失察；惧易伤智，智乱失节；思过失衡，患得失爱；醉易失礼，无礼失德；大话无凭，无凭失信。大欲放纵，放纵失命。

守中庸，既是人生态度，也是心理暗示。凡事不偏不倚谓之中，务实有功谓之庸。这需要摆脱以自我为中心的价值取向，以大局为重，从顶层着眼，强调系统的优化，互相补充，互相促进。唯有此，才可以恪守中庸，不为点滴小事而乱心，不为蝇头小利而乱智。

养心神。重在养心安神，贵在情绪稳定。凡事心不要太重，随遇而安，顺其自然。遇事心不要慌乱，坦然自若，淡定处之。做事，不计较一时一事之得失；做人，总着眼一生一世之大局。唯有此，才能心中无愧，不为急功近利而懊悔，不为人云亦云而无为。

守中庸，一世之人生目标；养心神，一生之生活追求。良好的生活习惯有利于调养心神。坐如钟而稳，勿左摇右晃；站如松而直，忌东倒西歪。高尚的情操着眼于恪守中庸。人生贵在修德。人胜天以德。为官惟德，任人唯贤。

重读《滕王阁序》有感

/2016年6月3日

时隔多年，再读《滕王阁序》，映入眼帘的不仅仅是滕王阁的宏伟气势，还有王勃的伤感。

王勃原本是去南方探访被贬亲人，无奈，因天气原因改道至此。适逢滕王阁新落成，唐高祖之子滕王李元缨任洪州都督，王勃应邀即席而作，留下传世名篇。

“时维九月，序属三秋。”登高眺望，感慨万千。“落霞与孤鹜齐飞，秋水共长天一色。”既写出景色之美，又流露出作者的孤寂之情。触景生情，感叹人生。“天高地迥，觉宇宙之无穷；兴尽悲来，识盈虚之有数。望长安于日下，目吴会于云间。地势极而南溟深，天柱高而北辰远，关山难越，谁悲失路之人？”原本去看沦落南溟的亲人，岂知又流落他乡。孤身无助，悲叹南溟之深，北辰之远。如此伤感，有谁能知？只好望长安于日下。

“嗟乎！时运不济，命途多舛。”感叹冯唐易老、李广难封之悲情结局。怀才不遇、报国无门。“勃，三尺微命，一介书生，无路请缨，等终年之弱冠。有怀投笔，慕宗悫之长风。”无奈、无助之情跃然纸上，有血、有肉之躯不甘平庸。

心中纠结，感慨世态。“呜呼，胜地不常，盛筵难再。”闲愁浮上心头，感慨汇聚笔端。“闲云潭影日悠悠，物换星移几度秋。阁中帝子今何在？槛外长江空自流。”

古往今来，有才者伤感，有志者不遇。在无奈中感慨，在逆境中呻吟。唯有留下脍炙人口名篇，道出了知识分子的辛酸历程。报国无门之憾虽在，青云之志犹存！正是：“老当益壮，宁移白首之心？穷且益坚，不坠青云之志。”

不怨命运不济，不忘丈夫之责。“东隅已逝，桑榆非晚。”为天地立心、为生民立命之志不移，为往圣继绝学、为万世开太平之愿不变。任凭风云多变幻，不用扬鞭自奋蹄！

接受教育的目的是什么?

/2016年6月27日

最近，阅读一篇文章，耶鲁大学校长理查德·莱文(Richard Charles Levin)谈“教育的真正目的是什么？”他的核心思想是：“教育不教知识和技能，却能让人胜任任何学科和职业。教育不改变生活环境，却能改变人的思维方式。教育能让你活得幸福。”耶鲁大学致力于领袖人物的培养。这与中国传统的“为天地立心、为生民立命、为往圣继绝学、为万世开太平”有相似之处。理查德·莱文认为本科教育的核心是通识，是培养学生批判性独立思考的能力，并为终身学习打下基础。

在高考张榜之际，新生有憧憬。憧憬之余，学生有必要思考接受教育的目的是什么？虽然，不能成为耶鲁大学的学子，没有成为领袖的社会期盼。但是，既然接受教育，我们应该明白接受教育的目的是什么？

就一般意义而言，本科教育是打基础。就理工科而言，我以为，还是要掌握基础知识、必要的基本技能。此外，在学习期间，应该跟踪学科前沿，了解专业发展动态。就文科而言，也应该打好中文知识的基础。大学，不仅要学会解题，处理具体问题。这相当于有了一把解决问题的钥匙。大学，更应该学会配钥匙，学会处理各种问题的方法技巧。这就是培养思维方式、培养思考能力、积淀思想基础、启迪人生智慧。

接受教育，培养思维方式。学会独立思考，避免人云亦云。因此，大学生应该学一点哲学，懂得辩证法，学会辩证地看问题，防止形而上学。接受教育重在提升人的素质，提升素质的关键是培养积极的思维方式。面对现实，要看到积极的一面；思考历史，发掘启迪的价值。不能否定一切，以为外国一切都好。

接受教育，培养思考能力。思考能力的提升以认识问题、判断问题能力为基础。认识周围事物，离不开了解周围环境。了解周围环境离不开认知社会环境。认知周围环境，能发现问题；认知同学，能发现优点；认知自己，会找出不足。在认知的基础上，思考是什么原因导致环境的问题？同学为什么比自己优秀？自己的不足是什么？只有认知上升到理性思考，才不至于苦恼。找出问题原因的过程就是培养思考能力的过程。在找出原因的基础上，进一步理性思考怎么办？如何改变现状？怎样取人之长、补己之短？怎样客观评价环境？只有认知形成理性判断，才不至于迷茫。这就是培养思考能力的全过程。从发现问题开始，顺藤摸瓜，找出问题的原因，找到解决问题的办法。这就是培养思考能力。培养思考能力非一蹴而就，需要精心观察，辩证思考，理性判断。

接受教育，奠定思想基础。知识分子有“为天地立心、为生民立命、为往圣继绝学、为万世开太平”的使命感。学生实现其抱负，要以正确思想为基础。大学是知识的殿堂，老师是人类灵魂的工程师。大学是塑造个人灵魂的关键时期，不为功利所累，为生命的成长确定方向，为社会、人类的进步做出贡献。洒汗水于天地，留思想在人间。

接受教育，启迪人生智慧。人生虽然漫长，但关键处只有几步。大学四年是最关键的一步，一定要走好、走稳。学生应该确立正确的价值观、人生观，培养自由的精神、公民的责任和远大的志向。自由不意味着随心所欲，自由是独立人格的体现。自由是思考的自由，心无旁骛，不受误导。明确公民责任，培养担当精神。国家盛衰，我的责任。确立远大志向，把“为天地立心、为生民立命、为往圣继绝学、为万世开太平”作为毕生追求，不迷恋于享受，不陶醉于放任。

领悟

接受教育，是改变命运的机遇；把握机遇，是创造辉煌的关键；不懈努力，是人生腾飞的翅膀。不让一日虚度，不留一丝遗憾。在新的学期到来之前，孕育新的思考；进入新的殿堂，展示新的风貌。接受教育，培养思维方式、思考能力；接受教育，积淀思想基础、启迪人生智慧。如此教育，有何遗憾？

诗书继世长

/2017年1月3日

读《父子宰相家训》一书，为清代名臣张英父子所感动，倒不是因为“一纸书来只为墙，让他三尺又何妨。万里长城今犹在，不见当年秦始皇”之名句，而是因为《聪训斋语》和《澄怀园语》之微言。一门之内，祖父子孙先后相继入南书房，自康熙至乾隆，经数十年之久，此他氏所未有也。父子宰相为官清正，心系百姓，堪称典范，得益于张英的以身作则，言传身教；得益于澹泊致远、克己清廉的“家风”，得益于“六尺巷”。

仔细阅读《聪训斋语》，对诗书继世长有了更深的感悟。张英的家训是他为官处世的亲身经历和心得体悟、治家乃至为政的要道，内容包罗万象，包括务农、节用、学习经典、慎交朋友、诫勉骄奢淫逸，以及培养高雅情趣等各个层面。

张英治事防微杜渐，在《聪训斋语》开篇写道：“圣贤领要之语，曰：‘人心惟危，道心惟微。’危者，嗜欲之心，如堤之束水，其溃甚易。一溃则不可复收也。微者，理义之心，如帷之映灯，若隐若现，见之难，而晦之易也。人心至灵至动，不可过劳，亦不可过逸，惟读书可以养之。”他认为书卷乃养心之第一妙物。

古往今来，多少志士仁人都酷爱读书。故有“遗子黄金宝，何如教一经”之说。读书循理悟道，知危见微，知行合一。“人心惟危，道心惟微，惟精惟一，允执厥中。”书卷养心，苦中有乐；书载世道，奥妙无穷。悟道得乐，多欲则苦。“闲适无事之人，镇日不观书，则起居出入，身心无所栖泊，耳目无所安顿，势必心意颠倒，妄想生嗔，处逆境不乐，处顺境亦不乐。”循理有趣，逆道必苦。读书明理，修身正心。少欲知足，安命循理。

唯有读书才能得乐。“圣贤仙佛，皆无不乐之理，彼世之终身忧戚、忽忽不乐者，决然无道气、无意趣之人。孔子‘乐在其中’，颜子‘不改其乐’，孟子以不愧不怍为乐”。

读至此，眼前豁然一亮，“父子双学士，老小二宰相”的秘诀就在于此。乐观豁达，见微知著，居安思危。读至此，蒙学诗句跃入眼帘：“天子重英豪，文章教尔曹。万般皆下品，唯有读书高。”“自幼多才学，平生志气高。别人怀宝剑，我有笔如刀”“满朝朱紫贵，尽是读书人。”读至此，对“忠厚传家久，诗书继世长”有了更深的感悟。

读书不忘初心，正心诚意修身；为官不辱使命，齐家治国平天下。

感悟“慈、俭、和、静”四字诀

/2017年1月4日

张英在《聪训斋语》中谈论养生，他认为长寿秘诀有四：慈，俭，和，静。这是对“静以修身，俭以养德”的具体解读，和养生长寿联系在一起看静与俭，离不开慈与和。慈悲人生是佛教的初衷，和为贵是传统伦理的精华。

人若能慈心于物，不为一切害人之事，即一语有损于人，亦不轻发。心存慈悲，扫地恐伤蚂蚁命，爱惜飞禽罩纱灯。在静中修慈悲之心，在俭中炼勤俭之德。我们虽然达不到出家人修慈悲的境界，但是，若能慈悲待人，不会有无尽苦恼；若能和气，不会有无端争斗；若心能静，不会愤世嫉俗；若生活能俭，不会有无尽的贪欲。

从古到今，心存慈悲，济世度人。勤俭持家，忠厚待人。节俭生活，与世无争。少一点贪欲，多一丝同情。生活不攀比，心中少郁闷。挣钱好比针挑土，花钱若是水推沙。花钱精打细算，生活细水长流。静以修身，俭以养德。不贪不义之财，人生平安。铤而走险贪财，身陷囹圄。俭能抑制贪欲，勤能挤走无聊。心怀感恩心，长存报答意。

古今中外，和气生财。多少悲剧源于误会，多少破镜重圆于和气。礼之用，和为贵。中国是礼仪之邦，生活中理应多一点和气，少一点冲突。然而，迫于现实生活的压力，人们少了和颜悦色，多了几分针锋相对；少了几许礼让，多了几分霸气。盛气凌人，欺压贫弱。奴颜婢膝，讨好主子。因缺少和气，生活中多悲剧。

领悟

走出急功近利的缠绕，回归慈悲人生的轨道。勤俭持家，忠厚待人。兄友弟恭，和睦邻里。唯有静下来，才能有理智。唯有慈悲心，才能关爱人。唯有多读书，才能悟真谛。唯有读好书，才能修美德。养生之道，修慈悲之道，养勤俭之德；锤炼洁净品行，陶冶宁静心性。

修静于山水之间，检验于抚琴之时。正音出于腕下，清兴超于物表。琴音听心境，琴弦锁乾坤。细微处见真性情，无奈时藏假颜面。回归自然，忘却红尘。修静于山水间，天人合一，灵性相融。抚琴弄弦，尽显人性。喜形于色，性浮于音。一拨一弹，可观心境。心境微有不清，指下好似荆棘丛生。心机无事，旷然天真，宛若潺潺流水之声，如入清风明月之境。心境不急不躁，则琴声合于自然，缓急轻重有节，仿佛天籁之音。

养浩然正气，生慈悲智慧，晓天地之理，走人间正道。

知命为君子

——读《论语》有感

/2017年1月6日

《论语》云:“不知命，无以为君子。”朱熹加注:“不知命，则见利必趋，见害必避，而无以为君子。”

重温先贤语，善学悟人生。知命，既不坐享其成，亦非坐以待毙。知命，要勤勉，尽人事，听天命。知命，要守本分，勿贪不义之财。知命，恪守礼仪，尽心竭力。知命，敬畏法律，行法以俟命。知命，勿求大富大贵，勿谄大悲大喜。知命，势不可用尽，功不可独享。

知命，致富不忘亲朋，忌为富不仁；为官不忘穷人，忌仗势欺人。富可敌国，不昧良心。位高权重，不欺百姓。官居宰相，不蚀官银。知命，福不可至累而求，官不能谄媚而得。知命，寡欲清心，修炼灵魂。知命，铁肩担道义，慈悲度众生。

知命，不忘教子之功。仁义礼智信，寒窗苦读功。正心诚意修身，至知格物精进。知命，要奋进，莫嬉戏人生。知命，要包容，莫独断专行。知命，要感恩，莫利欲熏心。知命，要虔诚，勿亵渎神灵。知命，要慎思笃行，不忘初心。知命，敬老爱幼，传承家风。

知命，不忘本，奉献智慧人生。助人为乐，豁达坦诚。知命，不堕落，开辟事业征程。踏平坎坷道，攀登陡峭峰。知命，不消沉。笑对逆境苦，智取挫折经。知命，不自负，静观天外天，崇敬人上人。知命，不自卑，自力更生度日月，自食其力享天伦。

知耻为人

——读《了凡四训》有感

/2017年1月7日

读《了凡四训》，思善恶真谛，辨廉耻之意，悟立命之基，存敬畏之心。行义理之道，养仁慈之德，动恻隐之心，济贫弱之人。

知命而不任命，知难而奋进。知过而改，知善而为，知恶而止，知耻而诫，知不足精进，知礼而践行。此乃立命之基，成事之源。

知命而不懈怠，人不知而不愠，事不遂而不怨，功不显而不急，名不赫而不躁。处顺境不忘道德仁义，行善事不在功名富贵。

知命为君，知耻为人。礼义廉耻，国之四维。四维不张，充斥乱象。居安思危，知耻不忘。知耻则改，莫存侥幸。弄巧掩人耳目，成拙惹怒鬼神。心存善念，知耻而后勇。敢于担当，知不足而精进。

知耻为人，净化心灵。为善守德，重义轻财，荫庇子孙。为善非易，守诺重行，善意生根。善树结善果，枝繁有绿荫。善恶终有报，知耻正言行。

知耻为人，民族基因。世代进化，恪守人伦。礼义之邦，正心修身。诚意存善，祛邪避庸。整肃吏制，为官爱民。任人唯贤，弘扬国魂。知耻为官，净化世风。知耻为人，弘扬家风。

知行合一

——读《传习录》有感

/2017年1月20日

读《传习录》，知行合一；悟校训，自强不息。读书，在于知行合一。做人，恪守自强不息。学习的目的全在于应用，即使把“黎明即起、洒扫庭除”背得滚瓜烂熟，如果依旧睡懒觉、不修边幅，那这种倒背如流也没有达到读书的目的，也不会达到“正心、诚意、修身”的境界，无法实现“齐家、治国、平天下”的宏愿。

知行合一的前提是至善于心。读书要用心，心专注于知；知止于至善，专注于行。至善之理在于心，静心寡欲勤修身。恬淡之中悟真谛，君臣父子贵忠诚。亲民动恻隐之心，明德施仁爱之政。

知而不行，不是真知。知行合一，自强不息。学以致用，勿高谈阔论；用以尚学，忌随心所欲。以知为纲，恪守做人准则；行有所依，不破做事底线。知理以清心至善，致行于达道天下。至善，忠无怨；至诚，孝无悔。

知是行的主意，行是知的功夫。知是行之始，行是知之成。知在悟透真谛，忌一知半解；行在矢志不渝，勿心猿意马。知乃行之向导，行是知之先锋。知行合一，自强不息。

心正则中，修身则和。读书，贵在循序渐进；修身，切忌一曝十寒。读书，悟知善之道；做事，循至善之理；读书，积仁爱之德；做事，修慈悲之心。心善则仁，仁乃天理，生生不息。读书，循自然之理，犹冬至一阳生，渐至于六阳。读书明理，明理弘德。知至善在吾心，晓慈悲在于行。仁爱积于心，智慧聚于行。心乃至善之地，心定则能静，静则能安。安则能虑，虑则能得。知行合一，自强不息。

读荀子《天论》有感

/2017年2月5日

今天读荀子《天论》，对“天行有常，不为尧存，不为桀亡。应之以治则吉，应之以乱则凶”有了深刻理解。

天行有道，道法自然。天人合一，人要顺应自然。自然有规律，四季运不穷。春生夏长，秋收冬藏。认识自然，遵循规律。强本而节用，则天不能贫。反之，本荒而用侈，则天不能使之富。勤俭持家是强本之举，兴家之策，成事之道。挥霍浪费是荒本之始，败家之路，亡家之因。欲求世代荣华富贵，定要强本而节用。富不可奢侈，节用而助人。心存慈悲，宽厚待人。

天行有道，道法自然。种地，人误地一时，地误人一年。种地须应时守节，不误农时，播种、施肥、浇水、间苗、锄草一环不能少，一环不能拖延，哪个环节不到位，都会影响农作物收成。锄禾日当午，汗滴禾下土，谁知盘中餐，粒粒皆辛苦。热爱劳动，珍惜粮食。勤俭节约，接济贫弱。

天行有道，道法自然。读书，人误书一时，书误人一生。读书须趁早，一日之计在于晨，朗朗书声破黎明。一生之计在于青，少而好学，如日出之阳；壮而好学，如日中之光；老而好学，如秉烛之明。少壮不努力，老大徒伤悲。一年之计在于春。趁春天大好时光，用心读书，潜心悟道。成功有常，不为富存，不为贫亡。寒门生贵子，白屋出公卿。

天行有道，道法自然。为人，正心诚意，坦荡包容。不谄媚权贵，不欺凌贫弱。人在做，天在看。积善之家有余庆，积恶之家有余殃。善恶到头终有报，只争来早与来迟。正心诚意修身，但行好事，莫问前程。齐家治国平天下，普度众生，不求扬名。

天行有道，道法自然。做事，专心致志，尽职尽责。正视现实，尽力做自己能改变的事，不埋怨改变不了的事。学会包容，肯定别人的长处，取长补短。包容别人的意见，求同存异。做事，顾大局，敢担当。以身作则，以上率下。牢记“空谈误国，实干兴邦”，深入实际，解决问题，不做表面文章。正视现实，研究突出问题，不回避矛盾。心系民之安危，解民忧，化民怨。

天行有道，道法自然。为官，积跬步之功，至千里之行；聚涓涓细流，成浩瀚江海。民为邦本，本固邦宁。民之治乱在于上，国之安危在于政。人之成败在于己，克己奉公。事之成败在于机会，机会垂青有准备的头脑。

天地有常，循理而行。吾日三省吾身，做事有违天道乎？做人有违伦理乎？为官有违法制乎？成败有道，克己守礼。权为民所用，利为民所谋，情为民所系。视民如伤，爱民如子。

领悟人性

/2017年4月30日

戴尔·卡耐基的《人性的弱点》于1937年出版，一时轰动。其姊妹篇《人性的优点》面世于1948年，被誉为励志圣经。

这两本书从分析人性出发，探寻人性的弱点，合理利用；发掘人性的优点，充分利用。归根到底，戴尔·卡耐基研究人性的弱点和优点，其目的在于完善自我，战胜困难。了解他人，合作共赢。尊重人性，挖掘潜能。加强修炼，激发潜能。

解剖人性，莫过于解剖自己。解剖自己，莫过于直面灵魂。遵循《第五项修炼》的法则，把自己的心智模式公之于众，实现心灵沟通，以产生思想共鸣。这是一个循序渐进的过程，遵循系统思考原则，以开放的思想调整思维方式，是认知自我的革命。唯有敢于解剖自我，才有助于解剖别人。

分析人性的弱点，做到知己知彼。知己，克服自己人性中的不足，防止掉入哗众取宠的陷阱，避免扎起刚愎自用的藩篱。知彼，因势利导，尊重其关切。了解实情，求同存异。寻找最大公约数，化干戈为玉帛。

分析人性的优点，激发潜能。发掘自己的潜能，勇担重任。披荆斩棘，不断奋进。发掘别人的潜能，扬长补短。用其所长，产生共鸣。齐心协力，众志成城。赴汤蹈火，浴血奋战。士为知己者死，堪当大任。

领悟人性，知人善任。知人源于识人，贵视其所举，富视其所予。识人在于观其行，哗众取宠者勿信，投机钻营者勿用。选人基于知人和识人，用人检验知人和识人。忠于事，敬于民。敢担当，不钻营。“问之以是非而观其志，穷之以辞辩而观其变，咨之以计而观其识，告之以难而观其勇，醉之以酒而观其性，临之以利而观其廉，期之以事而观其信。”

领悟人性于诚，彼此尊重。设身处地，换位探寻。求之于实，虑之以情。防患于未然，补短板于雏形。

领悟人性于信，敬天畏人。“君子务本，本立而道生。”“民怨其上，不遂亡者，未之有也。”视民如伤，爱民如子。安居乐业，丰衣足食。“仓廪实，知礼节；衣食足，知荣辱。”

领悟人性于忠，履职尽责。安社稷，抚下助弱。礼义廉耻，百姓最明。恪尽职守，造福百姓。“权为民所用，利为民所谋，情为民所系。”

领悟人性于德，铁肩担道义。不屈服于权，不沉溺于利。秉公执法，为国为民。“吏不畏吾严，而畏吾廉。民不服吾能，而服吾公。公则民不敢漫，廉则吏不敢欺。公生明，廉生威。”

领悟人性，诚信为民。恪尽职守，抑浊扬清。

读荀子《解蔽》之悟

/2017年5月26日

读荀子《解蔽》卷，悟自然往复道。“凡人之患，蔽于一曲而暗于大理。治则复经，两疑则惑矣。天下无二道，圣人无两心。”

蔽之源，乃万物之异也，莫不相为蔽。悉心识异之因，静心解异之源。明相异之理，寻化异之道。察解蔽之要，探解蔽之路。

蔽乃心之惑也。心明则无惑，心净则无忧，心静则无咎。心疑则生惑，心惑易迷途； 迷途易失察，失察易逆行。逆行，轻则事倍功半，重则前功尽弃。迷途知返，亡羊补牢，犹未晚矣。

蔽，心术之公患也。解蔽，人生之难题也。点亮心灯，掀开心蔽。“身不先知，人又莫之谏，此蔽塞之祸也。”兼听则明，偏信则暗。兼听乃解蔽之要，偏信则生蔽之源。

“圣人知心术之患，见蔽塞之祸，故无欲无恶，无始无终，无近无远，无博无浅，无古无今，兼陈万物而中县衡焉。是故众异不得相蔽以乱其伦也。何谓衡？曰:道。故心不可以不知道。心不知道，则不可道而可非道。”

人非圣贤，孰能无蔽？自然之道，岂能一言以蔽之。循自然之理，悟天地之道。故《道德经》曰：“人心之危，道心之微。”仰视苍穹，悟天地之奥秘。俯察大地，辨万物之真谛。探解蔽之路，辟解蔽之径。

大道至简，至诚至精。简单的事重复做，不出差错。微小的事认真做，精益求精。困难的事坚持做，持之以恒。琐碎的事耐心做，梳出条理。枯燥的事静心做，悟透其理。麻烦的事虚心做，吃透要领。天道酬勤，解蔽无忧。勤能补拙，解蔽无惑。熟能生巧，解蔽有道。

读荀子《性恶》有感

/2017年5月27日

2016年10月10日习近平总书记在国企党建工作会上的讲话中明确指出，国企的党建工作有“虚化、弱化、淡化、边缘化”的问题，突出表现为“七个有之”，从而导致国企经营决策中的失职、渎职现象，给党和国家造成严重的经济损失，在职工群众中产生了严重的负面影响，在社会上引起了强烈反响，问题触目惊心，做法匪夷所思。

在改革开放中放松党对企业监管、主体责任和监督责任缺失的问题，不是改革开放的必然，而是“性恶”膨胀的必然；不是国企性质的必然，而是“权力任性”的必然。

荀子在《性恶》中指出:“人之性恶，其善者伪也。今人之性，生而有好利焉，顺是，故争夺生而辞让亡焉；生而有疾恶焉，顺是，故残贼生而忠信亡焉； 生而有耳目之欲，有好声色焉，顺是，故淫乱生而礼义文理亡焉。然则从人之性，顺人之情，必出于争夺，合于犯分乱理而归于暴。故必将有师法之化，礼义之道，然后出于辞让，合于文理，而归于治。”

荀子的深刻分析揭开了“七个有之”乃生于“性恶”，发于贪婪，纵于放肆，故不择手段，欺世盗名。因此，治病要对症下药。在此，荀子以儒学为纲，强调正心诚意修身，克己守礼，启蒙教化，抑恶扬善，全面提升国民素质，走上礼义之道，做事能辞让，行动合法规，国家治而不乱，百姓诚而不贪。

二千多年后，读荀子《性恶》，悟加强党建理，感悟颇深。正视“性恶”之弊，加强监督之力。信任不能代替监督，扎紧制度的笼子，遏制耳目声色之欲。为官不能忘记监督，始终正心诚意修身，抑制贪婪争夺之念。做人不能凌驾法纪，时刻检点自省言行，常存敬天畏人之心。

读荀子《性恶》，思加强党建路，任重道远。完善监督机制，构建不能腐防线。加大惩处力度，形成不敢腐态势。加强个人修养，提升不想腐涵养。正视“性恶”之实，不忘贪腐之祸。净化政治生态，整肃吏制。强化党内监督，弘扬正气。

加强党建，非一蹴而就。路漫漫其修远兮，吾辈将上下而求索。需积跬步之功，矢志不渝。抑制“性恶”，乃国之大事，事关民族命运，影响国家未来，不可不察。

如何与困难、贫贱共处?

/2017年7月28日

今天阅读陈宏谋《从政遗规》“宋贤事汇”集，书中记载：“程颐从四川涪州（金四川绵阳）回到洛阳，气度比以前要胜一筹。门人弟子就问怎么会这样。程颐说：‘是学习的功劳。大凡学者学的都是如何与困难、贫贱共处，如果已经富贵发达了，就不需要学了。’”

姑且不论人富贵以后是否学习，与困难、贫贱共处，确实需要学习。孟子有“达则兼济天下，穷则独善其身”的名言，显然，他能够与困难、贫贱共处。然而，在现实生活中，人因贫贱而放弃学习，心理蒙上自卑的阴影，一生难以有大的起色。有时，人因遇到困难而放弃学习，半途而废，甚至因噎废食。

学习与困难共处，不是为了继续忍受困难，而是在困难时不屈服于威武；适应与贫贱共处，不是满足于依旧贫穷，而是在贫穷时志向不移。困难，不忘正心诚意修身；贫贱，牢记致知格物精进。这正是读书人的志向，君子不吃嗟来之食。学会与困难、贫贱共处，困难时不改变志向，贫贱时不出卖人格。

学习与困难、贫贱共处是修炼品行，先天下之忧而忧，后天下之乐而乐；体恤困难群体，关心贫贱个体。与困难、贫穷共处是陶冶情操，为官关心贫贱，做事不忘贫贱。为官不怕困难，做事解决困难。与困难、贫穷共处是忧国忧民，居庙堂之高忧其民，处江河之远忧其君。

学会与困难、贫贱共处，是改变命运的基础。唯有战胜困难，改变贫贱落后，才能拥有幸福生活。因此，在人生的起步阶段，恪守人格，

领悟

坚持原则，有应对困难的对策，有固守贫贱的准备。在困难面前，保持清醒的头脑，做事不失原则。家境贫寒，经得起饥寒交迫，做人不失底线。

摆脱困难是与困难共处的真谛。在与困难共处时，分析产生困难的原因，探讨摆脱困难的途径，心无旁骛，不懈努力，战胜一个又一个困难，走向柳暗花明又一村。告别贫贱是与贫贱共处的目的。在贫贱中牢记珍惜一切，在贫贱时不忘发奋图强。正视贫贱，不卑不亢。告别贫贱不是只为自己，是为大多数人摆脱贫贱。精准扶贫，让更多的人摆脱贫困。与贫穷共处是建设小康社会的内生动力。告别贫困的折磨，共享改革的成果。

加强学习，提高与困难、贫贱共处的能力。磨炼意志，增强战胜困难、贫贱的耐力。不因工作困难而放弃理想，不为家境贫寒而自甘平庸。天生我材必有用，直挂云帆济沧海。努力做自己能改变的事情，不去思考改变不了的事情。直面困难，人生岂能一帆风顺？坚守理想信念，勇于劈波斩浪。正视贫贱，王侯将相宁有种乎？摆脱自卑阴影，书写自信人生。

巡视沉思

/2017年8月1日

眼前的《巡视随笔》凝结了巡视三组所有巡视员的心血，有巡视工作的回顾，有防微杜渐的体悟，有心灵深处的波澜，有防患于未然的思考，有完善工作的建议。

《巡视随笔》饱含着对巡视工作的激情。字里行间饱含真情，流露出对党忠诚的自觉，不怕苦；字斟句酌沉思解读，反映出敢于担当的自律,不畏难；披星戴月的调研，折射出履职尽责的自省，不偷懒；严以律己的点滴，渗透了防微杜渐的自警，不出轨。

企业如同个人，五脏六腑协调运转，十二经脉气血通畅，身体才能阴阳平衡。痛则不通，通则不痛。气血通畅，防止梗阻。巡视是对企业的政治体检。《巡视随笔》是对企业会诊的缩影，有望闻问切的心得，有病情病理的探询；有系统循环的分析，有抽丝剥茧的会诊；有统揽全局的思考，有对症下药的咨询。

一以贯之加强党的领导，激荡阳气上升，抵御病毒入侵。一以贯之完善经营管理，疏导气血畅通，健体滋阴。完善制度，健全程序，明确责任，规范运行，奖惩严明。这是健康企业的中枢神经。一处有伤，则紊乱丛生。人员失察，信息失真。反之亦然，善解民意，凝聚人心，则增强系统动能。资金是企业的血液，强化资金监管，防范风险滋生，企业的血液才能畅通运行。开源节流，增强造血功能。堵漏控亏，止血生津。防患于未然，诊治于未病。消除亚健康，激活健康基因。

企业从优秀走向卓越，关键在于系统自身调整，关注亚健康，防治未病。正如《黄帝内经》所言：“上古之人？其知道者，法于阴阳，和于术数，食饮有节，不妄作劳，故能形与神俱，而尽其天年，度百岁乃去。”

衰退企业决策草率，管理无序，付款随意，陷入逆境，逐渐走向凋零。犹如《黄帝内经》所言：“今时之人不然也，以酒为浆，以妄为常，醉以入房，以欲竭其精，以耗散其真，不持其满，不时御神，务快其心，逆于生乐，起居无节，故半百而衰也。”

《巡视随笔》抛砖引玉，启发共鸣。鉴古知今，不忘初心。百年老店乃知其道者，法于自然，和于道德；遵循规律，尊重人才。运筹于帷幄之中，决胜于千里之外。决策科学防风险，管理有序创佳绩。

企业从优秀到卓越，路漫漫其修远兮，吾辈需上下而求索。铭记“草率决策、仓促开工、管理无序、付款随意”的教训，避免陷入“信息失真、人员失察、项目失控、投资失败”的困境。知行合一，慎思笃行。抓铁留痕，踏石留印。勇于担当，开拓创新。攻坚克难，不辱使命。

读《从政遗规》有感

/2017年8月2日

清代名臣陈宏谋的《从政遗规》介绍了众多自警警世的官箴。从吕祖谦的《官箴》、王阳明的《告谕》、吕坤的《明职》到李廷机的《宋贤事汇》、张鼐的《却金堂四箴》、颜茂猷的《官鉴》，无不强调品行修养，无不提倡清正廉洁；家庭无不勤俭仁爱，职场无不尊君爱民。然而，在漫长的历史长河中，这样的官员毕竟是少数，多数官员是平庸之辈，更有少数则欺压百姓。

如果正本清源，必然会上行下效；上若奉公守法，下必顺应效仿，国家就繁荣稳定。国家的政策，只有通过州县才能惠及百姓。因此，州县官员若贤能廉洁，百姓则安居乐业；州县官员若平庸，百姓生计无起色，州县官员若徇私枉法，百姓则怨声载道。治本之策在整肃吏治，约束平庸之辈，履职尽责；整治贪赃枉法，净化生态；表彰贤能志士，弘扬正气。唯有此，可以凝聚人心。唯有此，有望国泰民安。

历史在追寻贤能官员，现实在期盼贤能公仆。造就贤能公仆，不是国家吏制之缘，不是官员身份之故；而是贤能者心灵所求、志向所在、品行所依。心灵之求在于立德，品行之求在于立言，志向之求在于立功。志存高远，秉公执法，为民造福。

正直可以上通神明，忠信可以行之四海。贤能官员的成长，离不开不懈的修身；离不开道义的指引，离不开法律的约束。凡有志于治世安民者，皆注重以身作则，弘扬家风；能够始终秉持仁义、厚道、谦卑、恭敬的理念。知民之疾苦，解民之危难。告谕百姓真相，移风易俗，弘扬正气。廉洁奉公，体恤百姓；恪尽职守，勉励百姓。

清正贵在宽容，仁爱贵在禁止。廉能官员，洁身自好，以上率下。守公约，息争讼；知功过，守法度；薄赋税，消民怨；倡勤俭，彰礼仪。守纲纪，慎用刑。有荐贤用能之志向，无贪赃枉法之邪念；有造福一方之使命，无苟且偷安之谋略。对下有仁德，对上能恭敬，同僚能宽仁。

廉能官员，正心诚意修身。贤能公仆，致知格物精进。净心无杂念，循序渐进。恪尽职守，保持中和。心正则中，身修则和。心乃善之地，心定则能静，静而能安，安而能虑，虑而能得。知至善之道，循至善之理。积仁爱之德，修慈悲之心。权为民所用，情为民所系，利为民所谋。

民之治乱在于吏，国之安危在于政。历史在追寻贤能官员，现实在期盼贤能公仆。造就贤能公仆，不是国家吏制之缘，不是官员身份之故；而是贤能者心灵所求、志向所在、品行所依。心灵之求在于立德，品行之求在于立言，志向之求在于立功。志存高远，秉公执法，为民造福。

鉴古知今，为官在修身。清正爱民乃为官之本，勤慎廉洁乃正人之基。为官爱民，正心诚意修身，致知格物精进。淡泊以明志，宁静以致远。守道中庸，敬天畏人。明德尚廉，敬业尚能。常怀慈悲之念，常存恻隐之心。轻徭薄赋，关注民生。修身志存高远，正心恬淡为民。相信群众，依靠群众。作风务实，抓铁留痕。解民生疾苦，担脱贫重任。为官做事公正，用法体恤百姓。为官一任，造福一方。启蒙教化，明礼易俗。安不忘危，勿贪图小利；治不忘乱，勿急功近利。

漫谈“耐烦说”

/2017年8月3日

耿定向的弟子在出任县令前，请教老师如何当好县令，答曰：“耐烦”。对上不耐烦，容易误解其意图，事与愿违而事倍功半。对下不耐烦，容易误判而导致冤案。耿定向的《耐烦说》对有志于造福百姓的官吏有直接的指导作用。曾国藩就是践行“耐烦”的楷模。曾国藩家书千余封，上至祖辈，下至晚辈，无不体现曾文正公的耐烦修养。

曾文正公的家书有些写于匆忙之际，有写于紧急军务之时，或长或短，无不耐其心娓娓道来，毫无仓促应付草作之嫌，如平常居家面对面叙旧话新。耐心真诚之意，体贴入微之语，令人叹服。堪称孝养父母之典范，友爱兄弟之楷模，教育子女之榜样，治国安邦之栋梁。

俯视当下，生活节奏快，生存压力大，典型特征是“不耐烦”。负面情绪蔓延，对人不耐烦；偏颇之见盛行，对事不耐烦；怨恨之心丛生，对上不耐烦；嫌隙误会错杂，对下不耐烦。埋怨之气难抑，对家人不耐烦。整个情绪圈笼罩在不耐烦之中，日常表现浮躁，总想走捷径，急功近利。遇事不如意，取巧不成，情绪烦躁。挫折不断，心绪烦乱，心志狂躁。怨气冲天，铤而走险，铸成大错。医治社会病，需要修炼耐烦心。

炎热难耐的伏天，多少有点烦躁。品味“耐烦说”，心底滋生一丝清凉。仰慕曾国藩，仿佛掠过一缕轻风。心静自然凉，遇事不慌张。平心静气是修炼耐烦的基础。谦虚使人进步，耐烦避免失误。谦虚与耐烦之于人生，如鸟之双翼，缺一不可。牢记满招损、谦受益，闻道有先后，术业有专攻。铭记耐烦之意，避免草率决策之祸；修炼耐烦之道，防范履职过失之错。

平心静气是一种涵养。耐烦谦虚是一生的修养。活到老，修炼到老。不耐烦与骄傲是孪生兄弟，自以为是就目空一切，很难听取不同意见，自恃聪明就不耐烦。唯有读书可以医治不耐烦，与古人对话，穿越时空，感悟智慧，领略圣贤之境界，发现自己之渺小。甘当小学生，探寻真境界。

不耐烦源于不深沉，凡事缺乏深思熟虑，总会想当然。知其然，不知其所以然，主观武断，表现出不耐烦。医治不耐烦，需要开阔视野。相信天外有天，知道人上有人。避免坐井观天，防止夜郎自大。不能浮在上面，更不能道听途说。遇事深入实际，了解掌握实情，摸清事实真相，查得水落石出。唯有此，才能积淀深沉的涵养。防止自负情绪滋生，阻止不耐烦的鲁莽举动。防止一着不慎满盘皆输，避免一失足成千古恨。

正心诚意修身，既要勤勉谦和，也要耐烦深沉。遇事沉着冷静，防止急躁冒进。致知格物精进，既要豁达包容，也要不懈探寻。不为表面现象所惑，深入分析，去粗取精，由表及里。培养哲学思维，克服偏听偏信。培养理性思维，防止感情冲动。

耐烦是修养之大事，不可小视。对人要耐烦，虚心倾听避冤情。谦虚是立身之本，不可忽视。遇事要耐烦，抽丝剥茧查真谛。知行合一，致知格物。一言既出，驷马难追。防患于未然，悬崖勒马。修炼耐烦，活到老，修炼到老；老不耐烦，还需修炼。

感悟“知行合一”

/2017年8月16日

读《传习录》，领悟“心学”。没有龙口道场的磨炼，就没有知行合一的升华。处逆境不屈，遇困难不服，积淀思想，升华理念。王阳明主张“知行合一”，即“知是行的主意，行是知的功夫。知是行之始，行是知之成”。知之真切笃实处即是行，行之明察惊觉处即是知。知乃行之向导，行是知之先锋。知行合一，自强不息。知在悟透真谛，忌一知半解；行在矢志不渝，勿心猿意马。

王阳明强调“去人欲，存天理”。何为天理？心即理也，此心无私欲之弊，即是天理。以此纯乎天理之心，发之事父，便是孝；发之事君，便是忠；发之交友治民，便是信与仁。如何做到致知格物？做事非急功近利，方为致知；修身能慈悲仁爱，便是格物。至善之理在于心，静心寡欲勤修身；恬淡之中悟真谛，君臣父子贵忠诚。亲民动恻隐之心，明德施仁爱之政；克明俊德，天下归仁。

知而不行，不是真知；知行合一，自强不息。学以致用，勿高谈阔论。用以尚学，忌随心所欲。以知为纲，恪守做人底线。行有所依，不破做事底线。知理以清心至善；致行于达道天下。至善，忠无怨；致诚，孝无悔。

心乃至善之地，心定则能静，静而能安，安则能虑，虑则能得。修心，贵在恒，循序渐进。心正则中，修身则和。知至善之道，循至善之理。积仁爱之德，修慈悲之心。心善则仁，仁乃天理。知至善在吾心，晓慈悲在于行。仁爱积于心，智慧积于行。

领悟

净心无杂念，至圣有通途。种树者必培其根，种德者必养其心。培根需固本修枝，养心要立志修身。立志贵恒，学业贵精。志有方向，学有目标。志有思考，学有选择。学要务实，切莫沽名。

务实之心，若饥之求食，似渴之求饮。务实之举，忌求其知所不知，慎求其能所不能。学贵务实，知错则改，勿停留在悔悟。知不足精进，勿热衷于空谈。一味希高慕大，势必愿望落空。刻意哗众取宠，迟早邯郸学步。

知行合一，自强不息。有志于去人欲，恬淡无为；无畏于存天理，修身养性。人之初，人欲乃本能，天理为志向。通过后天教育，渐渐祛除私欲，循序领悟天理。正心诚意，修身不辍；则致知不远，格物可期。知行合一，所向披靡。

古今安邦之道：爱民而已

/2017年8月22日

温故而知新，鉴古而知今。文王请教姜太公，知六韬谋略，能洗耳恭听。张良下邳巧遇黄石公，三试其诚，《素书》传经。文王悟盈虚之势，求治乱之道。姜太公一语道破天机："君不肖，则国危而民乱，君贤圣则国安而民治，祸福在君不在天时。"

文王愿知"主尊人安"之道，太公曰："爱民而已"，如此简单。文王欲知如何爱民？太公曰："利而勿害，成而勿败，生而勿杀，与而勿夺，乐而勿苦，喜而勿怒。"

道理简单，治国艰难。本该为民谋利，实则中饱私囊。此乃乱世之根。得民心者得天下，失民心者失天下。唯慎择于六守，固守三宝，则国泰民安。六守者"仁、义、忠、信、勇、谋"，三宝者"农、工、商"。守农时则谷足，工器精则国强，商货丰则民乐。

历史演进，朝代更迭。探衰败之因，皆失于六守；寻战乱之源，尽疏于三宝。骄奢淫逸，民不聊生。弑君乱国，礼坏乐崩。春秋五霸，战国七雄。六国被灭，天下归秦。苛捐重，民怨生。战乱多，徭役频。将相本无种，男儿当自强。"贤人君子，明于盛衰之道，通乎成败之数，审乎治乱之势，达乎去就之理。若时至而行，则能极人臣之位；得机而动，则能成绝代之功。"《素书》指点迷津，刘邦入主咸阳，张良辅佐为臣。

文王胸怀六韬，孔子弘扬《周礼》。为何克己难以复礼？皆因奢侈助长贪欲。太公曰："帝尧王天下之时，金银珠玉不饰，锦绣文绮不衣，奇怪异珍不视，玩好之器不宝，淫佚之乐不听……吏忠正奉法者尊其位，廉洁爱人者厚其禄。民有孝慈者爱敬之，尽力农桑者慰勉之。旌别淑慝，表其门闾；平心正节，以法度禁邪伪。所憎者，有功必赏；所爱者，有罪必罚。存养天下鳏寡孤独，振赡祸亡之家。其自奉也甚薄，共赋役也甚寡，故万民富乐而无饥寒之色。百姓戴其君如日月，亲其君如父母。”

社会发展促使物质丰富，商贸繁荣引诱欲望膨胀。时过境迁，何以清心寡欲？夫道、德、仁、义、礼五者，一体也。道者，人之所蹈，使万物不知其所由。德者，人之所得，使万物各得其所欲。仁者，人之所亲，有慈悲恻隐之心，以遂其生成。义者，人之所宜，赏善罚恶，以立功立事。礼者，人之所履，夙兴夜寐，以成人伦之序。夫欲为人之本，不可无一焉。

重读《六韬》，领悟治乱之道；细品《素书》，方知修身之要。治国安邦，爱民而已。爱民务实，安居乐业。耕读不辍，丰衣足食。行爱民之道，做利民之事。民不失务，则利之；农不失时，则成之；省刑罚，则生之；薄赋敛，则与之；俭宫室台榭，则乐之；吏清不苛扰，则喜之。

“故善为国者，驭民如父母之爱子，如兄之爱弟。见其饥寒，则为之忧；见其劳苦，则为之悲；赏罚如加于身，赋敛如取己物。此爱民之道也。”

国泰民安之道，惟爱民而已。爱民，权为民所用，关心民生疾苦；爱民，利为民所谋，弘扬勤俭之道；爱民，情为民所系，遏制奢靡之风。

惜汉武大帝之失

——读《群书治要》有感

/2017年8月25日

汉朝经历文景之治，国库充实，百姓安居。当此之时，逸游之乐绝，奇丽之赂塞，偃武行文，至孝武皇帝，太仓之粟，红腐而不可食。都内之钱，贯朽而不可数，一派国泰民安之象。

可惜，汉武大帝，好大喜功。弃勤俭之风，忘安民之道。兴奢侈之风，后宫逾礼，嫔妃成群。穷兵黩武，民不聊生。穷奢极欲，置上林苑，绝陂池水泽之利，而取民膏腴之地，上乏国家之用，下夺农桑之业，损耗五谷。

奢之始，败之端也。欲之纵，祸之源也。建上林苑之时，大汉江山瓦解之日。后宫逾礼泛滥，外戚专权猖獗。长门哀怨无尽，未央宫祸患无穷。智巧权利者进，笃厚忠正者退。淫佚之乐弥漫，谄媚之语不绝。辅弼之臣瓦解，邪佞之臣并进。

治国安邦，思民之疾苦，化民之积怨。崇俭朴之风，尚轻徭薄赋。盖明者远见于未萌，知者避危于无形，祸固多藏于隐微，而发于人之所忽者也。故谚曰：家累千金，坐不垂堂。

前事不忘，后事之师。秦之亡也，任不肖而信谗贼，宫室过度，耆欲无极，民力疲尽，赋敛不节。是故亲疏皆危，内外咸怨，此吏不平、政不宣、民不宁之祸也。汉之衰也，乃法出而奸生，令下而诈起，如扬汤止沸，似抱薪救火，虽欲善治之，无可奈何，失文景之治盛世，陷穷兵黩武之困境。外戚专权，后宫相残，巫蛊之祸，冤魂四散。

领悟

抚今追昔，夫人君莫不欲安存，而恶危亡，然而，政乱国危者甚众，所任者非其人，而所由者非其道也。周衰于幽厉，非道之不存，乃人之不仁。宣王中兴，乃思先王之德，夙夜不懈行善之所致也。孔子曰：“人能弘道，非道弘人也。”故治乱废兴在于己，非天降命不可得反也。

民之治乱在于上，国之安危在于政。故为人君者，正心以正朝廷，正朝廷以正百官，正百官以正万民，正万民以正四方。惜汉武大帝开疆拓土之雄才，未传承文景之治之盛世，陷巫姑之祸而骨肉相残，失国泰民安之基，酿奢侈衰败之祸，教训之大，不可不察。

由俭入奢易，由奢入俭难。国家虽大，好战必亡。天下虽平，忘战必危。忧勤惕厉，勤俭治国，自力更生。保家卫国，军民一心。

汉室之兴衰可鉴

——读《群书治要》有感

/2017年9月12日

西汉，经历文景之治，国库充实，百姓安居。当此之时，逸游之乐绝，奇丽之赂塞，偃武行文，至孝武皇帝，太仓之粟，红腐而不可食。都内之钱，贯朽而不可数，一派国泰民安之象。孝文皇帝时，贵廉洁，贱贪污，赏善罚恶，不阿亲戚，无赎罪之法。故令行禁止，海内大化。贵孝悌，贱贾人，举实廉。除赎罪执法，堵贪腐之源。兴中正之风，举贤良之士。

武帝始临天下，尊贤勇士，辟地广境数千里。可惜，武帝自见功大威行，遂纵嗜欲。弃勤俭之风，忘安民之道。兴奢侈之风，后宫逾礼，嫔妃成群。穷兵黩武，民不聊生。穷奢极欲，置上林苑，绝陂池水泽之利，而取民膏腴之地，上乏国家之用，下夺农桑之业，损耗五谷。

上乱政，下效仿。上纵欲，下淫乱。上穷兵黩武，下狗仗人势。天下奢侈，官乱民贫，盗贼并起，贪腐成灾。上不端，则下舍法度而任私意，下不正，则奢侈行而仁义废。

宣帝的牢狱之灾磨炼了不屈的性格和顽强的忍耐力，在艰难中韬光养晦。在曲折中拨乱反正。正己以率下，选贤以自辅。开启了文景之治后的西汉中兴之业。建武帝庙，初试锋芒。平乱定鼎，整饬吏治。惩治贪腐，降服匈奴。为政宽简，百姓安宁。

子刘奭（元帝）柔仁好儒，见宣帝所用多文法吏，以刑名绳下。他以为“陛下持刑太深，宜用儒生。”宣帝作色曰：“汉家自有制度，本以霸王道杂之，奈何纯任德教，用周政乎！且俗儒不达时宜，好是古非今，使人眩于名实，不知所守，何以委任！乃叹曰：乱我家者，乃太子也。”

汉宣帝本有更换太子之意，出于对许平君的悲悯和思念，不忍心伤害太子，铸下了汉室天下的隐忧。元帝宠信宦官导致皇权式微，朝政混乱不堪，西汉由此走向衰落。佞臣石显乱政，排斥异己，迫害忠良。元帝沉迷于声色，外戚专权，后宫乱政。宦官谗言，君昏昏而失势，臣谏诤而失位，天下乱象。汉哀帝、汉平帝昏庸无能，逐步把汉室天下送入坟墓。

令人费解的是汉朝设有谏议大夫，其职责是匡正君主言行，辅佐君主治国理政。只可惜正谏者多，恭听者少。竭忠尽谋者难，谄媚钻营者荣。君主失道，百姓遭殃。谏议大夫尽职尽责，忠诚谏言，以社稷为重。昏君弃俭求奢，以欢娱为先；佞臣钻营，投其所好，美色为先。外戚干政，争权夺利，礼乐瓦解。刘向无奈，疾书《说苑》。追根溯源，世袭乃祸患之根，谄媚乃灾难之源。此消彼长，直谏者日少，谄媚者日众。正如荀悦所言：“夫臣下之所以难言者何也？言出乎口，则咎悔及之矣。”

如匡衡所言：“今天下俗贪财贱义，好声色；上侈靡，廉耻之节薄，淫僻之意纵，纲纪失序，疏者逾内，亲戚之恩薄，婚姻之党隆；苟合侥幸，以身设利。”

君主奢侈，贪图享乐；沉迷美色，伤风败俗。上行下效，导致宫内残害，酿巫蛊之祸。骨肉相残，亲者痛，仇者快。外戚专权，势力割据，削弱皇权。幼年皇帝，有名无实。垂帘听政有恃无恐，佞臣见风使舵无畏。此乃大衰落的症结所在。君以世俗所誉者为贤，以世俗所毁者为不肖；群邪比周而蔽贤，忠臣死于无罪，奸臣以虚誉而取爵位，是以世乱愈甚，则国不免于危亡。

匡衡认为："公卿大夫相与循礼恭让，则民不争；好仁乐施，则下不暴；上义高节，则民兴行；宽柔和惠，则众相爱。四者，明王之所以不严而成化也。""臣闻教化之流，非家至而人说之也。贤者在位，能者布职，朝廷崇礼，百僚敬让，道德之行，由内及外，自近者始，然后，民知所法，迁善日进而不自知。是以百姓安，阴阳和，神灵应，而嘉祥见。"

光武帝重建汉室，铭记巫蛊之祸，继世引以为戒；明章之治，精简机构，缩减随员。后宫减编，削减威权。轻装上阵，效率为先。削减寄生，自立为先。兼听则明，公平为先。明后贤惠，母仪天下。抑制外戚专权，宫廷生活崇俭。考核业绩，安民为先。安定社会，化解民怨。垦荒种地，耕织为先。丰衣足食，启蒙教化。知礼义廉耻，行忠恕孝悌。

尽管，明帝御已有度，而防闲未笃。马皇后知书达理，为后宫做表率，一度扭转前朝武帝、元帝时的后宫风气。奈何孝章以下，君好色，臣谗言。渐用色授，恩隆好合，遂亡淄蠹。嫔妃争宠，故东汉衰败从此始，重蹈西汉覆辙，后宫干政弥漫，后宫再度演变为灾祸之源。

治远自近始，习善在左右。未有身治正而臣下邪者也，未有左右正而百官枉者也。故恶旷而自不知，大命倾而不寤。《论语》曰："百姓不足，君孰予足？勤俭持家，节用治国。历精致政，志诚应天，则积异塞于上，祸乱伏于下，何忧患之有？"

前事不忘，后事之师。匡衡建议："宜遂减官室之度，省靡丽之饰；考制度，修外内；近忠正，远巧佞；放郑、卫，进雅、颂；举易才，开直言；任温良之人，退刻薄之吏；显洁白之士，昭无欲之路；览六艺之意，察上世之务；名明然之道，博和睦之化，以崇至仁，匡失俗，易民视，令海内昭然咸见本朝之所贵，道德弘于京师，淑问扬乎疆外，然后大化可成，礼让可兴也。"

领悟

“室家之道修，则天下之理得。……福之兴莫不本乎室家,道之衰莫不始乎阃内。……当亲者疏，当尊者卑，则佞巧之奸因时而动，以乱国家。故圣人慎防其端，禁于未然，不以私恩害公义。《传》曰：‘正家而天下定矣！’”

治国不误农时，安邦体恤百姓。近贤人，远小人；警惕“富奸行赂于下，贪吏枉法于上”；依法治国，敬天畏人。“夫以苛为察，以刻为明，以轻为德，以重为威，四者或兴，则下有怨心。”民怨不可积，宜疏而化之。民意不可逆，宜顺而从之。民生不可忘，宜安而恤之。民权不可夺，宜尊而用之。天地人和，顺民意，守法度。

通览两汉，设谏议大夫易，尊谏议大夫难。外戚得陇望蜀，钻营专权者多。宦官干政，外戚专权，儒臣谏言，呈三足鼎立之势。宦官投其所好，嫔妃甜言蜜语，人君昏昏，忠臣无奈。继位者年龄越来越小，后宫干政越来越多。投机者进，谄媚者盛。忠臣因谤死于无罪，奸臣以虚誉而荣于无功。谏议大夫众，兼听君主少。人君者，说守道持正易，听逆耳忠言难；说荐贤用能易，弃谄媚小人难；说治国安邦易，守勤俭之风难；提倡兼听易，避免偏信难；说公平易，拒私情难；求别人易，以身作则难。

汉之兴衰事，治国安邦镜。以史为鉴知兴替，以人为鉴知得失，以铜为鉴正衣冠。民心向背，不可不察。

巧诈不如拙诚

——读《魏志》有感

/2017年9月27日

鉴古知今，巧诈不如拙诚。治世安民，依附岂比自强。历史演进，曲折中充满血腥。政权更替，骨肉间丧失亲情。治国安邦，百废待兴。明试以功，三考黜陟。世有乱人，而无乱法。上惟先代成败之戒，下思逐兔分定之义。

释之之言，不可不察；周公之戒，不可不法也。君子要修明政事，不能以威刑断狱。君子要广纳谏言，切忌一意孤行。君子要洁身自好，勿沉溺于游猎。君子要包容万方，勿刚愎自用。君子恪守礼乐仁义，勿纵情于后宫，忌娇宠于宦官。

治国安邦，以民为本。秉持正义，恪守公平。“设官分职，以为民极。”“愚不得临贤，贱不得临贵。于是并建圣哲树之风声。明试以功，九载考绩。各修厥业，思不出位。”“上不责非职之功，下不务分外之赏；吏无兼统之势，民无二事之役。斯诚为国要道，治乱所由也。”

依法治世，人是关键。依法选人，全面衡量。国学经典为本，文史知识为基，仁义孝悌为先。履职敬业忠诚，敢于直言谏诤，嫉恶奸邪小人。举孝廉，荐贤良。选贤任能非一部法典之事，考察人才非一张考卷之试。既考察孝悌品行，又审查履职能力。既审察以往业绩，又倾听百姓呼声。在此基础上，从基层用起，逐级选拔，以德能勤绩廉决定升迁。

领悟

治国非一人之事，乃君臣共同之职。治事非一言九鼎，需兼听谏言。因地制宜，人尽其才。各司其职，各负其责，各尽其能。既要坐而论道，又要纳言补阙。逢善必褒奖，有过必纠正。弘扬正气，凝聚民心。

天下非一人之天下。不忘“夙夜在公、恪勤特立”者之功，铭记“当官不挠、不阿所私”者之劳。恭听逆耳忠言，近贤能；警惕谄媚之语，远小人。天下乃百姓之天下，黜陟“尸禄以为高、拱嘿以为智”的投机者，警惕“当官苟在免负、立朝不忘容身”的钻营者。兴直言时弊之风，除阿谀奉承之患。大浪淘沙，荡涤污浊。

圣人不会择世而兴，也不能择人而治。用道义选举，靠礼法统领，不乏贤智者辅佐。凡太平盛世，莫不远得百姓之欢心，近尽群臣之智力。人尽其才，物尽其用。选贤任能在于行，识才用才在于公。千里马常有，而伯乐不常有。“非独臣有不尽忠，亦主有不能使也。”“明主之用人也，使能者不敢遗其力，而不能者不得处非其任。”

若世风日下，非今世无良才，乃用人有过失。若贪腐横行，非朝廷乏贤佐，乃制度有缺失。尽有官大而享厚禄乃贪腐者，乃国之灾也，家之祸也。官大而贪者，奉上之节未立，向公之心不一也。此乃国之大事，不可不察。远巧诈，近拙诚。

故事的启迪

/2017年10月12日

习近平总书记在不同场合巧妙地讲不同的故事，和整个讲话融为一体，起到画龙点睛的作用。这些故事多半是古代廉吏的为政故事，也有昏君堕落的故事，从正反两个方面向读者揭示为官之道、做人之本。为官者，防微杜渐；为民者，恪守本分。

从不同的故事中可以领悟不同的内涵，受到不同的启迪。杨震的“四知拒金”，既拒绝了昌邑县令王密的黄金，也展示了其为官清廉的追求：“使后世称为清白吏子孙，以此遗之，不亦厚乎！”王密以为“暮夜无知者”。杨震则义正词严地驳斥道：“天知、地知、你知、我知。何谓无知？”王密“愧而出”。杨震“性公廉，不受私谒”的品行值得我们学习，值得侥幸者借鉴。

春秋时期宋国大夫正考父在家庙的鼎上铸下铭训：“一命而偻，再命而伛，三命而俯。循墙而走，亦莫余敢侮。饘于是，鬻于是，以糊余口。”这充分体现了正考父“廉洁为官，谦恭用权，忠义传家”的优秀品质。为官不辱使命，做人如履薄冰；为官避事平生耻，做人低调世代荣。为官之要在于廉，廉洁之本在于自律。“君子食无求饱，居无求安，敏于事而慎于言，就有道而正焉，可谓好学也已。”

司马光《训俭示康》曰：“御孙曰：‘俭，德之共也；侈，恶之大也。’共，同也；言有德者皆由俭来也。夫俭则寡欲，君子寡欲，则不役于物，可以直道而行；小人寡欲，则能谨身俭用，远罪丰家。故曰：‘俭，德之共也。’侈则多欲。君子多欲则贪慕富贵，枉道速祸；小人多欲则多求妄用，败家丧身；是以居官必贿，居乡必盗。故曰：‘侈，恶之大也。’”

秦二世亡，亡于好大喜功，大兴土木，劳民伤财，穷奢极欲。西汉兴于文景之治，衰于武帝重蹈秦之覆辙，嫔妃成群，奢靡无度，宦官干政；亡于元、成沉迷后宫，外戚专权，祸起萧墙。唐王朝由盛到衰，在于后期统治者忘乎所以，沉醉于声色犬马，唐玄宗“春宵苦短日高起，从此君王不早朝”，各级官吏贪污贿赂成风，导致安史之乱，唐王朝从兴盛走向衰亡。

民为邦本，本固邦宁。盛衰之理在人，得民心者得天下。廉洁则政兴，腐败则政息。为政之道，在于安民；安民之道，在察其疾苦。“去民之患，如除腹心之疾。”以铜为鉴，可以正衣冠；以人为鉴，可以知得失；以史为鉴，可以知兴替。

前事不忘，后事之师。居安思危，居危思变。忧劳可以兴国，逸豫可以亡身。祸患常积于忽微，而智勇多困于所溺。盖明者远见于未萌，而知者避危于无形，祸固多藏于隐微而发于人之所忽者也。

静以修身，俭以养德。养心莫善于寡欲，养廉莫善于止贪。身不严修难致远，事若尽力易成全。心术不可得罪于天地，言行皆当无愧于圣贤。谨言慎行，守法做人。

车尔尼雪夫斯基笔下的社会

——读《怎么办——关于新人的故事》随笔

/2017年11月15日

车尔尼雪夫斯基的《怎么办——关于新人的故事》，讲述了一代新人在沙皇专制的黑暗时代为人民拼搏、为实现美好未来而逐梦的故事。

他以哲学家的眼光剖析社会入木三分，把市井生活充满了虚伪、奸诈、麻木和无可奈何描写得淋漓尽致，把上流社会充满堕落、淫荡和尔虞我诈刻画得惟妙惟肖，高贵的面纱遮掩着阴险、毒辣的算计。

混迹于市井的三教九流各怀心腹事，势利、刻薄中充满了虚荣、谄媚，温顺中潜藏着巴结、攀附的势利，漫骂、咆哮后的冷静中流露出理性的善良。迫于生计，趋势附炎，人人都戴着假面具。

真诚的善良者被环境压抑得喘不过气，有时候也不得已而随波逐流、逢场作戏，一阵欢娱、体面之后是空虚、厌恶和反感。

真正追求正义和真理的年轻人，不敢公开谈论理想追求，恐怕遭致世俗的反对，甚至会受到家长的谴责。即使男女倾心相爱，也试探性地以哲学思辨探讨人生，从论辩的蛛丝马迹中捕捉一丝真情。之所以如此，是为了摆脱周围的监视，甚至是摆脱世俗家庭的干预。

社会是个大染缸，身在其中有时难以保持本色，有时用假面具罩起来，以迎合不同的场合，扮演不同角色，以混淆视听。

在假面具的人群中，试探性找志同道合者显得尤为困难，发现真的情投意合者，有时难以相信，还要借助各种假设手段考验，以致人与人之间的真诚变得迷茫。

领悟

追求真理者在公众面前显得冷漠无情，男女交往也格外谨慎，唯恐冒犯世俗。这是因为社会环境中真诚、正直者太少，投机钻营、潜心市侩者太多，以假面具出现在公众场合成为一种瘟疫在漫延、在传播。

面对如此现实怎么办？一代新人肩负着改造社会的历史使命。唯有传播积极、正直的思想，影响更多的人公开坦露正直、真诚，才会遏制虚伪现象的蔓延。

充满正义感、有志于改变现状的哲学家在思考怎么办？为改变现状而思考，为迎接未来而行动，为战胜困难而准备，为理想信念而追求，为无悔人生而默默耕耘，为接济苍生而无私奉献！

人生的意义不完全在于追求舒适安逸的生活，而在于为理想信念而奋斗，为主宰命运而拼搏！人生短暂，应该争分夺秒！

怎么办？
——新时代的思考
/2017年11月12日

车尔尼雪夫斯基，作为不改初心、视死如归的革命家，1862年7月7日被沙皇军警投进彼得堡要塞重刑犯的单人牢房。《怎么办——关于新人的故事》，就是在这样极其恶劣的环境中经过678天的呕心沥血完成的一座丰碑。他一生经历过20多年的监禁、苦役、流放。正是这样的人生磨砺，才孕育出《怎么办——关于新人的故事》不朽之作。

习近平总书记是在梁家河窑洞里读了《怎么办——关于新人的故事》，在心中引起很大震动。为了磨炼意志，干脆也把褥子撤了，就睡在光板炕上。一到下雨下雪天，就出去摸爬滚打。下雨的时候去淋雨，下雪的时候去搓雪，在井台边洗冷水澡。

受《怎么办——关于新人的故事》的影响，经历知青岁月的一代青年，在艰苦的环境中以各种方式砥砺，锤炼了意志，陶冶了情操。改革开放后，他们以满腔热情投身改革，在不同的岗位上奉献自己的聪明才智，成为改革开放事业的主力军。用自己的行动回答了"面对新时代该怎么办"的问题。

这一代勤奋刻苦、任劳任怨的人已渐渐老去，从而引起了新的思索。党的十九大后，我们进入全面决胜小康社会的新阶段，我们该怎么办？特别是在独生子女政策下出生、衣食无忧下成长的新一代，面对新挑战究竟该怎么办？

孟子曰："天将降大任于斯人也，必先苦其心志，劳其筋骨，饿其体肤，空乏其身，行拂乱其所为，所以动心忍性，曾益其所不能。"

领悟

经历过知青岁月的一代，体会了艰难困苦磨砺的意义，心志坚定，战胜了各种困难，创造了辉辉的业绩，书写了不朽的人生，诠释了孟子的论述。

在无忧无虑、被百般呵护下成长的独生子女一代，没有机会体验“苦其心志，劳其筋骨，饿其体肤，空乏其身”的折磨，没有机会砥砺“行拂乱其所为，所以动心忍性，曾益其所不能”的能力。相反，从小沉浸于“物欲横流、个性自由、贪图安逸”的染缸之中，难以理性认知逆境锤炼的意义和作用，不能理解自找苦吃的苦行僧生活。面对新时代的挑战，这一代人需要认真思考该怎么办？

进入新时代，有诸多新挑战。父母难以替代，别人无法包办，自己必须勇敢面对，在竞争中提高生存能力，在磨砺中增强适应能力，在挫折中孕育自省能力。告别优越的生活条件，踏上自食其力的征程。走出衣食无忧的温室，投入波涛汹涌的海洋。为柴米油盐而思，为遮风避雨而想，为不甘人后而行，为人生梦想而战。天生我材必有用，直挂云帆济沧海。

接力新长征，勿一筹莫展。接好棒，不掉棒。跑好自己这一棒，不掉队。奋力拼搏，意志坚定。人生能有几回搏，顶风冒雪有风采。

人生有目标，岂能一事无成？事业有追求，岂能一生平庸？做人要自信，有愈挫愈奋的坚强，有争分夺秒的坚持，有不畏艰难的坚定。人要自励，有与众不同的潜质，有豁达坦诚的修养，有滴水穿石的韧性。

天生我材必有用，发愤图强在黎明。黎明即起，读书用功。凡事上心，珍惜光阴。吾日三省吾身，面对挑战怎么办，迎难而上；遭遇挫折怎么办，东山再起；陷入困境怎么办，笑傲苍穹。新时代展现新风采，新挑战开辟新未来。

新时代需要特殊的人

——《怎么办——关于新人的故事》读后感

/2017年11月18日

读完《怎么办——关于新人的故事》，掩卷沉思，感慨万千。在沙皇专制的黑暗时代，正义的种子像星星之火，追求真理的年轻人以不懈努力助燃，期许着未来的燎原之势。

催生新时代，需要志士仁人的忍辱负重，需要特殊人的引领。特殊人的成长，需要艰苦环境的磨炼，需要崇高信仰的引领，需要苦行僧式生活的考验，需要愈挫愈奋的意志，需要百折不挠的激情。

拉赫美托夫是特殊人的理想化身，是作者车尔尼雪夫斯基的影子。在拉赫美托夫身上折射出作者的理想、信念、原则、追求和不达目标誓不罢休的执着，是作者人生轨迹的缩影、心路历程的再现。

特殊人拉赫美托夫，生活有原则，消费有标准，体验普通百姓生活的苦，体会他们的艰辛。尽管自己的生活衣食无忧，但他不忘记还有很多人生活得很艰苦。因此，他不为满足一些嗜好而浪费金钱。他弃绝任何奢侈意念，专心攻读必读书。

特殊人拉赫美托夫，始终使自己的生活接地气，深入到普通百姓的底层，全方位体会他们生活的难处。但他扮演着“传道士”的角色，尽己所能“传经布道”，唤醒民众，坚持正确的人生方向，把握正确的做事原则，矢志不渝前行！

特殊人拉赫美托夫游遍欧洲，为的是考察这些国家的风土人情、生活方式、各种设施和富裕程度，足迹遍布城乡；甚至，他有考察研究美国的计划。他专程拜访德国的伟大思想家费尔巴哈，慷慨解囊，资助出版哲学著作。

特殊人拉赫美托夫之所以显得怪异，冷漠寡欢，是使命驱使他放弃正常人的精神追求。他也有普通人的七情六欲，偶尔遇上合适的时机，也能流露出正常人的愉快，甚至能感受到异性朋友的温柔情愫，觉察到爱情的涓涓细流。但是，为了特殊使命而扼杀自己的情感需求，给人以冷血动物的错觉。

特殊人拉赫美托夫，为履行自己的使命，采取一切办法磨炼意志，裸睡钉床以致满身是血而坚持，以应对未来艰难使命的考验。他竭尽全力训练体能，对任何训练项目都不打折扣。

时代需要崇高的理想，生活需要正义的勇士。时代需要拉赫美托夫式的特殊人物。人生短暂，做一个正直的人，保护你的天性，克制任何欲念，世界将无限美好。高尚的人也有利己主义的倾向，但是，他们以正当的、对别人有益的方式实现。

特殊人有明确的信仰、人生方向。为了实现人生理想和自己的历史使命，以各种方式磨炼意志品质，说话实事求是，但不是个人意气用事；做事一板一眼，但不是教条主义，是对信念的执着、对原则的坚持，从不宽容自己的懒惰。

决胜全面建成小康社会，历史呼唤特殊人出现，时代催生特殊人成长。有志于奉献社会、造福人类的志士仁人都有望成为特殊人。这是英雄辈出的时代。江山代有才人出，引领潮流创辉煌。

《巡视随笔》中的记忆

/2017年11月27日

今天早上，收到严荣发来的《巡视随笔》编辑稿。在校对时，思绪随着《巡视随笔》的文字流动，看着熟悉的面孔，读着热情洋溢的文字，现场巡视的点滴像过电影一样，再次一幕幕浮现在眼前。

2017年4月25日在五矿集团召开了第一次巡视组组长和联络员会议，明确了巡视任务。巡视时间大体安排两个月时间。首先，在总部熟悉资料，了解问题，发现存在的问题线索。随后，要下沉到被巡视单位的子公司巡查，深入了解在总部发现的问题线索，核实证据，界定责任。最后，回总部整理资料，梳理问题，分出轻重缓急，按照政治巡视的要求，准备撰写总报告、分报告。

“不发现问题是失职，发现问题不报告是渎职。”这一明确的要求让每位巡视员的神经格外紧张，在总部搜集、整理、分析资料过程中常常是紧锁双眉，每时每刻都不敢有丝毫的松懈。即使在去食堂的路上，彼此还要耳语几句，交流看法，研究对策。

在总部工作的三周时间，巡视员查阅了大量资料，核实了有关线索，理出了问题线索清单，汇总成下沉调研的联络图和密电码。巡视员的工作废寝忘食，巡视员的足迹披星戴月。

现场的巡查比总部的查阅资料、谈话更为艰难，更为曲折。尽管工作是一波三折，阻力重重。巡视员依然矢志不渝，秉承“对党忠诚的自觉、敢于担当的自律”，不畏艰难，巧妙周旋，斗智斗勇。小组间的交流，互相的鼓励，彼此的关怀，激发了工作热情，坚定了必胜的信念。

由于在一个单位工作的时间只有二三天，巡视员总是披星戴月工作，在办公场所吃着盒饭，想着对策。心中牢记“履职尽责的自省和防微杜渐的自警”，严格遵守巡视纪律，不越雷池一步。

经历了风尘仆仆的下沉调研，还来不及休整，就投入紧张的工作成果汇报。每个人现场的辛勤工作化作密密麻麻的工作笔记、线索清单和有关建议，巡查工作成果凝练为巡视问题清单。巡视是对企业的政治体检，目的在于查漏洞，找短板，提高企业的经营管理水平。因此，我们不仅找问题，还要查原因，界定责任，核实证据，对关键人员要笔录具体细节。在此基础上，为企业开出治理整改的药方，把脉准确，处方有据，药剂酌情，对症下药，治病救人。

为了使开出的处方有针对性，召集巡视员集中会诊。围绕政治巡视的原则，结合重点人、重点事、重点关注、重点项目，逐一厘清责任，逐条提出建议；对照法律、法规和有关制度，逐一提出整改建议。

5月4日巡视员集合，7月14日提交问题线索整改建议表，七十天的紧张工作，化作巡视报告、巡视分报告和巡视问题整改建议表；七十天的日夜辛劳，凝结成集体的智慧；七十天的披星戴月，巡视员结下了深情厚谊。

尽管巡视时间紧张，调研任务艰巨，取证曲折艰辛。巡视组圆满完成了党组交给的巡视任务。7月6日巡视组向党组、巡视领导小组汇报了巡视工作，党组书记、巡视领导小组组长何文波给予高度评价。9月12日卢组长在整改动员会上再次高度评价了巡视工作，他指出巡视成果超出了预想的目标和结果。希望各有关单位一定要利用好巡视成果，能够对症下药，补短板、堵漏洞，加强管理，全面提高企业的经营管理水平。

掩卷沉思，如此紧张、如此枯燥、如此艰难的巡视工作，能有《巡视随笔》的结晶，不敢想象。这是巡视员敬业精神、职业操守和专业素养凝聚的成果。

巡视工作早已结束，巡视员回到各自的工作岗位，开始了新的征程。《巡视随笔》汇聚了心血，浓缩了心智。二十七个人的文字饱含了二十七份真情，二十七张笑脸珍藏着二十七段厚谊。时间随风而去，记忆积淀心间。《巡视随笔》唤醒了美好的记忆，心底涌动相逢是首歌的旋律，脸上流露出履职尽责的欣喜，眉宇间浓缩了防微杜渐的沉思……

孟子的仁政思想

——读《梁惠王上、下》有感

/2017年12月4日

王者，持仁义之道，惜民命，守农时，使天下人寿年丰，安居乐业。为此，君子应殚精竭虑，人尽其才，物尽其用。以民为本，关爱生命。施仁政，省刑罚，薄赋敛，深耕易耨，忠恕孝悌；入则事其父兄，出则事其长上。知恩而为，节欲而行。藏富于民，仰足以事父母，俯足以畜妻子。

“老吾老，以及人之老；幼吾幼，以及人之幼，天下可运于掌。”老者衣帛食肉，黎民不饥不寒。先天下之忧而忧，后天下之乐而乐。与民同乐可王天下，施行仁政可安天下。地不在大，在于凝聚人心；人心向往之，小而变大。党不在人多，在于信仰。信仰坚定，由弱变强。爱民不在言，而在于行。言必信，行必果。民不但听其言，重在观其行。

以大事小，仁者也；以小事大，智者也。以大事小，乐天者也；以小事大，畏天者也。乐天者保天下，畏天者保其国。乐民之乐者，民亦乐其乐；忧民之忧者，民亦忧其忧。乐以天下，忧以天下，则可王天下。

思无邪，行有方。无留恋之乐，无荒亡之行，惟君所行也。富不忘鳏寡孤独，好货节用，与百姓同之。好色施仁，内无怨女，外无旷夫，与百姓同之。用权做善事，安民以时，救民于难，扶民于危。

知人善任，勿偏听偏信。倾听国人言，非诸侯所言。国人皆曰善，可察之，见贤焉，然后用之。国人皆曰不可，可察之，见不可焉，然后去之。此乃相信群众，依靠群众。从群众中来，到群众中去。

为民除害乃正义之举，非弑君之罪。贼仁者谓之贼，贼义者谓之残；残贼之人，谓之一夫。闻诛一夫纣也，未闻弑君也。除暴安良，乃农民起义之夙愿。朝廷更替，是残贼之夫的罪恶。替天行道，为民请命；救百姓于水火之中，扶民族于危难之时。此乃历史演进之根本。

民以食为天，安民乃第一要务。仓廪实而知礼仪，衣食足而知荣辱。君行仁政，斯民亲其上，死其长矣。

“凡民之有为也，非名之，则利之也。”安民以时，有仁义之名，庇荫后代，人丁兴旺。厉兵秣马，有强国之实，国泰民安。居安思危，防患于未然。休养生息，积蓄力量。爱民如子，治国安邦。

为政者，行仁义之道。乃顺应潮流之举，则百业兴旺。从业者，尽做人本分。乃人性使然，则行善积德。

顺势而为

——读《孟子·公孙丑》有感

/2017年12月7日

尽管孟子强调“虽有智慧，不如乘势；虽有镃基，不如待时”。但是，在现实生活中，人们很难乘势，不易做到顺势，往往会守势。最终，与机会擦肩而过。

做事，既需要能力，更要把握机会。机不可失，时不再来。做人，既要坚守原则，更要关注变通，不失时机，顺势而为。良好的愿望往往因为不能顺势而功亏一篑。孟子本来想帮助齐王施行仁政，践行王道，造福天下人民。然而，由于自身处世清高，对别人要求苛刻，错失施展才华的大好时机，留下诸多遗憾。

无论何时，君王能尊贤使能、尊德乐道，乃天下幸事。然而，现实生活无情，君王多专横跋扈，岂能放下架子，礼贤下士。谁若自恃贤能，待价而沽；谁就难逃落寞之命运。空有满腹经纶，难有用武之地。要学会适应环境，学会尊重对方，学会换位思考。不能对别人高标准、严要求，不能忘记自己想做什么。要明确目标，选取策略，韬光养晦，隐忍图强。

“五百年必有王者兴，其间必有名世者。由周而来，七百余岁矣。以其数，则过矣；以其时考之，则可矣。夫天未欲平治天下也，如欲平治天下，当今之世，舍我其谁也？”孟子清高，不愿成为帮助齐桓公成就霸业的管仲，希望成为以王道帮助君主成就伟业的圣人。有点守株待兔的幻想，陷入脱离实际的谋划；最终事与愿违，抱憾终身。

“夫尹士恶知予哉？千里而见王，是予所欲也；不遇故去，岂予所欲哉？予不得已也。予三宿而出昼，于予心犹以为速，王庶几改之。王如改诸，则必反予。夫出昼而王不予追也，予然后浩然有归志。予虽然，岂舍王哉？王由足用为善。王如用予，则岂徒齐民安，天下之民举安。王庶几改之，予日望之。予岂是小丈夫哉？谏于其君而不受，则怒，悻悻然见于其面。去则穷日之力而后宿载？”

孟子如此盘算，出使齐国，乘兴而去，扫兴而归，无不感叹。前事不忘，后事之师，我们应该汲取其中的教训。清高之后便是无奈，务实方可有所作为。人不能过分相信自己，不要把希望寄托在改变别人、守株待兔之上，而应该放低身段、改变自己。既要追求志向高远，但一定要把握住眼前的机会，为实现高远目标创造条件，不能异想天开等机会成熟，一蹴而就。清谈误事，实干有为。

懂道理是一回事，用好道理是另一回事。孟子知道“天时不如地利，地利不如人和”的关系，但在出使齐国时，并没有主动创造条件，把握人和，而是过分强调“人皆有不忍人之心，先王有不忍人之心，斯有不忍人之仁政矣。以不忍人之心，行不忍人之政，治天下可运之掌上。夫仁，天之尊舜也，人之安宅也”的人性，希望能够说服齐王施行仁政，不要关心义利。道理虽好，但有点不切实际，甚至不符合君王的霸主心态，于是只能扫兴而归。这与他坚守的“达则兼济天下，穷则独善其身”理念有关。“富与贵，是人之所欲也，不以其道得之，不处也。（《论语·里仁》）”用之则行，舍之则藏。如此清高，注定命运多舛。

“恻隐之心，仁之端也；善恶之心，义之端也；辞让之心，礼之端也；是非之心，智之端也。人之有四端也，犹其有四体也。有四端而自谓不能者，自贼也；谓其君不能者，贼其君者也，故君子莫大乎与人为善。”今天读来，诸多裨益。恪守仁义礼智信，学会温良恭俭让。牢记“得道多助，失道寡助”，与人为善，与邻为伴。

虽然，孟子有其人生教训，时过境迁，我们更多的是对他崇高理想信念的敬重。在2300多年前，能有如此的仁政、爱民理念，在今天也是难能可贵的。这和我们今天强调的“满足人民对美好生活的需要就是我们的工作目标”如出一辙。从这里，我们找到了文化自信的源头。弘扬优秀传统文化，坚定文化自信。

守规矩，成方圆

——读《孟子·离娄》有感

/2017年12月12日

孟子强调守规矩，以成方圆；行仁义，以平治天下。仁者爱民，若民不被其泽，则非行先王之道，不可法于后世。一切以民是否得到实惠为衡量标准，不是自圆其说。徒善不足以为政，徒法不能以自行。《诗》云：不衍不忘，率由旧章。尊先王之法而过者，未之有也。礼仪之邦重传承，平治天下在爱民。

有比较才能鉴别。“故曰：为高必因丘陵，为下必因川泽。为政不因先王之道，可谓智乎？是以唯仁者宜在高位。不仁者在高位，是播其恶于众也。上无道揆也，下无法守也，朝不信道，工不信度，君子犯义，小人犯刑，国之所存者，幸也。”道法自然，逆道遭殃。“故曰：城郭不完，兵甲不全，非国之灾也；田野不辟，货财不聚，非国之害也。上无礼，下无学，贼民兴，丧无日矣。”

心存正义，行守规矩。精忠敬业，直谏报国。“责难与君谓之恭，陈善闭邪谓之敬，吾君不能谓之贼。”规矩，方圆之至也；圣人，人伦之至也。孟子曰：“欲为君，尽君道；欲为臣，尽臣道。二者皆法尧舜而已矣。不以舜之所以事尧事君，不敬其君也；不以尧之所以治民治民，贼其民也。”前车之辙，后车可鉴。治国安邦，安民为要，富民为先。“《诗》云：殷鉴不远，在夏后之事。此之谓也。”

敬畏自然，行不逾矩。尊崇道德，恪守仁义。孟子曰：“三代之得天下者以仁；其失天下也以不仁。国之所以废兴存亡者亦然。天子不仁，不保四海；诸侯不仁，不保社稷；卿大夫不仁，不保宗庙；士庶人不仁，不保四体。”以民为本，敬天畏人。民为贵，社稷次之，君为轻。“天下之本在国，国之本在家，家之本在身。顺天者昌，逆天者亡。”

事有因果，祸福在己。孟子曰：“夫人必自侮，然后人侮之；家必自毁，而后人毁之；国必自伐，而后人伐之。《太甲》曰：天作孽，犹可违；人作孽，不可活。此之谓也。”鉴古知今，得民心者得天下，失民心者失天下。“桀纣之失天下也，失其民也。失其民者，失其心也。得天下有道：得其民，斯得其天下矣。得其民有道：得其心，斯得其民矣。得其心有道：所欲与之聚之，所恶勿施尔也。”民意不可违，民心不可伤，民利不可犯。

人法地，地法天，天法道，道法自然。尊崇自然，敬畏人心。孟子曰：“民之归仁也，犹水之就下、兽之走圹也。道在迩而求诸远，事在易而求诸难。人人亲其亲，长其长，而天下平。守其身，事其亲。守身，守之本也；事亲，事之本也。不失其身而能事其亲者，吾闻之矣；失其身而能事其亲者，吾未之闻也。”

人之患，在好为人师。为政之要，在于谋划大事，不在于小事。遇水建桥在先，以解百姓过河之急；逢山修路在先，以解百姓出行之需。爱人者，人恒爱之；敬人者，人恒敬之。“君之视臣如手足，则臣视君如腹心；君之视臣如犬马，则臣视君如国人；君之视臣如土芥，则臣视君如寇仇。”人有不为也，而后可以为也。君之深造在自得，君子行善在自省。君子与民同乐，忧民之所忧，乐民之所乐。

博学而详说，在融会贯通中，取其精华。以善养人，能服天下，路漫漫其修远兮。以善启蒙行善之意，为善引导行善之举，守善弘扬善良之德。以善养人，非一蹴而就。顺其自然，水到渠成。人贵有自知之明，修源源不竭之德，聚源源不断之智。知行合一，自强不息。

忠孝人生

——读《孟子·万章》有感

/2017年12月15日

《孟子·万章》谈如何做人、如何做圣人，充分体现了孟子的人生观、价值观，即坚持“人之初，性本善”的理念，也承认天性的善会因环境的影响而湮灭，会因外界破坏而消失。因此，要保持善的本性，远离容易玷污的环境，抵御外界对善的侵蚀破坏。

人的善性会因后天的生活实践而变化，有的经过正心诚意修身而洁身自好，齐家治国平天下。有的急功近利而投机钻营，偏离了仁义的轨道，踏上自私自利的邪路；即使富有天下，终究会因不得人心而失去天下。

圣人和常人一样有七情六欲，其之所以成为圣人，是因为他们知道克制欲望、抵制诱惑，不间断地正心诚意修身，吾日三省吾身，向先贤学习，承前启后，传承礼仪文明。

做普通人，要静心节欲，忠孝守礼，正心诚意。环境变化，物欲横流，严重冲击人的心灵。如果缺乏定力，会陷入欲罢不能的困惑之中。做好普通人，达则兼济天下，穷则独善其身。

忠孝人生，忠于国，孝于家。孟子曰：“人悦之、好色、富贵，无足以解忧者，惟顺于父母，可以解忧。”舜，虽然天下人悦之，娶妻帝王二女，且富有天下，而不足以解忧。乃因父瞽瞍、弟象的所为而苦恼。尽管象多次预谋加害于舜，舜没有诛之，而是封之。此乃人性使然。“仁人之于弟也，不藏怒焉，不宿怨焉，亲爱之而已矣。亲之欲其贵也，爱之欲其富也。”孝子之至，莫大乎尊亲；尊亲之至，莫大乎以养天下。为天子父，尊之至也；以养天下，养之至也。

孝感天地，天赐国家。天子不能以天下与人。“昔者，尧荐舜于天，而天受之；暴之以民，而民受之。”“故曰：天不言，以行与事示之而已矣。使之主祭，而百神享之，是天受之；使之主事而事治，百姓安之，是民受之也。”天与之，人与之，故曰：天子不能以天下与人。“莫之为而为者，天也；莫之致而至者，命也。匹夫有而天下者，德必若舜、禹，而又有天子荐之者，故仲尼不有天下。”

忠孝人生，圣人各异。“伯夷，圣之清者也；伊尹，圣之仁者也；柳下惠，圣之和者也；孔子，圣之时者也。”伯夷是理想主义者。“非其君不事，非其民不使。治则进，乱则退。横政之所出，横民之所止，不忍居也。”伊尹是现实主义者。“何事非君？何使非民？治亦进，乱亦进。天之生斯民也，使先知觉后知，使先觉觉后觉。”柳下惠随遇而安、坐怀不乱。“不羞污君，不辞小官。进不贤，必以其道。遗佚而不怨，厄穷而不悯。”孔子识时务。“可以速而速，可以久而久，可以处而处，可以仕而仕。谓之集大成者，金声玉振之也。金声也者，始条理也；玉振之也者，终条理也。始条理者，智之事也；终条理者，圣之事也。”

举国上下，等级分明。人人安守本分，个个履职尽责。社会和谐，天下太平。不挟长，不挟贵，不挟兄弟而友。友也者，友其德也，不可以有挟也。以财交者，财尽而交绝；以色交者，华落而爱渝；以权利合者，权利尽而交疏；以势交者，势倾则绝；以利交者，利穷则散。友其德，不友其财、色、权、势、利。

恪守本分。爱财，取之有道。“夫谓非其有而取之者盗也。充类至义之尽也。”位卑未敢忘国忧，夙兴夜寐。尽职岂能言朝政，克己守礼。“位卑而言高，罪也；立本朝而道不行，耻也。”

“责难于君谓之恭，陈善闭邪谓之敬，吾君不能谓之贼。”谏言乃为臣之职责，但是，下若一而再、再而三谏言，上仍不听，则无须有任何幻想。“君有大过则谏；反覆之而不听，则易位。”这是维持正统世袭制的需要。“君有过则谏，反覆之而不听，则去。”这是志不同而不为谋的骨气。识时务者为俊杰，守本分者为楷模。

性善之悟
——读《孟子·告子》有感
/2017年12月18日

孟子讲性善，荀子言性恶。性善乎？性恶乎？横看成岭侧成峰，远近高低各不同。难辨人性善与恶，只缘角度各不同。

孟子曰："恻隐之心，人皆有之；羞恶之心，人皆有之；恭敬之心，人皆有之；是非之心，人皆有之。恻隐之心，仁也；羞恶之心，义也；恭敬之心，礼也；是非之心，智也。仁义礼智，非由外铄我也，我固有之也，弗思耳矣。故曰：'求则得之，舍则失之。'"

环境影响人的行为。优越的条件容易使人放松对自己的要求，乃至放纵自己。出身卑微者容易产生自卑。浮躁的环境容易使人消沉，乃至堕落。积极向上的环境容易激发热情，为理想而拼搏，为事业而献身。发掘先天的善，自强不息；抑制贪婪的恶，自警自省。

正心诚意修身，追求仁义礼智信的善。修身，路漫漫修远兮，需上下而求索。疏于修身，则淡忘正心诚意，久而久之，远离仁义礼智信。甚至，舍弃仁义礼智信，人性中的善被湮灭，人性中的恶日益显现，逐渐抬头，慢慢滋长而占据心灵之地，滑向自私自利。

善良的本性如山上的树木，有萌芽，能生长；只因砍伐和牛羊啃食而消亡。人的善良本性被利诱所湮灭，被环境所玷污。从心底坚守善，如莲花出污泥而一尘不染，则可以保留本来的善性。正如孔子所言："探则存，舍则亡。"恪守善性，犹如逆水行舟，不进则退。正心诚意修身，任重道远。善性，需自我滋养；善良，要自我把持。

正心修身，非一蹴而就，无惑乎王之不智也。虽有天下易生之物也，一日曝之，十日寒之，未有能生者也。身居高位，正心修身，一日不停，以免滑入不智之途；履职尽责，以身作则，一事不辍，防止萌生不智之举。做事专心致志，不能三心二意。

两害相权取其轻，两利相权取其重。有所得，有所失。鱼和熊掌不可皆得。克制欲望，不越底线。“仁，人心也；义，人路也。舍其路而弗由，放其心而不知求，哀哉！人有鸡犬放，则知求之；有放心而不知求。学问之道无他，求其放心而已矣。”

爱惜生命，追求健康。爱惜人生，追求价值。人贪图享乐，容易玩物丧志。物质的满足容易使人懈怠。因此，在物欲得到满足时，应该有所节制，防止放纵；在解决温饱问题后，应该追求精神的营养，学习先贤圣人，养成思考的习惯，修身励志。

风华正茂之时，养志则有忧。“故天将降大任于斯人也，必先苦其心志，劳其筋骨，饿其体肤，空乏其身，行拂乱其所为，所以动心忍性，曾益其所不能。”先天下之忧而忧，后天下之乐而乐。生于忧患，死于安乐；年轻一代，不可不察。

唯有逆境摧残而冷静，唯有苦难磨炼而坚强。唯有经历失意，才会认真思考人生。唯有放得下，才能看得开。近耳顺之年，无欲无求，养心则无忧。体会慈悲人生，放下则无忧。静心节欲，天地人和。智慧人生，天地无忧。

做人应尽心

——读《孟子·尽心》有感

/2017年12月20日

命是先天之基因，运是后天之机缘。无论命运如何，做人做事都要尽心。孟子曰：“尽其心者，知其性也。知其性，则知天矣。存其心，养其性，所以事天也。”

知行合一，自强不息。反身而诚，乐莫大焉。强行而恕，求仁莫近焉。做人尽心，归仁，修身养性。礼义廉耻，国之四维。四维不张，国乃灭亡。孟子曰：“仁不可以无耻，无耻之耻，无耻矣。”

爱人者，人恒爱之。敬人者，人恒敬之。“古之贤王好善而忘势；古之贤士何独不然？乐其道而忘人之势，故王公不致敬尽礼，则不得亟见之；见且由不得亟，而况得而臣之乎？”礼贤下士，求知若渴，可得真知也。爱民如子，虚怀若谷，能闻卓见也。

做人尽心，尊德乐义，悠然自得。穷不失义，达不离道。穷不失义，故士得己焉；达不离道，故民不失望焉。古人之得志，泽加于民；不得志，修身见于事。穷则独善其身，达则兼济天下。

做人尽心，烈士暮年，壮心不已。“夫若豪杰之士，虽无文王犹兴。”以民为本，虽劳不怨。视民如子，虽死不怨。民日迁善而不知为之者，虽惠不庸。此乃上行善而下效之，君德如风而化之。

做人尽心，身教胜于言教，行动胜于宣言。善政，民畏之；善教，民爱之。善政，得民财；善教，得民心。启蒙天下人，慈悲有良知。爱其亲，敬其长。尽心行事，自得其乐。替天行道，自蕴其德。君子有三乐，非悦己也，人生有良知非自私也。忠恕孝悌，传承家风。仰不愧于天，俯不怍于地。得天下英才而教之。慈悲，源于苦难；智慧，发自孤独。孟子曰："人之有德慧术知者，恒存乎疢疾。独孤臣孽子，其操心也危，其虑患也深，故达。"

做人尽心，登高望远狂言少，俯地察天自满稀。孟子曰："流水之为物也，不盈科不行；君子之志于道也，不成章不达。"倡导善，启蒙教化庶民。君子爱财，取之有道，洁身自好。崇尚仁义之志，居其仁，行其义。君子引而不发，跃如也。中道而立，能者从之。君子"亲亲而仁民，仁民而爱物"。

为君尽心，国虽大，好战必亡，天下虽安，忘战必危。"国君好仁，天下无敌焉。""不仁而得国者，有之矣；不仁而得天下者，未之有也。"不仁而弄巧成事者，有之矣；不仁而钻营成大事者，未之有也。不仁，钻营有术、有效，然而有限。厚植仁之根基，激活义之土壤，遵循礼之规矩，沐浴智之阳光，积淀信之养分。

为君尽心，民为邦本，本固邦宁。民为贵，社稷次之，君为轻。以民为本，施行仁政。兴伯夷之风，志在廉洁尽职。尚柳下惠之风，志在敦厚包容。孟子曰："仁也者，人也。合而言之，道也。"介然用之，茅塞顿开。枉然弃之，心路迷茫。孟子曰："诸侯之三宝：土地，人民，政事。宝珠玉者，殃必及身。"节用物资，慎用民力。君子明足以察奸而仁义行之，智足以面事而谦顺伴之。恃小才而逆大道者亡矣。

做人尽心，做事尽力，亘古之理，不可不察。尽心宜养心，养心莫善于寡欲。尽力宜养志，养志莫善于担当。君子慎言，言之有物。君子守信，信之有诚。

思辨

/ 2018年1月21日

读余秋雨的《中国文脉》感触颇多，读完“猜测黄帝”篇，心情沉重。掩卷沉思，感想涌入笔端。

历史事件有其复杂的环境和必然的原因，不能以今天的标准简单评价是非，而应该回溯到对社会的推动作用，对社会文明进步的促进作用。在特定历史条件下的选择，有其合理的依据，两害相权取其轻，两利相权取其重。同时，任何合理的选择背后都潜藏着内在的矛盾。

随着时间的推移，如果不能把合理的成分扩大，反而使潜藏的矛盾扩大，甚至激化。从根本上讲，如果不能安民富民，反而奢侈成风，难以避免权力崩溃，必然出现朝代更替。

以民为本是推动历史的动力，也是保持社会稳定的压舱石。谁能在这两者之间保持平衡，谁就能赢得苍生的拥戴。这正是共产党星星之火、可以燎原的经验，也是共产党领导中国人民取得中国特色社会主义伟大胜利的内在动力。

静以读书，诚以悟道。穿越时空，领略时代的全貌，辨别世俗的真伪；凝神思考，把握历史前进的脉络，寻找推动社会发展的动力，从中发现高尚的人格或许被埋没，真实的历史或许被篡改，在散落的真实中或许能窥探出真实的原貌。然而，历史毕竟是历史，为正统正名，难免有不实之言或过誉之辞。

博学之，以览全貌；审问之，以辨真伪；慎思之，以明其理。独立思考，不是挑战权威。独立思考，是对历史进程中真善美的敬畏，是对高尚人格的探寻。在历史长河变迁中，对人类贡献最大的也许不只是神坛上的君主，或许是忠诚于国、死谏于君、一身正气、两袖清风的谏臣。正是舍生忘死而弘扬正气的忠臣，以他们的骨气，传承不屈不挠中华文明的灵魂。

掩卷沉思，对那些命运多舛、刚直不阿的先贤多了几分崇敬。在读史中悟道，在悟道中修德，确定是非标准，判定世俗真伪。明辨之，笃行之，以续接文明之魂，传承正义之脉。审慎对待过去，客观评价现在，执着走向未来。

治国不忘仲父

——读《管子》有感

/2018年2月21日

管仲，在齐国内乱中，助公子纠同公子小白（齐桓公）争夺君位失败。虽一度为齐桓公所忌恨，终以经世之才，经鲍叔牙力荐，被桓公重用为卿，主持国政，并在齐国进行改革。经过管仲的一系列改革，齐国国力大振。此后辅佐桓公以“尊王攘夷”为号召，拥护西周王室，九合诸侯，一匡天下，使齐桓公成为春秋时代的第一位霸主。管仲因有殊勋于齐，被齐桓公尊为“仲父”。

《管子》一书对各家学说都有借鉴，以天道人心为上，以刑法礼教为辅助。今天阅读，在依法治国、以民为本方面，仍有深刻的现实指导意义，是难得的治国安邦教材。安邦治国，不忘仲父。

古今中外，治国理政无一例外，守在仓廪。仓廪实则知礼节，衣食足则知荣辱。这是精准扶贫的意义所在，唯有精准脱贫，国民素质才能提高，中华文化才能进步。礼义廉耻，国之四维。四维不张，国乃灭亡。这是匡正道德、重塑诚信的使命所在。

进入新时代，开辟新征程。使命光荣，任务艰巨。政之所行，在顺民心；政之所废，在逆民心。这是处理社会主要矛盾的基本准则。唯有抓住主要矛盾，才能推动社会进步。唯有道者，能备患于未形也。改进作风，以习近平新时代中国特色社会主义思想为指引，求真务实，才能解决制约发展的问题。

天下不患无臣，患无君以使人；天下不患无财，患无人以分之。故知时者可以立为长，无私者可置以为政，审于时而察于用而能备官者，可奉以为君也。这是选贤用能、调动人的积极性和创造性的基本准则，对完善用人制度和激励机制有重要的现实意义。

借鉴《管子》，古为今用。治理国家有朝纲，齐家修身有家规。正心诚意学先贤，安邦逸民效明君。不误农时，不违民意，不积民怨，不忘民生。尚勤俭，戒奢侈，惜民力，省民财。以民为本，不忘初心。地之生财有时，民之用力有倦，而人君之欲无穷。以有时与有倦，养无穷之君，而度量不生其间，则上下相疾矣。故取于民有度，用民有止，国虽小必安。取于民无度，用之无止，国虽大必危。身者，治之本也。清正廉洁，为政之要。关心民生疾苦，国之大事，不可不察。

一年之计，莫如树谷。十年之计，莫如树木。终身之计，莫如树人。新春伊始，树人所审者有三：一曰德不当其位；二曰功不当其禄；三曰能不当其官。此三本者，治乱之源也。

选贤任能，古今之准绳。故国有德义未明于朝者，则不可加于尊位；功力未见于国者，则不可与重禄；临事不信于民者，则不可使任大官。故德厚而位卑者谓之过，德薄而位尊者谓之失。宁过于君子，而无失于小人。过于君子，其为怨浅矣；失于小人，其为祸深矣。

决策与用人，国之大事。德才兼备，以德为先。既防用人之过，切忌用人之失。

寻找失去的道德、善良

——读《群书治要》有感

/2018年2月22日

在阅读国学经典著作的过程中，有个问题一直萦绕在脑际。一个有着五千年文明史的礼仪之邦，今天不得不寻找失去的道德、善良。在经济快速发展的同时，人们的品行修养让位于对财富的贪婪、对奢侈生活的追求，甚至笑贫不笑娼。无可奈何，无言以对。

自古以来，中国人就重视品行修养。“正心诚意修身，齐家治国平天下”是人生追求的最高境界。礼义廉耻反映一个人的道德修养，被称之为国之四维。四维不张，国将灭亡。读书人从小树立正确的义利观，诚信为本，克己守礼。礼让为先，向善孝老。中国古代知识分子的道德修养是人生的最高追求，达则兼济天下，穷则独善其身。读书人有“为天地立心、为生民立命、为往圣继绝学、为万世开太平”的人生追求和抱负，他们鄙视见利忘义的行为。

然而，自20世纪以来，经历了“摧残传统文化、破坏传统礼仪”的各种运动之后，人们的是非观念淡薄了，传统的伦理道德遭到严重破坏，经济建设处于崩溃的边缘。在经济极度落后的改革开放初期，人们对经济的羡慕，倒向对物质富裕的追求。特别是教育产业化的短期行为，把教育推向了畸形发展的深渊。学校不再是教书育人，学习成绩成了唯一的衡量标准。因此，各种补习班如雨后春笋，应运而生。正常教学和补习班互相呼应，学生家长陷入补习班的围堵之中而不堪重负，教师陷入如何为人师表的迷茫之中，有的甚至迷失了方向。

在重视考试成绩的大环境下，学生的德育教育旁落了，品行修养让位于学习成绩。家长青睐学习成绩，忽视了孩子的正常品行修养，导致学生的自私行为慢慢滋长。学习成绩好、一俊遮百丑的现象极为普遍。对孩子公众场合的不文明现象不以为然，甚至对不道德的现象习以为常。面对国民素质如此滑坡，有识之士在呼吁，教育长此以往，国将不国！

随着学生学习成绩进步、品行修养淡化而引发的意外事件频发，人们在反思，我们究竟需要什么样的人才？我们正在培养什么样的人才？中华民族伟大复兴需要什么样的人才？没有道德的灵魂像幽灵，把风华正茂的学子引向邪恶而不能自拔。

痛定思痛，人们才幡然悔悟，原来一味追求金钱，贪图利益，不但没有功成名就；相反，把人引向危险的边缘，最终铤而走险，身陷囹圄。人的成功，离不开诚信善良的品行，离不开纯洁高尚的情操。德决定命运，善改变人生。

亡羊补牢犹未为晚。寻找失去的道德、善良，确立文化自信，弘扬优秀的传统文化，回归教育的本源，教书育人。学为人师，行为世范。路漫漫其修远兮，新时期需不懈努力。

读《文子》有感

/2018年2月28日

《文子》是我国先秦时期的一部重要典籍，也是一部重要的道家著作，主要阐述了老子的思想。读过《道德经》再读《文子》，有一种顺理成章的感觉，就不觉得苦涩难懂了。

道为万物之源，遵道而行，谓之德。上德不德，是以有德。长养万物，天之德；爱养百姓，君之德。治国治军，感受衰世，宜修德以匡天下，有功可见，有德可尊，谓之上德。古人云：“夫有阴德者，必有阳报；有阴行者，必有昭名。山至其高而云雨起焉，水至其深而蛟龙生焉，君子至其道而德泽流焉。”

在依法治国的今天，仍然要尊道而行，廉洁奉公。仍然需善解民意，体察民情。由此可见，在依法治国、从严治党的今天，深入学习、领悟《道德经》《文子》，是提升干部修养、培养干部涵养的有效途径，对提高干部队伍素质具有重要的现实意义。

“相坐之法立，即百姓怨；减爵之令张，即功臣叛。故察于刀笔之迹者，即不知治乱之本；习于行陈之事者，即不知庙战之权。”治国安邦，以民为本；以民为本，务必体察民情；故仁莫大于爱人也，智莫大于知人也。爱人即无冤刑，知人即无乱政。察民情，知民意，国之大事，不可不察。

凡事预则立，不预则废。事者难成易败，名者难立易废。凡人皆以轻小患，易微事，以至于大患也。要未雨而绸缪，勿临渴而掘井。“起事于无形，而要大功于天下，是谓微明。见本知末，执一而应万，谓之术；居知所为，行知所之，事知所承，动知所止，谓之道。”治事不可违法，成事不可叛道。“道可道，无常道；名可名，无常名。”循道守法，路漫漫其修远兮，非一蹴而就。尚德执法，雾蒙蒙其难辨兮，非一视而明。

人皆知救患，莫知使患无生。夫使患无生，易于救患。祸患之所由来，万万无方。故圣人深居以避害，静默以待时。故上士先避患而后就利，先远辱而后求名。故圣人常从事于无形之为，而不留心于已成之内。是以祸患无由止，非誉不能尘垢也。

使官员不敢腐、不能腐，岂若使他不想腐。选贤任能，风清气正；开任人唯贤之门，堵卖官鬻爵之路。故知其无所用，卖无所需，虽贪者皆辞之。反之亦然，不知其无所用，廉者不能让，有飞蛾扑火之势；前赴后继，自取灭亡。此乃净化政治生态的关键。多少事，从来急。

正心诚意修身，明阴阳之理，悟平衡之道。牢记“能成霸王者，必得胜者也；能胜敌者，必强者也；能强者，必用人力者也；能用人力者，必得人心者也；能得人心者，必自得者也；能自得者，必柔弱者也。”之理，以柔克刚，以弱胜强，得人心者得天下。

走进新时代，开辟新征程。关注民生，体贴民心，遵从民意，汇聚民力。圣人兼而用之，故人无弃人，物无弃财矣。顺道而行，无往而不胜。

砥砺人生

——读《尸子·劝学》有感

/2018年3月6日

《尸子》，战国尸佼著，先秦杂家著作。尸子“名佼，鲁人，秦相商君师之。鞅死，佼逃入蜀。”

《尸子》以儒家思想为核心，融合墨家、道家、法家思想，强调大众要正心修身，领导者要仁爱百姓，广利天下，勤修国政，匡正驱邪，上下都要勤修德行，各尽本分，去除私欲，一心为公。

《尸子》的思想对于个人修身、为人父母以身作则、领导者服务大众，从而构建和谐社会，有着重要而积极的作用。

《尸子·劝学》开宗明义：“学不倦，所以治己也；教不倦，所以治人也。”在今天，无论是学子还是老师，都应该从中悟出其道理；老师履职尽责，为人师表；学生勤奋刻苦，学而不厌。“夫学，譬之犹砺也。”宝剑未经磨砺，剑，无锋刃之锐，无穿透之利。“磨之砻砺，加之以黄砥，则其刺也无前，其击也无下。自是观之，砺之与弗砺，其相去远矣。”

然而，“今人皆知砺其剑，而弗知砺其身。夫学，身之砥砺也。”正心诚意修身，仿佛剑之浴火磨砺。“有其器则以人之难为易，夫道以人之难为易也。”“然则爱与恶，其与成孝无择也；然则亲与疏，其与成忠无择也；然则兴与废，其与成善无择也；然则穷与达，其与成贤无择也。是故爱恶亲疏，废兴穷达，皆可以成义，其有器也。”

这就是砥砺学习的作用。道之所存，德义之所在；砥砺奋进，德义日增；正心修身，品行日臻。从小确立“为天地立心、为生民立命、为往圣继绝学、为万世开太平”的人生追求。致学培养德行，砥砺修炼安忍。

治国理政，以德为先；抚恤安民，以仁为要。“桓公之举管仲，穆公之举百里，比其德也。此所以用其僻小，身至污秽，而为政于天下也。”“人君贵于一国，而不达于天下；天子贵于一世，而不达于后世，惟德行与天地相弊也。”

然而，今人之追求，非比意志也，比容貌；非比德行也，比荣华富贵；非比贡献也，比奢侈享受。物欲横流，精神空虚；志向迷茫，意志脆弱。贪图急功近利，崇尚投机取巧。鄙夷鸿鹄之志，处顺境飘飘然，忘乎所以；梦想天赐良机，遇逆境茫茫然，不知所以。呜呼，哀哉。

学，不只是读书识字，贵在修德。修德贵在修心，正心诚意修身。此乃教育之根本，人生之主旨。“目之所美，心以为不义，弗敢视也；口之所甘，心以为非义，弗敢食也；耳之所乐，心以为不义，弗敢听也；身之所安，心以为不义，弗敢服也。然则令于天下而行，禁焉而止者，心也。故曰：心者，身之君也。”

读书在明理，人生在修心。修心，防微杜渐。防患于未然，除恶于萌芽。慎独于始，禁止杂念。慎终如始，克制欲望。抑恶扬善，常怀敬畏之心。曲突徙薪，常怀感恩之心。心静则神宁，安忍则多福。心浮则气躁，贪婪则苦恼。修炼心神，剔除杂念。读书悟道，净化灵魂。锐意进取，砥砺奋进。埋头实干，陶冶品行。

读《尹文子》有感

/2018年3月9日

尹文（约公元前360年～公元前280年），战国时齐国人。思想与慎子十分相近，都是以道家思想为本，同时又强调法治，主张认识事物首先要破除成见。庄周曾说尹文“不累于物，不苟于人，不忮于众，愿天下之安宁，以活于民命。”

尹文认为，“道不足以治，则用法；法不足以治，则用术；术不足以治，则用权；权不足以治，则用势。”告诫我们治理国家，以道为尊，不得已而求其次，才用法、术、权、势。而“道”尤为强调圣贤之道。他认为，“道行于世，则贫贱者不怨，富贵者不骄，愚弱者不慑，智勇者不矜”。行道即“建国君民，教学为先”。唯有教育，方能使人明理，从而做到不怨、不骄、不惧、不矜。

尹文子提倡“为善与众行之，为巧与众能之”“贤愚不相弃，贤愚等虑”“圣人之治，能与众共治”“至治之术”“天下万事不可备能，则其备能于一人，则贤圣其犹病诸”等；兼收并蓄，取其所长。因时因事，审慎应对。因势利导，顺势而为。

这不同于汉代董仲“罢黜百家、独尊儒术”的思想，不同于朱熹的“四书五经集注”的内涵，更不同于科举死记硬背的“范本”。因此，了解先秦典籍，领悟百家之言，学习先贤智慧，洞悉自然奥秘。与时俱进分析问题，引以为鉴破解难题；弘扬优秀传统文化，促进社会和谐稳定。

“故有理而无益于治者，君子弗言；有能而无益于事者，君子弗为。君子非乐有言，有益于治，不得不言；君子非乐有为，有益于事，不得不为。故所言者不出于名法、权术，所为者不出于农稼军阵，周务而已。故明主任之。”尹文子的思想务实不拘于理，对新时代解决新课题有现实指导意义。

“故所贵圣人之治，不贵其独治，贵其能与众共治也；所贵工倕之巧，不贵其独巧，贵其与众共巧也。”这里既有群众路线的萌芽，也有工匠精神的内涵。重点强调发扬大众的才智，共同治理国家。“是以圣人任道以通其险，立法以理其差，使贤愚不相弃，能鄙不相遗。能鄙不相遗，则能鄙齐功；贤愚不相弃，则贤愚等虑。此至治之术也。”这里包含了人尽其才、物尽其用的内涵，对充分调动广大群众的首创精神具有重要的指导作用。

先秦百家争鸣，人才层出不穷。志士纵横捭阖，治国各显其能。今天，从传统优秀文化中汲取营养，匡正社会风气，教化迷途之人。传承优秀文化，让教育回归本源。扬长补短，推陈出新。汲取文化营养，中华民族屹立世界之林；共享改革成果，实现中华民族伟大复兴。

重读《荀子》有感

/2018年3月11日

在“文革”的特殊岁月里，正常的读书被迫中断，课本的古文内容更是被反“四旧”而剔除。上初中时，我有幸读到《荀子·劝学篇》，如获至宝，百读不厌，反复咀嚼。从此，我和《荀子》一书结下不解之缘。以后，有时间就会浏览《荀子》，对我印象最深、影响最大的依然是“劝学篇”。其中的片段至今记忆犹新——君子曰：“学不可以已。青，取之于蓝，而青于蓝，冰，水为之，而寒于水……故木受绳则直，金就砺则利。君子博学而日三省乎已，则知明而行无过矣。故不登高山，不知天之高也；不临深溪，不知地之厚也；不闻先王之遗言，不知学问之大也。”

1973年读高中时，“白卷先生”名噪一时，读书无用论甚嚣尘上，全国上下展开批林批孔运动。我正是在批林批孔运动中喜欢上了中国传统文化。我没有觉得孔孟之道有多少反动、腐朽的内容，反倒觉得“正心诚意修身”是个人成长过程中的必修课。在学校组织的批林批孔会上，内心深处觉得自己是“封建礼教的牺牲品”，为此而感到惭愧。

自从恢复高考以来，对传统文化日益重视，各方面的书籍琳琅满目。自己有机会买到《荀子》典籍而反复阅读、揣摩。由此，对荀子的敬仰与日俱增。荀子，名况（约公元前313年~约公元前213年）。荀子是孔子、孟子之后最有成就的儒学大师。孔子中心思想为“仁”，孟子中心思想为“义”，荀子继孔、孟二人后提出“礼”，重视社会上人们行为的规范。荀子的主要观点是“隆礼重法、尊贤爱民”。荀子以孔子为圣人，认为子弓（而不是孟子）与自己是继承孔子思想的学者。孟子主张“性善”，孟子对孔子的传承重点是《论语》部分，很少涉及《春秋》微言大义的内容。而荀子对《春秋》的领悟则更多、更深，对弑君杀父的现象从“性恶”角度去解读，他认为“性恶”。他强调通过后天教育而从善。“于越夷貉之子，生而同声，长而异俗，教使之然也。”荀子主张君子励学。“劝学”是《荀子》的开篇之作，足见学习之重要。

《荀子》是智慧的宝库，除“劝学篇”外，更多的是治国理政思想、政治伦理道德、治国之道等内容。他认为君主要修习德行、任用贤能、运用礼法，采取王道治国，国家才能强盛。其提出了“强本节用”、开源节流的经济学说，以及君舟民水、“水则载舟、水则覆舟”的英明论断。“天行有常，不为尧存，不为纣亡，应之以治则吉，应之以凶则乱”，则说明为君者治理国家，要遵循天道。并指出“人之命在天，国之命在礼”，强调要注重伦理道德的教化，实现社会和谐、国家太平。

学习贵在知行合一。“吾尝终日而思矣，不如须臾之所学也；吾尝跂而望矣，不如登高之博见也。登高而招，臂非加长也，而见者远；顺风而呼，声非加疾也，而闻者彰。假舆马者，非利足也，而致千里；假舟楫者，非能水也，而绝江河。君子生非异也，善假于物也。”

君子假于物，以治理天下。秀才刻苦学，以晓天下事。我们作为普通人，没有理由不刻苦学习，没有能力不借助于外力。如何假于物也、如何有效学习，非一蹴而就之事。要有持之以恒的毅力和坚忍不拔的精神。人法地，地法天，天法道，道法自然。“积土成山，风雨兴焉；积水成渊，蛟龙生焉；积善成德，而神明自得，圣心备焉。故不积跬步，无以至千里；不积小流，无以成江海。”循道守德，顺其自然。悟道修德，洁身自好。

领悟

新时代面临新问题，学习新知识。新时代应对新挑战，掌握新技能。新时代开启新征程，新环境营造新气象。“合抱之木，生于毫末；九层之台，起于垒土；千里之行，始于足下。”正心诚意修身，似冰冻三尺，非一日之寒。致知格物精进，如高楼大厦，需千日之功。修身，“见善，必以自存也；见不善，必以自省也。故非我而当者，吾师也；是我而当者，吾友也；谄谀我者，吾贼也。故君子隆师而亲友，以致恶其贼。”

人生无坦途，兼听则明。世上无完人，偏信则暗。驽马十驾，功在不舍。“诚心守仁则能化，诚心行义则能变。”恪守仁义礼智信，遇事温良恭俭让。严以律己，宽以待人。

读《吕氏春秋》有感

/2018年3月16日

《吕氏春秋》是战国末年吕不韦召集门下宾客儒士集体所编撰，但基本上反映了吕不韦的思想。提倡儒家德治、仁政学说、修身齐家和有关教育、音乐等理论，强调人君“以爱利民为心”，并对人民进行道德音乐感化；重视耕战和赏罚必信的思想，同时吸取道家清静无为的思想，君臣各行其道，国家才能昌盛。还提出君主治其身、反诸于己在于修养身心，即人君需先治已、治身，方能治国。公正无私则是为君的首要条件，治天下的人必须秉公办事。只有这样，天下才能得到治理。人君治其身还在于自知，自知才能反躬自责，有所戒惧。另外，还要求君主求贤用贤，尊贤使能，听言纳谏，正名审分，立官必使之方。

作为仁政德治的补充，《吕氏春秋》主张顺应民心的义兵亦不可忽视，强调战争的目的是为正义。《吕氏春秋》内容丰富，对“贵公、去私、论人、劝学、尊师、义兵、论威、慎穷、节丧、安死、至忠、不侵、谨听、务本、直谏、雍塞、贵当、适威、任教、勿躬、顺说、骄恣”等内容都有专门论述。

“昔先圣王之治天下也，必先公。公则天下平矣。平得于公。尝试观于上志，有得天下者众矣，其得之以公，其失之必以偏。凡主之立也，生于公，故《鸿范》曰：‘无偏无党，王道荡荡。’阴阳之和，不长一类；甘露时雨，不私一物；万民之主，不阿一人。”

贵公思想，由来已久；天下为公，人之共识。“天无私覆也，地无私载也，日月无私烛也，四时无私行也。行其德而万物得遂长焉。”“诛暴而不私，以封天下之贤者，故可以为王伯。”启蒙以德，圣贤为师。“人主贤则豪杰归之，故圣王不务归之者，而务其所以归。”治世安民，亘古不变。体察民情，善解民忧，体恤民苦，消除民怨。“故民无常处，见利之聚，无利之去，欲为天子，民之所走，不可不察。”掩卷沉思，欲为政者，民之所怨，不可不察。

治国理政，选贤任能。“凡论人，通则观其所礼，贵则观其所进，富则观其所养，听则观其所行。止则观其所好，习则观其所言，穷则观其所不受，贱则观其所不为，喜之以验其守，乐之以验其僻，怒之以验其节，惧之以验其特，哀之以验其人，苦之以验其志。八观六验，此贤主之所以论人也。”今天读来，耳目一新。听其言，观其行。考其绩，观其能。

《吕氏春秋》还提倡忠孝礼乐，认为孝是修身治国平天下的根本，而忠是建立在孝的基础之上，教育与音乐对治国有重要作用。

重视教育体现在“劝学、尊师”的论述。“先王之教，莫荣于孝，莫显于忠。忠孝，人君人亲之所甚欲也。显荣，人臣人子之所甚愿也。然而人君人亲不得其所欲，人臣人子不得其所愿，此生于不知理义。不知理义，生于不学。”“是故古之圣王未有不尊师者也，尊师则不论其贵贱贫富矣。”道之所存，师之所存。三人同行，必有吾师焉，择其善者而从之，其不善者而改之。

重视音乐，有“劝学、大乐、侈乐、和乐、音律、制乐”等详细论述。“音乐之所由来远矣。天下太平，万民安宁，皆化其上。乐乃可成。故唯得道之人其可与言乐乎！亡国戮民，非无乐也，其乐不乐，溺者，非不笑也。”“欲之者，耳目鼻口也。乐之弗乐者，心也。心必和平然后乐，心必乐然后耳目鼻口有以欲之，故乐之务在于和心，和心在于行适。夫乐有适，心亦有适。”声色香味，乃耳目鼻口之欲也。“四欲之得也，在于胜理。胜理以治身，则生全矣，生全则寿长矣。胜理以治国则法立矣，法立则天下服矣。故适心之务在于胜理。”“凡音乐通乎政而风乎俗者也，俗定而音乐化之矣。故有道之世，观其音而知其俗，观其俗而知其政矣，观其政而知其主矣……故先王之制礼乐也，非特以欢耳目、极口腹之欲也。将以教民平好恶、行理义也。”

故太平盛世，有歌舞升平之象。安定祥和是乐之基础，与民同乐乃乐之根本。权为民所用，利为民所谋，情为民所系。

《吕氏春秋》倡导移风易俗。节丧安死，可谓孝也。“葬也者，藏也，慈亲孝子之所慎也。慎之者，以生人之心虑也。以生人之心为死者虑也，莫如无动，莫如无发。”薄葬安死，厚葬惹祸。无不亡之国者，是无不掘之墓也。是故古之大墓无不掘者也，而皆争为之，岂不悲哉？是故先王以俭节葬死也，非爱其费，非恶其劳，是为死者虑也。先王之所恶，唯死者之辱也。发则必辱，俭则不发。故先王之葬必俭也。“故孝子忠臣，亲父佼友，不可不察也。夫爱之而反害之，安之而反危之，其此之谓乎？”今日读来，受益颇深。薄葬并非不孝，乃求先辈之安宁。

《吕氏春秋》有统揽全局、运筹帷幄的思想，体现在“有始览、孝行览、慎大览、先识览、审分览、离俗览、恃君览”。凡事预则立，不预则废。兼听则明，勿先入为主。“凡听言不可不察，察者详也。不察则善不善不分，善不善不分，乱莫大焉。”谨听慎行，礼贤下士。辨真伪，识贤佞。“昔者禹一沐三捉发，一食而三起，以礼有道之士，通乎己之不足。”不辱使命，正心修身。“凡为天下治国家，必务本而后末。务本莫贵于孝。”位高权重，居安思危。“贤主愈大愈惧，愈强愈恐……故贤主于安思危，安不忘危。于达思穷，显不忘约。于得思丧。丧，亡也。有得有失，故思之。”职责分明，选贤任能。“凡人主必审分，然后治可以至。”“有道之主，其所以使群臣者亦有辔。其辔何如？正名审分，是治之辔已。”履职尽责，奖罚分明。“不正其名，不分其职，而数用刑法，乱莫大焉。”凡论述，言简意赅，深入浅出。耐人寻味，发人深思。

《吕氏春秋》有专题论述，包含在“行论、开春论、慎行论、贵直论、不苟论、似顺论”中。君慎之，臣尽职。“人主执民之命，执民之命，重任也，不得以快志。尽忠于君，施信于民，勇于去不肖也，则用贤无疑。”辨真伪，识善恶，谨言慎行，天下为公。“使人大迷惑者，必物者相似者也。玉人之所患，患石之似玉者。”“贤主之所患，患人博闻辩言而似通者。亡国之主似智，亡国之臣似忠。相似之物，此愚者之所大惑，而圣人之所加虑也。”广开言路，兼听则明。“贤主所贵莫如士。所以贵士，为其直言也。言直则枉者见矣。人主之患，欲闻枉而恶直言，是障其源而欲其水也，水奚自至？是贱其所欲，而贵其所恶也，所欲奚自来？”行道守礼，不逾人伦。“欲知平直，则必准绳；欲知方圆，则必规矩；人主欲自知，则必直士。故天子立辅弼，设师保，所以举过也……尧有欲谏之鼓，舜有诽谤之木，汤有司过之士，武王有戒慎之昭，犹恐不能自知。”凡专述，入情入理，形象生动。防微杜渐，贵在自身。

谨听慎行，礼贤下士。辨真伪，识贤佞。修天地之德，正慈悲之心。今功伐甚薄，而所望厚也；以薄获厚为诬。无功伐而求荣富，诈也。以需取之为诈。诈诬之道，君子不由。修身不忘贵于国，克制欲望，淡泊功名。建功立业，莫贪虚荣。

人贵有自知之明，勿自以为是，忌好为人师。“主虽巧智，未无不知也。以未无不知，应无不请，其道固穷。穷而不知其穷，其患又将反以自多，是之谓重塞之主，无存国矣。”无为而治，借力发力。“绝江者托于船，致远者托于骥，霸王者托于贤，伊尹、吕尚、管夷吾，百里奚，此霸王者之船骥也。”穿越时空，领略先贤智慧。开辟未来，驾驭自然之道。天地人和，国泰民安。

万世之昌，以民为本。“古之君民者，仁义以治之，爱利以安之，忠信以导之，务除其灾，致其福。故民之于上也，若玺之于涂，此五帝三王之所以无敌也。”返璞归真，寻找治世真谛。以民为本，身体力行。戒骄奢淫逸，防堕落专横。

吕不韦的一生颇富传奇。一个成功商人的行动，改变了中国的历史。吕不韦为秦统一中国奠定了基础，人们在赞誉秦始皇统一中国时，不应忽视是谁深谋远虑结束六国战乱？是谁开启了历史的先河？是谁成就了一代始皇帝嬴政？

读罢《吕氏春秋》，似乎看到一些端倪。吕不韦不是一般商人，他是政治家、思想家。没有吕不韦，就没有秦庄襄王，就没有秦始皇统一中国。

读《韩非子》有感

/2018年3月18日

韩非（公元前280年～公元前233年），战国末期韩国人，为韩国公子（即国君之子）。与李斯同师荀子，李斯自认不如。目睹韩国日衰，曾多次上书韩王，希望变法图强，但未被采用。于是写下《孤愤》《五蠹》《内外储》《说林》《说难》等十余万言，全面系统阐述了他的法治思想。后使秦，秦王推崇其书，却不重用其人。李斯恐其代己，劝秦王以过法诛之，得秦王首肯。韩非入狱，李斯使人送去毒药，迫他自杀。后秦王悔，令赦免韩非，然而为时已晚。

韩非子有抱负，被荀子的同门弟子所害，令人扼腕叹息。仔细探讨韩非的学术，他虽师从荀子，但思想与荀子并不相同。他“喜刑名法术之学”，综合商鞅“法”治、申不害的“术”治、慎到的“势”治，提出以“法”为中心，法、术、势三者合一的君主统治术，强调中央集权，对后世影响很大，成为法家思想的集大成者。他对于人性，偏于从趋利避害的方面观察，因而认为严明的法令和赏罚是审核治理的根本。由此可见，依法治国不能偏离道，选贤任能不能忽视德。

实践证明道德仁义是治国之本，法只能作为辅助手段，德治与法治有机结合。法治建立在教化启蒙的基础上，不教而刑，则不会产生预期的治理效果。法治在于规范，而教化在于引导。明理而行，节欲而戒。法治不能忘记以民为本，惠民安天下。使民以时，安居乐业，饥而食之，寒而衣之，视民如子。

李斯加害韩非，有悖常理，违反人伦，埋下了自己人生悲剧的种子。自己因嫉贤妒能而加害韩非，自己最后被赵高以同样方式加害，可谓咎由自取，因果报应。无论做什么，以修德为基础，有见贤思齐的胸怀和举贤让能的行动，方能善始善终。韩非、李斯的悲剧折射出人性的恶。这是治国安邦的忧患所在，不可不察。

韩非强调以法为中心，综合运用术、势之策，忽略了道的根本作用。偏离道的“法”会演化为“苛法”，昧着道的“术”会孕育出“灾术”，逆转道的“势”会倾泻成“害流”。守道为民，法之本也，执法不可须臾之叛道。治国安邦，术之根也，用术不能片刻间忘民。抑恶扬善，势之用也，借势不能有丝毫之私心。否则，天理难容，咎由自取；天网恢恢，疏而不漏。

法，弘道而扬善，凝心聚力；术，因势而利导，转危为安；势，人心所向，顺势而为；事之所向，蓄势待发。法在安邦定国；则在规范秩序。法则宜稳定，秩序贵规范。法则变化频繁，百姓难以适应；易生民怨，难安社稷。“是以有道之君，贵虚静，而重变法。故曰：‘治大国者，若烹小鲜。’”以道驾法，不偏离正规。以德驭术，不贻害百姓。

人贵有自知之明。天道永恒，巧诈不如拙诚。“古之人目短于自见，故以镜观面；智短于自知，故以道正己……目失镜，则无以正须眉；身失道，则无以知迷惑。”借净水以自观，勿沾沾自喜。用铜镜以自鉴，勿轻狂自负。

知己知彼，百战百胜。治国贵在用贤。选贤任能，贵在公平、公正、公开。“使中主守法术、拙匠执规矩，则万不失也。”守无为之道，荐贤能之才，行无私之举，顺天应人。

读《韩非子》，领悟颇多，乱世需用重法，但不能忘记民之疾苦。治事要有规矩，但不能严刑苛法。识大体，顾大局。守正道，循天时。唯有得人心，才能安天下。

守道无为而治

——读《淮南子》有感

/2018年3月22日

《淮南子》是西汉淮南王刘安及其门客李尚、苏飞、伍被、左吴、田由等八人，仿秦吕不韦著《吕氏春秋》，集体撰写的一部著作。西汉刘向校定时名“淮南”。

《淮南子》以道家的天道观为主，认为宇宙万物都为“道”所派生。政治上主张无为而治，并对无为做了新的解释，强调“因势利导、主动作为”，认为治国在于民，“民者，国之本也；国者，君之本也。”“为治之本务，在于安民”。治国用治本之策，勿本末倒置。

悟道在于循原道。“原，本也。本道根真，包裹天地，以历万物，故曰原道。”君王明了道为根本，方能总览万物；效法道之自然，方能统御万物。循经在于见本经。“本，始也。经，常也。天经造化出于道，治乱之由，得失有常，故曰本经。”悟道守本，探寻乱源。祛邪扶正，正本清源。

悟经修道，提倡节俭之风，恪守勤勉之道，心系百姓安危。除暴安良，节用爱民。君施其德，臣尽其力，父行其慈。子竭其孝，各尽至爱，而无恨憾其间矣。“人主之术，处无为之事，行不言之教，清静而不动，一度而不摇。因循而任下，责成而不劳。是故心知规而师傅喻导。”以开放的视角用人，用其所长；以包容的心态看人，避其所短。“贤主用人，犹巧匠制木。大小修短，各得其所宜。规矩方圆，各有所施。殊形异才，莫不可得而用也。”量才录用，各得其所。

修道，因天地之自然。“夫道者，覆天地而和阴阳，节四时而调五行。故达于道者，处上而民弗重也，居前而众不害也。天下归之，奸邪畏之，以其无争于万物也，故莫能与之争。”顺势而为，因时而动。道法自然，无为无不为。

悟经，应人性之根本。“凡人之性，心平欲得则乐，歌舞节则禽兽跳矣；有忧则悲哀，有所侵犯则怒，怒则有所释憾矣。”从古到今，经历时势变迁，人之本性依然。治国者，以民为本。安邦者，以民为先。“古者圣人在上，政教平，仁爱洽，上下同心，君臣辑睦，衣食有余，家给人足，父慈子孝，兄良弟顺，天下和洽，人得其愿。”凝心聚力，势不可挡。“是以积力之所举，则无不胜也；众智之所为，则无不成也。”众人拾柴火焰高，要齐心协力，勿孤军奋战。

纯术，悟透物之属性。为君者正心以修身，为臣者致知以格物。君道无为，臣道有为。君无私而爱万民，臣有爱而守社稷。身教胜于言教，君在于悟道修德，事事做出表率，为民之楷模。臣在于履职尽责，不出纰漏，国泰民安。

天地万物有灵，四时运行有序。“人智之于物浅矣，而欲以炤海内、存万方，不因道理之数，而专己之能，则其穷不达矣。故智不足以为治，勇不足以为强，则人才不足任，明矣。”敬天畏人莫逞能，虚怀若谷当学生。悟天地之道，法自然之理。

君子善假于物，“不下庙堂之上，而知四海之外者，因物以识物，因人以知人也。”治国安邦，贵在人尽其才，难在物尽其用。“食者，民之本也；民者，国之本也；国者，君之本也。是故君人者，上因天时，下尽地财，中用人力。”富利国民，乃国之大事，不可不察。权为民所用，以解民之疾苦；利为民所谋，以图民之生计；情为民所系，以知民之冷暖。“为治之本，务在于安民；安民之本，在于足用；足用之本，在于勿夺时；勿夺时之本，在于省事；省事之本，在于节欲；节欲之本，在于反性。”移风易俗，勤俭节约。倡导简约朴素，遏制奢侈靡费。

嗜欲无度是自我毁灭的导火索，君不见多少阶下囚，因嗜欲无度而堕落，因堕落而身败名裂。“若无道术度量，则万乘之势不足以为尊，天下之富不足以为乐矣。”“今人所以犯囹圄之罪，而陷于刑戮之患者，由嗜欲无厌，不循度量之故也。”“故智不足以免患，愚不足以至于失宁。守其分，循其理，失之不忧，得之不喜……因春而生，因秋而杀，所生者不德，所杀者不怨，则近于道矣。”道乃事业之魂，德乃事业之根。人无魂乃行尸也，树无根乃朽木也。

治事因时而变，安邦顺势而行。唯“当于世事，得于人理，顺于天地，详于鬼神即可以正治矣”。世事复杂，包罗万象；应对变迁，权衡利弊。学会取舍，谨防伪诈；致力于成事，专心于治世。“故世治则小人守正，而利不能诱也；世乱则君子为奸，而刑不能禁也。”纵观当今之世，感慨良多。道德滑坡久矣，积弊成堆；净化世风，任重道远。路漫漫其修远兮，吾将上下而求索。

读《新序》有感

/2018年3月26日

刘向目睹汉王朝国势衰退的趋势，对于执政者奢侈腐朽和社会矛盾的尖锐，有清醒的认识，所以著《新序》，以期讽君劝臣，达到整顿朝纲、匡救时弊的目的。

今天读来，《新序》对于全面建成小康社会、打好三大攻坚战役、净化政治生态具有重要的现实意义；对于抑制奢靡之风、弘扬正气有深远的教育意义。

为政者，礼贤下士，勿轻狂无礼。“为人君者而侮其臣者，智者不为谋，辩者不为使，勇者不为斗。智者不为谋，则社稷危；辩者不为使，则使不通；勇者不为斗，则边境侵。”得贤才者得天下，用贤才者安天下。“齐桓公得管仲，有霸诸侯之荣；失管仲，而有乱危之辱。虞不用百里奚而亡，秦缪公用之而霸。楚不用伍子胥而破，吴王阖庐用之而霸。”古之兴替可鉴，用贤而兴，逐贤而亡。用人之事，关系国家兴衰，影响社稷安危，不可不察。

为官者，少贪物欲之欢，多修仁德之志。前事不忘，后事之师。不忧物之不丰，忧德义之不足。国之宝器在贤臣，珠玉玩好之物，非宝之重者也。居庙堂之上，洁身自好。处江河之远，心系社稷。汉之兴在于用贤。“秦不用叔孙通，项王不用陈平、韩信，而皆灭，汉用之而大兴。”选贤任能乃兴国之要，弃贤避能乃亡国之举。历史的教训沉痛，鉴之以往，防患于未然。

人君莫不求贤以自辅，然而国以乱亡者，所以贤者不贤也。不肖嫉贤，愚者妒智，是贤者所以隔蔽也。人言可畏，混淆是非，非明君不足以辨清浑。以假乱真，悲剧之源也。忠臣因诽谤而死于无罪，奸邪因虚誉而赏于无功。

恪守职责，人尽其才，物尽其用。修身养性，积淀诚意。履职尽责，安邦无怨。上下同心，其利断金。处上位而不恤其下，骄也；缓令急诛，暴也；取人言而弃其身，盗也。用贤理政，风调雨顺，国泰民安。邪佞当道，民不聊生，国难当头。“仁人也者，国之宝也；智士也者，国之器也；博通之士也者，国之尊也。故国有仁人，则群臣不争；国有智士，则无四邻诸侯之患；国有博通之士，则人主尊。”履职尽责，以上率下。上行下效，防微杜渐。

国之大患有三，一曰大臣重禄而不极谏，二曰近臣畏罪不敢言，三曰下情不上达。人贵有自知之明。镜鉴，自知己之恶，勿听臣妾谗言。己临淄水而观影，然后自知丑恶也。法以治事，非害人也；廉以克己，非骄人也；事以尽职，非陵下也。虚怀若谷，修包容之心，念百姓疾苦。泾渭分明，治公平之事，存恻隐之心。

君子之治，始于不足见，终于不可及，此之谓也。盖德厚者报美，怨大者祸深。故曰：德莫大于仁，而祸莫大于刻。“其论才推贤举能也，抑恶而扬善……其牧民之道，养之以仁，教之以礼，使之以义，修法练教，必尊民所乐。故从其所便而处之，因其所欲而与之，顺其所好而劝之。赏之疑者从重，罚之疑者从轻。其罚审，其赏明，其刑省，其德纯，其约治，而教化行矣。”人贵有自知之明，勿信谗言而自不量力，勿听妄语而欺世盗名。

施政以安民，安邦以富民。以民为本，恭敬以信，故其民尽力也；视民如伤，忠信以宽，故民不偷也；爱民如子，明察以断，故其民不扰也。

识大体成大事

——读《新论》有感

/2018年3月30日

桓谭的《新论》通过比较汉高祖和王莽新政，从治国安邦角度剖析识大体成大事的逻辑关系，以曲突徙薪的故事警示后人，做事应追根溯源，勿临渴掘井。治国应宽宏大量，忌一意孤行。治事应解剖成因，用众人之智，求治理之策；勿轻举妄动，忌朝令夕改。治事贵恒，安民贵勤。克勤克俭，安居乐业。

今天读《新论》，感悟颇多，上至治国理政，下到日常工作，谁能识大体，方可成大事。当我们事业遇挫时，不妨静思自己识大体乎？决策有失偏颇乎？行为刚愎自用乎？

天下非一人之天下，治国非一己能治。人君者应有天地之胸襟，以众人之智成天下之事。民意不可违，民怨不可怠，民生不可忘，民忧不可忽。量才录用，任人唯贤。以贤智大才，守江山社稷。臣之才能德行是治国之针药，能否发挥其功效，全在于人君者的合理使用。得人才者强国，得人心者得天下。“得十良马，不如得一伯乐。”“多得善物，不如少得能知物。”知人善任，强国之枢机。

用人不可求全责备，谨防劣币淘汰良币。用贤不易，一是疏贱贤臣难以说服权贵近臣，甚至会得罪权贵佞臣；二是凡夫俗子难解良臣治世之卓见，会被曲解，甚至遭诬陷；三是真知灼见难以被人君全面采纳，往往有小人从中作梗而功亏一篑，甚至会因佞臣谗言而蒙不白之冤。用贤之难，难在忠言逆耳，容易犯上。用贤之难，难在一片赤诚被曲解，治国良策难以付诸实施。贤臣善举难以如愿成善果，良将善始难以平安有善终。亘古之理，不可不察。选贤任能，任重道远。

欲成大事，须识大体。识大体者谋大局，谋大局者隐忍为上，成大事者韬光养晦。识大体勿多谋自信，谋大局忌多疑自恋。欲谋大局，谦卑为上，敬贤为先，尊能为要。不谋万世者，不足谋一时。不谋全局者，不足谋一隅；欲成大事，修德为上，荐贤为先，用能为要。兼听则明，偏信则暗。

位高权重，忌多言轻信；多言易失，树敌多，毁誉深。轻信易坠，掉陷阱，难自拔。位高者，言不可不慎；权重者，行不可不思。三思而行，此行伤及无辜乎？此行秉公正义乎？此行有悖天理乎？

位高者尊卑，权重者为民。尊卑者扬美德，悦近及远。为民者得民心，凝心聚力。“圣王治国崇礼让，显仁义，以尊贤爱民为务。”反之，为政不善，则弃贤近佞，上不通下情；苟安忘民，则民不聊生，下不尊上荣。

治国要务本，本立而道生。“夫为国者，以富民为本，以正学为基。民富乃可教，学正乃得义。民贫则背善，学淫则诈伪；入学则不乱，得义则忠孝。故明君之法，务此二者，以为太平之基。”忠于国家，恪尽职守。正心修身，正学兴邦。

见微知著

——读《汉书》有感

/2018年3月31日

天地万物，道法自然。体察悟理，见微知著。有曲突徙薪之卓识，无焦头烂额之灾祸。前事不忘，后事之师。汉高祖始定天下，背亡秦之短计，尊殷周之长道。文景之治，天下安定。然而，千里之堤，溃于蚁穴，大汉之江山，因宦官当道而衰败，因外戚干政而易主。

王莽本该步汤、武之道，匡正时弊，敬贤能远小人，规范秩序，使社会步入正道。无奈治国非读书之易。治国要有雄才大略而包容天下，深谙安邦之道而体恤百姓。轻徭薄赋，省刑简法，尚德守礼，无为而治。然而，王莽非圣贤，方略脱离实际，法令过于频繁，事与愿违，暴尸街头。克己复礼非一己之事，克己之事易，复礼之事难。利益交错，阻力纵横。治国安邦乃系统工程，运筹于帷幄之中，决胜于千里之外。谋要审慎，行要果断。

治国不能急功近利，防微杜渐；治国不能刚愎自用，审时度势。危难，察之于无形；民怨，听之于无声。王莽因其仁有余而谋不足、心有余而力不足丧失天下，错失克己复礼的天机，未能光复礼义治国的盛世。错失青史留名的良机，留下暴尸市井的悲剧。

王莽的悲剧结局警醒后人，良好的愿望不足以治世，书生的谋略不足以安邦。顺势而为方可保社稷，因势利导才能除时弊。治世不忘安民，安民不忘公平。革故鼎新，非一蹴而就，要久久为功。匡正时弊，非一役之战，要驰而不息。

领悟

治国安邦，弘德爱民。民为贵，社稷次之，君为轻。化民怨于无声，治祸乱于无形。法天地之道，循四时之序。包容万方，天地无私而长存。春种夏长，四时无怨而永恒。见微知著，体察民情。扶危济困，关注民生。

教有道
——读《昌言》有感
/2018年4月2日

《昌言》为东汉末政论家仲长统所著。《昌言》针对当时的社会矛盾，针砭时弊，他主张“政不分于外戚之家，权不入于宦竖之门”，反对“选士而论族姓阀阅”，主张“核才艺以叙官宜”；提出“人事为本”的观点，反对将个人的错误归咎于天命。

《昌言》阐明道德教化是为君者治国的常道，而刑罚只能作为辅助手段。“德教者，人君之常任也，而刑罚为之佐助焉。古之圣帝明王，所以能亲百姓、训五品、和万邦、蕃黎民、召天地之嘉应、降鬼神之吉灵者，实德是为，而非刑之攸致也。”“教化以礼为宗，礼义以典籍为本，常道行于百世，权宜用于一时，所不可得而易者也。”“教兴而罚罕用者，仁义相厉，廉耻成也。”“忠仁为上，勤以守之，其成虽迟，君子之德也。”

要实现社会大治，根本在于道德教化，教有道，禁不义，为君者能垂身躬行，为民表率，才能成就至德之治。德法并重，以德为先。不教而诛，虐也。

《昌言》指出要端正民俗，禁止不良风气，要从根本上堵塞其源流，重视道德礼仪。人们违礼，是风俗败坏的根源。“廉隅贞洁者，德之令也；流逸奔随者，行之污也。风有所从来，俗有所由起。疾其末者刈其本，恶其流者塞其源。”“污风诡俗，生淫长奸，莫此之甚，不可不断者也。”当今之世，此种状况甚矣。风俗之败坏，廉耻荡然无存。呜呼，哀哉！

《昌言》指出不可让后妃临政、外戚擅权和宦官干政。汉之衰源于辅政，辅政之举偏离初衷。夫人干政，难以久处公正，不能长思利害。以妇人之愚，耽荣乐宠，不能巡其正路，不能谦虚节俭，难以深图远虑，为国家献计献策。

外戚争宠，祸患无穷。结党营私，层出不穷。人君不能兼听，外戚与宦官同流合污，奸佞与小人趁势而进，谗言陷害忠良，贤臣忠谏者黜，害忠仇正者进。此乃汉之悲也，前车之鉴，不可不察。

偏爱母妻之党，人之本性，难以防范，非明君不可有独断绝异之明，非有坚刚不移之气，才不会陷于后党亲缘的束缚而流于沦落。汉之官宦之祸源于顺恒之时，盛极孝灵之世。古之圣人立礼垂典，使子孙少在师保，不令处于妇女小人之间，盖犹见此之良审也。

治国安邦，正本清源。法律面前人人平等，王子犯法与庶民同罪。然而，生长于骄溢之处，自恣于色乐之中。不闻典籍之法言，视法律如儿戏。不因师傅之良教，习恶行于自然。如是纵容，祸患无穷。

舍本逐末，祸之由也。仇忠害正，败之始也。特权思想误导人生，优厚待遇滋生奢侈。缺乏礼教助长骄奢，沉迷淫佚势必陷入堕落。此乃祸乱弥漫之根也，世代更替之源也。

反腐倡廉，净化世风。事关依法治国之兴衰，左右从严治党之成败，国之大事，党之大事，不可不察。

《申鉴》之悟

/2018年7月8日

读荀悦《申鉴》治国之道，悟当今治企之路。治国，“夫道之大本，仁义而已，五典以经之，群籍以纬之，前鉴既明，后复申之。故古之圣王，其于仁义也，重申无已，笃厚无疆，谓之‘申鉴’”。治企，夫道之根基，群众而已，相信群众，依靠群众，前鉴既显，后复申之。故今之贤良，其于群众也，重申无已，致诚无边，谓之申鉴。

它山之石，可以攻玉。夫治国，“承天惟允，正身惟恒，任贤惟固，恤民惟勤，明制惟典，立业惟敦，是谓政体。”夫治企，秉公惟诚，除四患，施五策，任贤良，防范十种危难，明察九种风气，弘扬正气，令行禁止，是谓公司治理。

伪、私、放、奢曰四患，实乃今之四风雏形。鉴之于前，复申于后，防患于未然。

伪乱俗，调门高表态多，乃伪之新装；私坏法，以权谋私，实由来已久；放越轨，陷囹圄者，叹不该当初；奢则败，国破家亡者，世代不绝。前车之辙，后车可鉴。四患不除，企业难以兴矣。俗乱则道荒，人心涣散。法坏则世倾，风气消沉。越轨则礼亡，士气低落。制败则欲肆，胡作非为。

当今治企之事，资治以前事，通鉴于未来。除四患，禁威权。伪、私、放、奢不禁，国企四风不止。选贤任能，惟有十难，不可不察。治企兴业，明察九风，不可不慎。足寒伤心，民忧伤企。关心职工冷暖，凝心聚力，共克时艰。

鉴前申后，防止重蹈覆辙。继往开来，传承世代基业。企业，兴主业以盈利富民，审好恶以正风肃纪，宣正气以凝心聚力，立规矩以令行禁止，明赏罚以激励员工，此五策不可不察。五策顺民意，十难皆可除。只要精神不滑坡，办法总比困难多。

治企，扶正祛邪，亦正俗。做百年老店，必本乎真实而已。决策者务求实效，审则仪道，以定好恶。执行者务守正道，听言责事，无伪诈淫巧。执法者务秉公行事，举名查实，禁蛊惑人心。正风肃纪，扶正祛邪。开创选贤任能之新风，堵塞投机钻营之旁门。

治企，风清气正；兴企，凝聚人心。人尽其才，物尽其用。善无不显，恶无不彰。俗无奸怪，世无淫风。睹利害之存乎己也，故肃恭其心，慎修其行。从优秀到卓越，无坦途可走。修德爱民得其心，治企惠民成其志。达于废兴之源，通于安危之分。以民为本，视民如子。

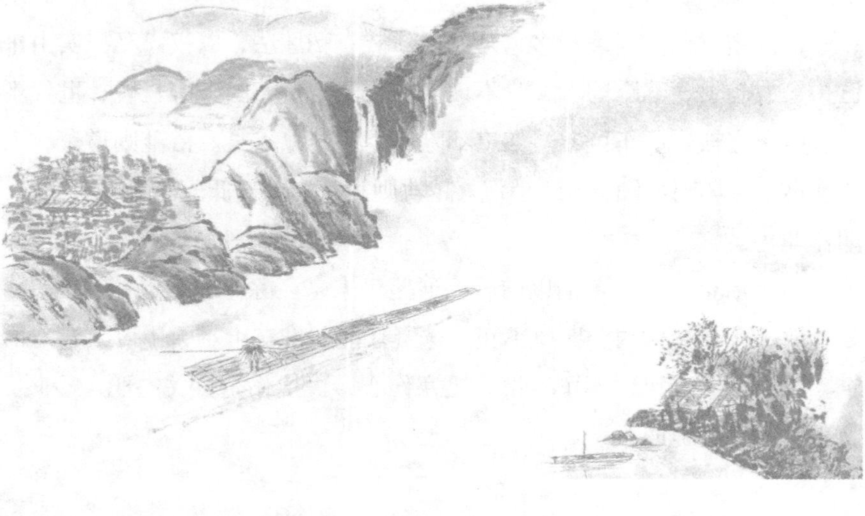

赏罚之悟

——读《群书治要》有感

/2018年7月9日

赏罚贵在执行。政之大纲有二，赏罚之谓也。人君明乎赏罚之道，则治之不难矣。赏罚者，不在于必重，而在于必行，必行则虽不重而民肃；必不行也，则虽重而民怠。故先王务赏罚之必行也。夫当赏者不赏，则为善者失其本望，而疑其所行；当罚者不罚，则为恶者轻其国法，而怙其所守。

赏罚不徇私情，一视同仁。唯修本治道，方可秉公执法。民心皆有治道，只是对己对人而异。“用乎已者，谓之务本；用乎人者，谓之追末。君子之治之也，先务其本，故德建而怨寡；小人之治之也，先追其末，故功废而仇多。”

务本治道，赏罚严明，扶正祛邪。追末逐利者，赏罚遂性，唯我独尊。德，差之毫厘；赏罚， 失之千里。明莫大于自见，聪莫大于自闻，睿莫大于自虑。吾日三省吾身，见人而不自见乎？闻人而不自闻乎？虑人而不自虑乎？

君子之于己也，无事而不惧焉，我之有善，惧人之未吾好也，我之有不善，惧人之必吾恶也。见人之善，惧我之不能修也；见人之不善，惧我之必若彼也。

君子之所贵者，迁善惧其不及，改恶恐其有余。赏惧其不及，罚恐其有余。重赏罚不在言，而在行。赏罚贵验，勿要自夸。公平人知，无须自矜。

领悟

赏罚贵在诚信。人主之患，不在于言之赏罚，而在于诚心赏罚。赏罚无私，秉公行事。是以圣人不敢以亲戚之恩而废刑罚，不敢以怨仇之忿而留庆赏。

《司马法》曰："赏罚不逾时……赏罚不可以疏，亦不可以数，数则所及者多，疏则所漏者多；赏罚不可以重，亦不可以轻，赏轻则民不劝，罚轻则民不惧，赏重则民侥幸，罚重则民无聊。故先王明恕以听之，思中以平之，而不失其节也。"企业的赏罚，事关职工情绪，影响企业发展，不可不察。

赏罚，乃企业之大事。赏罚不明，不足以劝善，不足以制恶，可不慎乎！

鉴古知今

——读《群书治要》有感

/2018年7月14日

用人，皆望其履职尽责；治事，皆盼其公平公正。然而，随着历史演进，因三公九卿未能履职尽责而朝代更替。随着世事变迁，因选人用人未能公平公正而家国消亡。履职尽责，乃朝代更替之源，不可不察。选人用人，乃家国兴亡之因，不可不慎。

阅《群书治要》，悟治世之道。鉴古知今，防患于未然。履职尽责，治祸于无形。事简易因，法简易从，贵在体恤人心。得民心者得天下，失民心者失天下。

一、明确职责

“以天下至广，庶事总猥，非一人之身所能周理，故分官别职，各守其位。事有大小，故宫有尊卑。人有优劣，故爵有等级。三公者，帝王之所杖也，自非天下之俊德，当世之良材，即不得而处其任，处其任者，必荷其责，在其任者，必知所职。夫匡辅社稷，佐日扬光，协齐七政，宣化四方，此三公之职。笾豆之事，则有司存，大臣不亲细事，犹周鼎不调小味也。”鉴古知今，明确职责是何等重要，履行职责是何等严肃。各司其职，各负其责。

二、选贤任能

“天下至广，万机至繁，人主以一人之身，处重仞之内，而御至广之士，听至繁之政，安知万国之声息，民俗之动静乎？故古之圣帝，立辅弼之臣，列官司之守，劝之以爵赏，诫之以刑罚，故明诫以效其功，考绩以核其能，德高者位尊，才优者任重，人主总君谟以观众智，杖忠贤而布政化，明耳目以来风声，进直言以求得失。夫如是，虽广必周，虽繁必理。何则？御之有此具也。”职责明确，能否履职尽职，关键在选人用人。用人在于公平，选人在于透明。选贤任能是事业的需要，是治国安邦的需要。选贤任能，国之大事，影响治世安民，关系江山社稷，不可不察。

三、恪尽职守

“尧明俊德，守位以人，所以强四支而辅体也，其为己用，岂细也哉。苟非其选，器不虚假。苟得其人，委之无疑，君之任臣，如身之信手，臣之事君，亦宜如手之击身，安则共乐，痛则同忧，其上下协心，以治世事，不俟命而自勤，不求容而自亲。何则？相信之忠著也。”明确岗位职责，履职者恪尽职守。尽职尽责，有效沟通，积极合作。互相帮助，互相促进，共同进步。培养团队文化，形成核心竞争力。

四、赏罚严明

“爵禄赏罚，人主之威柄，帝王之所以为尊者也。故爵禄不可不重，重之则居之者贵，轻之则处之者贱，居之者贵则君子慕义，取之者贱则小人觊觎，君子慕义，治道之兆，小人觊觎，乱政之渐也。”“故先王重于爵位，慎于官人，制爵必俟有德，班禄必施有功，足以见其爵者昭其德，闻其禄者施其功。然犹诫以威罚，劝以黜陟，显以锡命，耀以车服，故朝无旷官之讥，士无尸禄之责矣。”

企业的激励机制好比汽车的加油系统，用油得当，车子快速行驶。该加油时踩刹车，车子骤停，轻者挡道，重者追尾。该奖励时给予处罚，无异于此。完善激励机制，关系职工的凝聚力、向心力，影响企业的团队精神。赏罚之事要公平、及时、恰当，不以个人好恶权衡。赏罚面前，人人平等，赏有激励作用，罚有震慑作用。滥用赏罚，涣散斗志，影响士气。

天地之广，宜明确职责，各司其职，各负其责。世事之繁，应选贤任能，人尽其才，物尽其用。任重道远，恪尽职守，抓铁留痕，踏石留印。欲壑难平，赏罚分明，无功不受禄，有咎必追责。

儒法并重

——读《袁子正书》有感

/2018年7月30日

《袁子正书》，晋袁准著。袁准的思想倾向于儒法并重。他认为“仁义、礼制者，治之本也；法令、刑法者，治之末也。无本者不立，无末者不成”。

正是基于儒法并重的立场，袁准认为，治国应恪守“仁义、礼制、法令、刑罚”之四者。礼教之治，先之以仁义，示之以敬让，使民迁善，日用而不知也。同时，规范秩序，赏罚分明。导之以德，齐之以礼，则民有耻，导之以政，齐之以刑，则民苟免，是治之贵贱者也。先仁而后法，先教而后刑，是治之先后也。儒法并用，各有所长。甄别其情，对症下药。

经国治世，富民为先。富民之道，安民为要。治世明职责，安民重教化。设职治事，职责分明。履职尽责，天下安宁。然而，朝代更替，积弊深重。机构叠床架屋，岗位交错纵横。治事多管齐下，求助无人因应。无视民生苦，邪佞善钻营。鉴古知今，贵在安民。

选贤任能，礼法公明。名不可以虚求，贵不可以伪得。启蒙重教，倡导仁义礼智信，正心诚意修身。行莫大于孝敬，义莫大于忠信。维护秩序，吏治公平。禄足以代耕，则一心于职，一心于职则政理，政理则民不扰，民不扰则天下安。履职尽责，恪守本分。论功行赏，业绩考评。启清明之道，堵贪腐之路。故以仁聚天下之心，以公塞天下之隙，心公而隙塞，则民专而可用矣。公心明故贤才至，一公则万事通，一私则万事闭。

忠正可识，邪佞难防。夫邪佞之言，柔顺而有文。忠正之言，简直而多逆。呜呼，忠臣涉危死而言不见听，奸臣飨荣利而言见悦。以贤制爵，令民德厚矣。净化吏治环境，近贤能，远邪佞。明辨是非，巧察其奸。故圣人贵恒，恒者，德之固也。圣人久于其道而天下化成，未有不恒而可以成德，无德而可以持久者也。厚德载物，天下为公。秉公执法，赏罚严明。令行禁止，一视同仁。若赏可以势求，罚可以力避，而求下之无奸，不可得也。用贤非以役之，尚德也。行之以公，故天下归之。

万端归一于公，公生明，廉生威。百害滋生于私，私藏垢，邪纳奸。崇尚道德，厚爱百姓。治世天下为公，安邦宽厚待人。以人为本，天下归仁。宽则得众，信则不疑。礼法欲其简，禁令欲其约。简则易明，约则易从，此圣贤之务也。

夫天之不可逆者，时也；君之不可逆者，法也。国之治乱，在于定法。明君正其礼，明其法，严其刑，持满不发，以牧万民，犯礼者死，逆法者诛，赏无不信，刑无不必。

赏罚之事大，不可不慎。赏罚不当，则贤而不用；任使之不当，则奸而不除。所用者不肖，所罚者贤良，此国之患也。

依法治国，敬畏人民。不依规矩，不能成方圆；不守法制，难守社稷。守规矩，从上做起；守法制，以上率下。君不逾矩，臣必守法。君清正，臣廉洁；君纵欲，臣贪腐。克己守礼，上行下效。知敬畏，守本分。儒法并重，百家争鸣。

正学固本

——读《群书治要》有感

/2018年7月31日

今天，读完《群书治要》第十册最后一篇文章，葛洪抱朴子的“广譬篇”。掩卷沉思，感慨万千。历史的进程曲折，没有汲取前朝的教训；社会的悲剧相似，没有采纳忠臣的谏言；人民的负担沉重，没有体现以民为本的初衷。漫长的历史，见证了志士仁人的忠贞不屈；严酷的史实，重演了奸佞小人的飞黄腾达。

历史嘲弄世人，史实哭笑不得。在迷茫中咀嚼“天下失公、世道失衡、小人得志、君子失宠”的史实，巧言者邀功，实干者无荣。在苦涩中品味“上好德则下修身，上好言则下释辩”的杂陈，观言不如观事，观事不如观行。

“君以世俗之所誉者为贤智，以世俗之所毁者为不肖，则多党者进，少党者退，是以群邪比周而蔽贤，忠臣死于无罪，邪臣虚誉取爵位，是以乱世愈甚，故其国不免危亡。”何以如此？伪学之故，逐末之功。世风尚奸巧，人间有钻营。“智不能见是非之理，明不能察浸润之言，所任者不必智，所用者不必忠，故有赏贤罚暴之名，而有戮能养奸之实，此天下之大患也。”鉴之以往，防患于未然。消除积弊，堵塞漏洞，完善治理结构，弘扬正气，抑制歪风。

有爱才用贤之言，无爱才用贤之行。有选贤用能之名，无信贤任能之实。何故？忠言逆耳，良药苦口。故正者难容而邪者易进。唯有明察人臣之正邪，方能扬善除恶、避免危亡。然而，“贵远而贱近者，常人之用情也；信耳疑目者，古今之所患也。”以天下为公，秉公执法，选贤任能，多么重要，何等艰难！“此盖叶公之好伪形，见真龙而失色也。”大浪淘沙，尽显英雄本色。谨防“言伪而辞辩，行僻而志坚”者。

世俗有道，投机有门。伪学盛行，逐末成风。直谏者忠诚，不顾犯上之行；邪佞者奸巧，揣摩取悦之能。故荣显者有幸，顿沦者不遇，皆不由其行也。呜呼，哀哉！

鉴古知今，立国依赖股肱。正学固本，弘扬民族精神。正学，为天地立心，为生民立命，为往圣继绝学，为万世开太平。正学，铁肩担道义，妙手著文章。读书，忌奸巧，下苦工，头悬梁，锥刺股。固本，正心诚意修身，厚德载物精进。做事，敢担当，守本分；为人，守正义，讲诚信。达则兼济天下，穷则独善其身。

正学固本，匡正世风。弘扬优秀文化，做人不忘初心。“夫节士不能使人敬之，而志不可夺也；不能使人不憎之，而道不可屈也；不能令人不辱之，而荣在我也；不能令人不摈之，而操之不可改也。”以仁人志士为楷模，愿做铁血男儿，何惧马革裹尸。

《群书治要》，正学固本。唐王鉴之，魏征谏之，君臣同心治国，贞观之治留名。至德加于天下，惠厚施予百姓，故仰之如天地，爱之如父母，敬之如神明，畏之如雷霆。鉴之以往，引导未来。前事不忘，后事之师。鉴前申后，防止重蹈覆辙；继往开来，传承世代基业。

正学固本，势在必行，热血青年，不辱使命。民族振兴，舍我其谁？

巡视感悟

/2018年8月1日

时光荏苒，转眼又是一年。去年的《巡视随笔》凝结了巡视三组所有巡视员的心血，有巡视工作的回顾，有防微杜渐的体悟，有心灵深处的波澜，有防患于未然的思考。

《巡视随笔》在今年巡视员的心底涌动起波澜，激荡着思索。今年的第三巡视组从成立临时党支部开始，就明确在巡视结束时，要总结自己的巡视工作，写下巡视感悟，汇编成《巡视感悟》。为了积累素材，要求巡视员每天巡视结束，哪怕再晚，也要写下今天的巡视体会。有思考，有感悟。

功夫不负有心人。22位巡视员把自己近三个月的感悟凝练为文字，升华为思想，集结为《巡视感悟》。牢记从严治企，期盼风清气正。担心党的领导弱化，忧虑企业发展。关注党的建设缺失，心中装着困难群众。害怕从严治党不力，眼里充满弱势群体。这正是《巡视感悟》的主旋律。

巡视是全面从严治党的重大举措，是党内监督的战略性制度安排。巡视员以对党忠诚的自觉，履职不出轨。下沉巡视，披星戴月不怕苦，挑灯夜战不畏难。深钻细研，不辱使命。苦累随风而去，积淀为敬业的品行，升华为治企的良策。这正是《巡视感悟》的内涵。

巡视是培养干部的大熔炉，是正心修身的大课堂。巡视员以敢于担当的自律，尽职不缺位。下沉巡视，废寝忘食辨真伪，凭栏凝神识幽径。

查询找漏洞，诘问探虚实。疲惫刻在脸上，揭示了问题源头，悟出了治企妙方。这正是《巡视感悟》的真谛。

巡视是对企业的政治体检。企业如同个人，干群关系是十二经络，职能部门是五脏六腑，党的领导是中枢神经。干群关系疏远，十二经络淤堵，信息失真。职能部门失调，气血不通，人员失察。党的领导弱化，中枢神经失调，局面失控。《巡视感悟》是对企业会诊的缩影，有望闻问切的交流，有病情病理的探询；有循环系统的解剖，有抽丝剥茧的寻真； 有统揽全局的调理，有猛药除疴的药方。这正是《巡视感悟》的真经。

一以贯之加强党的领导，激荡阳气上升，抵御病毒入侵。一以贯之完善经营管理，疏导气血畅通，健体滋阴。完善制度，健全程序，明确责任，规范运行，奖惩严明。这是健康企业的中枢神经。一处有伤，则紊乱丛生。人员失察，信息失真。反之亦然，善解民意，凝聚人心，则增强系统功能。资金是企业的血液，强化资金监管，防范风险滋生，企业的血液才能畅通运行。开源节流，增强造血功能。堵漏控亏，止血生津。这正是《巡视感悟》的灵魂。

处逆境者不畏艰难，提振士气，恢复人心。求生存者不怕困苦，同心同德，其利断金。《巡视感悟》抛砖引玉，启发共鸣。扭亏脱困，不忘初心。百年老店乃知其道者，法于自然，和于道德；遵循规律，尊重人才。运筹于帷幄之中，决胜于千里之外。

痛定思痛，避免重蹈覆辙，防止陷入“信息失真、人员失察、项目失控、投资失败”的困境。知行合一，慎思笃行。

《巡视感悟》，积淀深沉。迎接新挑战，抓铁留痕，踏石留印。开创新局面，勇于担当，务实创新。积蓄新动能，攻坚克难，不辱使命。展示新风采，燃烧激情，净化灵魂。

鉴之以往

——重读《新序》有感

/2018年8月20日

刘向目睹汉王朝国势衰退的趋势，对于执政者的奢侈和社会矛盾的尖锐，忧国忧民之心聚之笔端，以史为鉴知兴替。高墙狭基，不可立也。严刑峻法，不可久也。国之宝器在贤臣，珠玉玩好之物，非宝之重者也。无贤臣，虽五帝三王，不能以兴。用贤而兴，逐贤而亡，古之兴替可鉴。

人君者，礼贤下士，勿轻狂无礼。“为人君者而侮其臣者，智者不为谋，辩者不为使，勇者不为斗。智者不为谋，则社稷危；辩者不为使，则使不通；勇者不为斗，则边境侵。”君仁，其臣直。有谏臣在左右，国之幸也。人君者不忧物之不丰，而忧德义之不足。

前事不忘，后事之师。“齐桓得管仲，有霸诸侯之荣；失管仲，而有乱危之辱。虞不用百里奚而亡，秦穆用之而霸。楚不用子胥而破，吴王阖庐用之而霸。夫差非徒不用子胥也，又杀之，而卒以亡。燕昭王用乐毅，推弱燕之兵，破强齐之雠，屠七十城，而惠王非诚匆扰乐毅，更代以骑劫，兵力破，亡七十城。此父用之，子不用，其事可见也。故阖庐用子胥而兴，夫差杀子胥而以亡；昭王用乐毅以胜，惠王逐之而以败。”“秦不用叔孙通，项王不用陈平、韩信，而皆灭，汉用之而大兴，此未远也。” 汉之兴在于用贤，灵献之亡在于弃贤。

人言可畏，以假乱真，混淆视听。奸佞造谣惑众，忠臣因诽谤而死于无罪，邪佞因虚誉而赏于无功。人君者辨真伪，识奸佞，国之大事，不可不察。恪守职责，君臣不可偏废。修身养性，君臣正心诚意。法天地之道，履安邦之职。

用贤理政，风调雨顺。邪佞当道，民不聊生。法以治事，非害人也；廉以克己，非骄人也；事以尽职，非陵下也；虚怀若谷，修包容之心；泾渭分明，念百姓之苦；治事公平，存恻隐之心。是以位尊者，德不可以薄；官大者，治不可以小；地广者，制不可以狭；民众者，法不可以苛。

选贤任能，抑恶而扬善。有大略者，故不问其所短；有厚德者，不问其小疵；有大功者，宿恶灭息。成人之美，不成人之恶也。其牧民之道，养之以仁，教之以礼，使之以义，修法练教，必遵民所乐。故从其所便而处之，因其所欲而与之，顺其所好而劝之。

君子之治，始于不足见，而终于不可及，此之谓也。盖德厚者报美，怨大者祸深。故曰：“德莫大于仁，而祸莫大于刻。”施政以安民，视民如子。以民为本，恭敬以信，其民尽力也；视民如子，忠信以宽，其民不偷也；诚实无欺，明察以断，其民不扰也。

鉴之以往，慎之来事。勿以虚言为真，切忌夜郎自大。国家之大患有三，大臣重禄而不极谏，近臣畏罪而不敢言，下情不上达。人君者，贵自知之明。镜鉴自知己之恶，勿听臣妾谗言。己临淄水而观影，然后自知丑恶也。

治国安邦，以民为本。顺势而行，不忘国之安危；抵御外辱，筑起铜墙铁壁。尽力而为，不忘民之疾苦；凝心聚力，全面脱贫攻坚。修仁德之志，少贪欲之欢；勤俭节约，自力更生。守清廉之道，戒奢侈之风；关心孤寡，助人为乐。先天下之忧而忧，后天下之乐而乐。

《盐铁论》的启示

/2018年8月18日

关心民生疾苦，解决社会问题，保障供给，是历代政府的首要任务，也是世代贤良关注的焦点。汉昭帝能组织政府官员和贤良代表共商国是，开启了历史先河。这就是历史上以桑弘羊为代表的政府官员和贤良代表的对话，其会议成果是《盐铁论》。

民生之事不可轻，民俗之风不可忽。为吏者，视民如父母，使其衣食无忧；为官者，正风肃纪，敦化民风，化解民怨。盐铁之事，无处不在；安民困惑，无时不有。

为官者，借助权利平台，解民忧，排民难。尽职可以恩泽百姓，和睦四方。尽责可以安邦治国，抑恶扬善。行稳致远假于德，功成名就因于仁，顺势而为成于道。先教后刑，敦化民风。以上率下，正心修身。教之以德，齐之以礼，则民徙义而从善，莫不入孝出悌。仓廪实，知礼仪；衣食足，知荣辱。

“古者，政得则阴阳调、星辰理、风雨时。故行修于内，声闻于外，为善于下，福应于天。周公在上而天下太平，国无夭伤，岁无荒年。”“寡功节用，则民自富。如是，则水旱不能忧，凶年不能累也。”

今者，天地有灾，人间有难。大国角力，无所不用其极。行修于内，防患于未然；稳中有变，决胜于疆场。因时顺势，道法自然。崇礼向善，敬民施惠。抑制贪婪之势，祛除奢靡之风。珍惜有限之财，动恻隐之心，慈悲为民。匡正无知邪念，育智慧之根，诚信做人。见利虑害，见远知近。言忠信，行笃敬。勿贵人之所贱，勿珍人之所饶。以贤为宝，不以珠玉为宝。厚中国，明盛德。

诚以启蒙，慎以刑罚。“古者，周其礼而明其教。礼周教明不从者，然后等之以刑。刑罚中，民不怨矣。”“若废其德教而责之礼义，是虐民也。”“政宽则下亲其上，政严则臣谋其主。”“道径众，民不知所由也；法令众，人不知所避也。”“故治民之道，务笃于教也。”恩施无穷，泽流后世。

为政者，唯有体恤下情，方可避免昏庸。设身处地，知民间疾苦，念人间安危。“法能刑人而不能使人廉，能杀人而不能使人仁。”“所贵良吏者，贵其绝恶于未萌，使之不为非，非贵其拘之囹圄而刑杀之也。”鉴古知今，故世不患无法，而患无必行之法也。

依法治国，贵在执法从严。执法不严，亲近为过而不诛，疏远有功而不赏。如此执法，难以正风。如此行政，难以肃纪。执法不忘教化，教化不忘刑罚。教化贵在诚意，因势利导，循序渐进。执法贵在公正，实事求是，一视同仁。

各司其职

——读《说苑》有感

/2018年8月21日

因为对《说苑》的痴迷，每次读《说苑》，总是爱不释卷；读罢《说苑》，总是感慨万千。曾经在不同场合建议《说苑》作为公务员必读教材，今天再次阅读《说苑》，又有新的感受。只要公务员如《说苑》所言，社会就会少一些懒政，人间就会少一些悲叹。只要官员各司其职，恪守道德仁义，社会就会多一分和谐，人间就会多一分温暖。

《说苑》从君道、臣轨等各方面引经据典，旁征博引，阐述兴衰之道，忠谏治国之策。鉴之以往，防患于未然。慎之来事，化难于萌芽。君臣各司其职，大夫各负其责，列士人尽其才，天下物尽其用。百姓安居乐业，世代天下太平。

一、君道永恒，镜鉴自身

河间献王曰："尧存心于天下，加志于穷民，痛万姓之罹罪，忧众生之不遂也。"因此，仁昭而义立，德博而化广，故不赏而民劝，不罚而民治，先恕而后教，是尧道也。

"尧知九职之事，使九子各受其事，皆胜其任以成功，尧遂乘成功以王天下。是故知人者，主道也；知事者，臣道也。主道知人，臣道知事，毋乱旧法，而天下治矣。"明主者有三惧：一曰处尊位而恐不闻其过，二曰得意而恐骄，三曰闻天下之至言而恐不能行。

二、三公九卿，各显其能

领悟

人臣之行，行六正则荣，犯六邪则辱。甘入苦海，夙夜在公。牢记民之苦，不怕路艰辛。

何谓六正："一曰萌芽未动，形兆未见，昭然独见，存亡之机，得失之要，豫禁乎未然之前，使主超然立乎显荣之处。如此者，圣臣也。二曰虚心尽意，日进善道，勉主以礼义，谕主以长策，将顺其美，匡救其恶。如此者，大臣也。三曰夙兴夜寐，进贤不懈，数称往古之行事，以厉主意。如此者，忠臣也。四曰明察成败，早防而救之，塞其间，绝其源，转祸以为福，使君终以无忧。如此者，智臣也。五曰守文奉法，任官职事，不受赠遗，辞禄让赐，饮食节俭。如此者，贞臣也。六曰家国昏乱，所为不谀，敢犯主之严颜，面言主之过失。如此者，直臣也。"

何谓六邪？"一曰安官贪禄，不务公事，与世浮沉，左右观望。如此者，具臣也。二曰主所言皆曰善，主所为皆曰可，隐而求主之所好而进之，以快主之耳目，偷合苟容，与主为乐，不顾其后害。如此者，谀臣也。三曰中实险诐，外貌小谨，巧言令色，又心嫉贤，所欲进则明其美、隐其恶，所欲退则明其过、匿其美，使主赏罚不当，号令不行。如此者，奸臣也。四曰智足以饰非，辩足以行说，内离骨肉之亲，外构朝廷之乱。如此者，谗臣也。五曰专权擅势，以为轻重，私门成党，以富其家，擅矫主命，以自显贵。如此者，贼臣也。六曰谄主以佞邪，陷主于不义，朋党比周，以蔽主明，使白黑无别，是非无间，使主恶布于境内，闻于四邻。如此者，亡国之臣也。是谓六邪。"

贤臣处六正之道，不行六邪之术，故上安而下治。生则见乐，死则见思，此人臣之术也。

三公行道，九卿守德，大夫崇仁，列士尚义。岗位不同，使命不同，任务不同，选人公平公正。品行修养严，业绩口碑丰。正心诚意修身，履职尽责，永无止境。致知格物精进，齐家治国，天下太平。

“三公之事，常在于道也。智通于大道，应变而不穷，辨于万物之情，其言足调阴阳，正四时，节风雨。如是者，举以为三公。九卿之事，常在于德也。不失四时，通于地理，能通不通，能利不利。如此者，举以为九卿。大夫之事，常在于仁也。通于人事，行猷举绳，通于关梁，实于府库。如是者，举以为大夫。列士之事，常在于义也。忠正强谏，而无有奸诈，去私立公，而言有法度。如是者，举以为列士。故道德仁义定而天下正。凡此四者，明王臣而不臣。”

三、选人贵德，用人考绩

“治国有二机，刑、德是也。王者尚其德而布其刑，霸者刑德并凑，强国先其刑而后其德。夫刑德者，化之所由兴也。德者，养善而进阙者也。刑者，惩恶而禁后者也。故德化之崇者至于赏，刑罚之甚者至于诛。夫诛赏者，所以别贤不肖，而列有功与无功也。故诛赏不可以缪，诛赏缪则善恶乱矣。夫有功而不赏，则善不劝；有过而不诛，则恶不惧。善不劝而能以行化天下者，未尝闻也。”

“政有三品：王者之政化之，霸者之政威之，强国之政胁之。夫此三者各有所施，而化之为贵矣。夫化之不变而后威之，威之不变而后胁之，胁之不变而后刑之。夫至于刑者，则非王者之所贵也。

是以圣王先德教而后刑罚，立荣耻而明防禁，崇礼义之节以示之，贱货利之弊以变之，则下莫不慕义节之荣，而恶贪乱之耻。其所由致之者，化使然也。夫举贤者，百福之宗也，而神明之主也。”

四、国政之患，社鼠结邦。欺世盗名，百姓遭殃

齐桓公问于管仲曰：“国何患？”对曰：“患夫社鼠。”桓公曰：“何谓也？”对曰：“夫社，束木而涂之，鼠因往托焉。熏之则恐烧其木，灌之则恐败其涂。此鼠所以不可得杀者，以社故也。夫国亦有社鼠，

人主左右是也。内则蔽善恶于君上，外则卖权重于百姓。不诛之则为乱，诛之则为人主所案据，腹而有之。此亦国之社鼠也。”

齐侯问于宴子曰：“为政何患？”对曰：“患善恶之不分。”公曰：“何以察之？”对曰：“审择左右，左右善，则百僚各得其所宜，而善恶分。”孔子闻之曰：“此言信矣。善进，则不善无由入矣；不善进，则善亦无由入矣。”

人历三皇，世经五帝。礼义衰，社鼠盛也。仁德衰，社鼠硕也。净化治理环境，铲除社鼠之温床，乃世代之大事，不可不察。鉴别社鼠，忌同流合污；铲除社鼠，勿投鼠忌器。

五、尊贤敬能，选贤任能

人君之欲平治天下而垂荣名者，必尊贤而下士。《易》曰：“自上下下，其道大光。”又曰：“以贵下贱，大得民。”夫明王之施德而下下，将怀远而致近也。朝无贤人，犹鸿鹄之无羽翼，虽有千里之望，犹不能致其意之所欲至矣。是故绝江海者托于船，致远道者托于乘，欲霸王者托于贤。

桓公得管仲，九合诸侯，一匡天下。失管仲，任竖刁、易牙，而身死不葬，为天下笑。一人之身，荣辱俱施焉，在所任也。

由此观之，国无贤佐俊士而能以成功立名，安危继绝者，未尝有也。故国不务大而务得民心，佐不务多而务得贤俊。得民心者民往之，有贤佐者士归之。

故声同则处异而相应，德合则未见而相亲。贤者立于本朝，则天下之豪相率而趋之矣。故无常安之国，无恒治之民。得贤者则安昌，失之者则危亡。自古及今，未有不然者也。

贱不能临贵，贫不能使富，疏不能制亲。孔子曰：“管仲之贤，不得此三权者，亦不能使其君南面而霸矣。”

知人善任，成事之要。知而不用，用之失也；用而不任，用之悲也；用而不信，用之过也；信而复使小人参之，国之祸也。

选贤任能，尊其名，厚其薪，赏其功，名正言顺，威行天下。净化世风，安抚百姓。各司其职，各显其能；各尽其职，各建其功。天地人和，共享文明。

领悟

——重读《群书治要》

/2018年8月19日

今天又一次捧起《群书治要》第一卷，从头再读，感悟有所不同。真是常读常新，百读不厌。以前读《群书治要》，从治世安民的角度领悟，今天读《群书治要》，从人类文明的传承领悟。书者，载籍之谓，道之所存也。古来圣哲，莫不以亲证之道，垂训后世，以佑子孙长远也。

《易》曰：君子多识前言往行，以蓄其德。《群书治要》是人类共同的宝贵财富，恩泽后人。我们今天读到的《群书治要译注》于2013年5月第一次第一版印刷。《群书治要》面世，经历了世事变迁的风雨，见证了兵荒马乱的灾难。

原版《群书治要》毁于唐代末年的战乱，至此，在宋元明的文献中没有《群书治要》的记载，从后人视野里消失。由日本遣唐使带到日本的《群书治要》，被历代天皇及皇子、大臣奉为圭臬，成为学习研究中华文化的一部重要经典。

1781年，日本天明元年，重新校刊。1786年重印本告成。1796年张蕃主家以五部移送长崎海关掌管近藤重藏，托其转达三部赠唐商馆，由中国商人携回，《群书治要》重回中土。民国年间，商务印书馆在日本天明版的基础上，校勘重排出版《群书治要》（简称商务本）。

《群书治要》记录了古圣先贤的智慧结晶，为后世的治国安邦提供了抉择的参考。正如唐太宗所言："以铜为镜，可以正衣冠；以史为鉴，可以知兴替；以人为镜，可以知得失。"研读《群书治要》，君学可以治国，臣学可以辅政，民学可以齐家。古圣先贤的教诲，利益世人，和谐世界。

唐太宗在《答魏征上手诏》中感慨道："朕少尚威武，不精学业，先王之道，茫若涉海。观所撰书，见所未见，闻所未闻，使朕致治稽古，临事不惑。其为劳也，不亦大哉。"

欣逢盛世，能读《群书治要》，乃人生一大幸事。机会珍贵，加倍珍惜。读《群书治要》，知风化之本，见理政之源。

鉴古知今，共享人类文明。与时俱进，弘扬中华文明。正心诚意修身，齐家治国平天下，乃当代青年的历史使命！不忘屈辱，肩负民族振兴重任。弥补短板，勇于追赶，卧薪尝胆，不辱使命。正视不足，守住底线，戒绝空谈，崇尚实干。让《群书治要》的智慧融化在血液中，韬光养晦，共克时艰。匡正时弊，重塑诚信。天地人和，和谐共存。

恢复仁爱之风

——读《文子·上仁》有感

/2018年8月30日

读《文子·上仁·卷十》，百感交集。2500多年前，儒、道、佛倡导的哲学思想，无不包含仁爱之意，无不倡导仁义之师，无不期盼仁德之君，无不渴望礼仪之邦。然而，随着历史的演进，春秋战国逐渐礼崩乐坏，臣弑君频发，子弑父不鲜，社会风气每况愈下。

面对"礼义廉耻"四维不张，孔子主张克己复礼，老子主张寡欲无为，佛教主张慈悲智慧。然而，随着物质财富的增加，个人贪欲日渐膨胀，战争烽火遍地，最终，秦始皇统一中国。秦统一中国，助长了贵族的贪欲膨胀，潜藏了复仇杀戮的种子，实施苛刑峻法，民不聊生，哀鸿遍野，加剧了秦的灭亡。

面对社会矛盾的激化，社会财富的匮乏，统治者无不想找到两全其美的治国安邦之策。然而，个人欲望的膨胀，社会难以满足；嗔痴思想的搅动，逐利似飞蛾扑火；即使汉朝主张"罢黜百家、独尊儒术"，社会风气也没有根本好转。宦官专权、外戚干政，加剧了汉朝的消亡。

唐王李世民，为了借鉴秦汉灭亡的教训，让谏臣魏征等人编撰了《群书治要》，从中感悟治国安邦之要。启蒙教化，选贤任能，恪守礼义廉耻，正心诚意修身。

经历贞观之治的盛世，佛教、道教曾为统治阶级作为国教而弘扬，儒家思想的影响依然深远，儒、道、佛融合共存，影响着普通民众的价值观，形成了中华文化的基础。然而，信者众，行者寡。贪婪者众，慈悲者寡。

两千多年后的今天，重温《文子·上仁·卷十》，深深感受到“知行合一”不是简单的记忆，更不是简单的说教；打铁自身必须硬，以上率下，身先士卒。唯有此，才可以知行合一，自强不息。在国际大环境日益复杂、竞争日趋激烈的今天，我们能否应对前所未有的挑战，需要运筹帷幄。要充分发挥文化自信的独特优势，形成独具特色的软实力，以决胜千里。

鉴古知今，恢复仁爱之风迫在眉睫。重温《文子·上仁·卷十》的思想理念，依然有深刻的现实意义。提高中华民族的整体素质，既需要强大的国防、先进的科学技术，更需要高尚情操的国民、勇于担当的英雄。因此，实现中华民族伟大复兴，必须弘扬优秀传统文化；凝聚人心，提振士气，净化人文生态环境，祛除邪佞滋生土壤。匡正道德，重塑诚信。恢复社会仁爱之风，遏制人群冷漠之势。兴“正心诚意修身”之风，塑“敬业忠诚奉献”之魂，铁肩担道义，妙手著文章。不忘“为天地立心、为生民立命、为往圣继绝学、为万事开太平”的历史使命，牢记“脱贫攻坚、防范风险、振兴经济”三大攻坚战的重任，认真领会“九个坚持”的内涵，以文化自信引领新时期的社会主义现代化建设。

附《文子·上仁》摘句：

“君子之道，静以修身，俭以养生。静即下不扰，下不扰即民不怨；下扰即政乱，民怨即德薄。政乱，贤者不为谋； 德薄，勇者不为斗。

非淡漠无以明德，非宁静无以致远，非宽大无以并覆，非正平无以制断。以天下之目视，以天下之耳听，以天下之心虑，以天下之力争，故号令能下究，而臣情得上闻；百官修达，群臣辐凑。

喜不以赏赐，怒不以罪诛，法令察而不苛，耳目聪而不暗，善否之情，日陈于前而不逆，故贤者尽其智，不肖者竭其力，近者安其性，远者怀其德，得用人之道也。

本在于治身，未尝闻身治而国乱者也，身乱而国治者，未有也。故曰："修之身，其德乃真。"故功不厌约，事不厌省，求不厌赛：功约易成，事省易治，求寡易赡，任于众人则易。

故不言而信，不施而仁，不怒而威，是以天心动化者也。施而仁，言而信，怒而威，是以精诚为之者也；施而不仁，言而不信，怒而不威，是以外貌为之者也。故有道以理之，法虽法，足以治；无道以理之，法虽众，足以乱。

人君者，不任能而好自为，则智日困而自负责；数穷于下，则不能申理；行随于位，则不能持制。智不足以为治，威不足以行刑，则无以与天下交矣。人君之道，无为而有就也，有立而无好也；中欲不出谓之扃，外邪不入谓之闭。

食者，民之本也；民者，国之基也。故人君者，上因天时，下尽地理，中用人力。

古者明君，取下有节，自养有度，必计岁而收，量民积聚，知有余不足之数，然后取奉。与民同苦乐，即天下无哀民。

夫太刚则折，太柔则卷，道正在于刚柔之间。德过其位者尊，禄过其位者凶。

夫名不可求而得也，在天下与之，与之者归之，天下所归者，德也。故云：上德者，天下归之；上仁者，海内归之；上义者，一国归之；上礼者，一乡归之。无此四者，民不归也。

圣人安贫乐道，不以欲伤生，不以利累己，故不违义而妄取。古者无德不尊，无能不官，无功不赏，无罪不认木，其进人也以礼，其退人也以义。

君过而不谏，非忠臣也；谏而不听，君不明也。民沉溺而不忧，非贤君也。故守节死难，人臣之职也；衣寒食饥，慈父之恩也。以大事小谓之变人，以小犯大谓之逆天。前虽登天，后必入渊。

生而贵者骄，生而富者奢，故富贵不以明道自鉴，而能无为非者，寡矣。学而不厌，所以治身也；教而不倦，所以治民也。贤师良友，舍而为非者寡矣。知贤之谓智，爱贤之谓仁，尊仁之为义，敬贤之谓礼，乐贤之谓乐。

古之善为天下者，无为而无不为也，故为天下有容，能得其容；无为而有功，不得其容，动作必凶。进不敢行者，退不敢先也；恐自伤者，守柔弱、不敢矜也。不敢廉成者，自亏缺不敢全也；不敢清明者，处浊辱而不敢新鲜也；不敢盛盈者，见不足而不敢自贤也。

夫道，退故能先，守柔弱故能矜，自卑下故能高人，自损弊故实坚，自亏缺故盛全，处浊辱故新鲜，见不足故能贤，道无为而无不为也。”

领悟

道法自然

/2018年8月31日

老子曰："人法地，地法天，天法道，道法自然。"天不言高，地不言厚，四季往复，万物生长。遵循天地之道，不违四时之令。天地人和，和谐共存。

《道德经》主张无为而治。无为而治不是不作为，而是遵循自然之道，不强调自己的作为，体现和谐运转，发挥整体功能。"三十辐共一毂，当其无，有车之用，埏埴以为器，当其无，有器之用。凿户牖以为室，当其无，有室之用。故有之以为利，无之以为用。"

《道德经》的理念在于突出整体功能，而不在于个体名分。强调遵循自然规律，而不是个体的好恶。因此，在人心浮躁的今天，少一点自我意识，多一点集体观念，也许就没那么多烦恼。把自我放在宇宙中，找准定位，顺势而为，也许就不会郁闷了。走出自我为中心的价值体系，触摸变化无常的历史长河，也许就不会有那么多纠结。个人在浩瀚的宇宙中是渺小的粒子，微不足道；人生在历史长河中只是短暂的一瞬，不足挂齿。个人是渺小的，离开自然，没有存在的价值。

体悟自然之道，把握无为之要。"所谓无为者，非谓其引之不来，推之不往，迫而不应，感而不动，坚滞而不流，卷握而不散也。谓其私志不入公道，嗜欲不枉正术，循理而举事，因资而立功，推自然之势也。"无为者，履职尽责，顺势而为。融入社会，造福人类。无名望之尊，有奉献之实，不亦足矣。

《道德经》强调虚无，就在于摆脱物欲。财富生不带来，资产死不带去。“虚者非无人，各守其职也； 盛者非多人，皆徼于末也；有余者非多财，欲节事寡也；不足者非无货，民鲜而费多也。故先王之法，非所作也，所因也；其禁诛，非所为也，所守也；上德之道也。”

唯有遵循自然规律，才能认识自然；唯有顺应自然，人与自然才能和谐共处。人对自然的无情破坏，是自然灾害频发的根本原因。自然运行有规律，天地万物守因果。人对自然的破坏，遭到自然的报应。无论你多高贵，都不可以逆天而行；不管你多富有，都不能逆时而行。求功名不可逆天理，取财富不能违四时。顺应自然，把握规律。因时而动，顺势而为。

有德者守道，修身者立德。敬天畏人，体察民情。关爱弱者，尊重人性。“帝者贵其德也，王者尚其义也，霸者通于理也。圣人之道，于物无有，道狭然后任智，德薄然后任刑，明浅然后任察。”“王道者处无为之事，行不言之教。因循任下，责成不劳；谋无失策，举无过事；进退应时，动静循理；美丑不好憎，赏罚不喜怒； 其听治也，虚心弱志。是故群臣辐凑并进，无愚智不肖，莫不尽其能。君得所以制臣，臣得所以事君，即治国之所以明矣。”

天下非一人之天下，乃天下人之天下。“古之立帝王者，非以奉养其欲也；圣人之践位者，非以逸乐其身也。”“为一人明，不能遍照海内，故立三公九卿以辅翼之。为绝国殊俗，不得被泽，故立诸侯以教诲之。是以地无不任，时无不应，官无隐事，国无遗利。所以衣寒食饥，养老弱，息劳倦，无不以也。”履职尽责，虚怀若谷。礼贤下士，视民如子。“圣人不耻身之贱，恶道之不行，不忧命之短，忧百姓之穷也。故常虚而无为，见素抱朴，不与物杂。”“圣人非以贪禄慕位，将欲起天下之利，除万民之害。自天子至于庶人，四体不勤，思虑不困，于事求赡者，未之闻也。”

仁者爱人，义者循礼，体天法地，行仁守义。正心诚意修身，致知格物精进。“智而好问者圣，勇而好同者胜。乘众人之知，即无不任也；用众人之力，即无不胜也。圣人兼而用之，故人无弃人，物无弃财矣。”天地人和，道法自然。道不拾遗，夜不闭户。无为而治，四季平安。凝心聚力，天下太平。

民为邦本

——读《尚书》有感

/2018年9月8日

《尚书》是我国现存最古老的宫廷文献，儒家的重要经典。主要记录了虞夏商周各代部分帝王与大臣们的言行。《尚书》认为民心至上，不可违民意。谁拥有德行，上天就会站在谁的一边。君王拥有天下，必定以爱民、养民为天职。“德惟善政，政在养民。”

木从绳则正，君从谏则圣。为君之道，首在正身，次在任贤。“奉先思孝，接下思恭。克明俊德，以亲九族。”为臣之道，首在正君，次在安民。绳愆纠谬，格其非心。上正则下化。教民重在感化，身教胜于言教。“尔身克正，罔敢弗正。民心罔中，惟尔之中。”君正臣贤，万民自化。治国安邦，各得其所。

治国贵在选贤任能。民为贵，社稷次之，君为轻。以民为本，荐贤用能。君以贤臣为师，听从贤臣的教导和劝谏，使自己的言行能归于正道。治国用贤臣，用而信之，功而赏之，过而黜之。选贤不论贵贱，贵在德行。亲近贤者，远离奸佞小人。“任官惟贤材，左右惟其人。”民为邦本，本固邦宁，为人上者，奈何不敬。人存则政举，人亡则政息。皇天无亲，惟德是辅。民心无常，惟惠是怀。德惟善政，政在养民。作善，降之百祥；作不善，降之百殃。“天矜于民，民之所欲，天必从之。”

安邦行不言之教，德高而化之。治事有中正之心，秉公而行之。罪疑惟轻，勿伤及无辜； 功疑惟重，勿挫伤功臣。“人心惟危，道心惟微，惟精惟一，允执厥中。”满招损，谦受益。礼贤下士，体察实情。修德不辍，远人来服。

鉴古知今，整风肃纪。以身作则，万民臣服。攻坚脱贫，全民团结一心。履职尽责，上下身体力行。体察民间苦，施策务精准。不能哗众虚言，谨防取宠扰民。启蒙教化，把握国情。净化生态，安抚百姓。守住绿水青山，保护金山银山。走可持续发展路，勿寅吃卯粮。节约资源，保护环境。忌杀鸡取卵断子孙路，从长计议弘扬中华魂。

天地人和，道法自然。推进五位一体发展战略，解决发展不平衡问题。坚持四个全面策略，调和发展不充分矛盾。因地制宜，扬长补短。立足国情，创新自主发展。突破瓶颈，弥补固有短板。弘扬优秀文化，借鉴世界文明。在一带一路上找准定位，互惠互利，共谋发展。在改革开放中突破制约，人尽其才，共享未来。

总结改革四十年的实践，盘点开放四十年的成果。鉴之以往，谋划未来。吃一堑，长一智。从长计议，忌急功近利。坚守文化自信，在弘扬中发展。谨防异化颠覆，在借鉴中取舍。反对民族虚无主义，独立自主，自强不息。抑制崇洋媚外之风，拒腐防变，一尘不染。

改革不忘富民，开放牢记为民。民以食为本，国以民为本。发展是硬道理，满足人民群众对美好生活日益增长的需要，致力于解决发展不平衡不充分的问题。砥砺奋进，矢志前行。遵循自然之道，崇尚为民之理。锐意进取，革故鼎新。积跬步之功，致千里之行，实现中华民族伟大复兴。聚涓涓细流，成浩瀚江海，造福世界人民。

治国安邦，在知人，在安民。民为邦本，本固邦宁。

人生思考篇

一路前行

/2017年1月1日

雾霾挡不住黎明，晨曦一样来临。清晨的寒意，透出一丝阴沉。迎来新的一年，挑起一肩重任。一如既往，一路前行。

岁月留不住夕阳，一年宛如一瞬。细想过去的征程，一生好似急行军。一鼓作气，不辱使命。一草一木见证一步一个脚印，一山一水伴随一跌一撞的艰辛。

忙碌的一年一样日夜兼程。安全检查，神色凝重。一桥一洞都有隐患，一梁一柱不能轻心。一铆一焊不可大意，一机一闸也有险情。一厂一矿有事故，一人一责需辨清。

忙碌的一年学习一样任重。两学一做抓落实，一字一句需认真。信仰指明一生方向，信念坚守一世灵魂。讲政治，恪守一言一行。顾大局，珍惜一秒一分。学《准则》，吃透一字一句。悟《条例》，规范一点一滴。抄《党章》，检验一举一动。讲党课，把握一言一语真谛，防止一丝一毫偏差。

忙碌的一年汗水一样晶莹。一本《走出去的记忆》，汇聚一点一滴的体验，凝结一言一行的真情。一集《修身不忘初心》，一部海外矿业管理的记忆，一卷正心诚意修身的写真。

展望明日，一样充满激情。恪守一贯的宗旨，避免一时的冲动。一肩担道义，一肩履使命。一手著文章，一手扭乾坤。一日不虚度，一分一秒刻印痕。一事不马虎，一桩一件全弄清。一人不可轻，一言一语暖人心。一语不随意，一丝一毫有分寸。

喜迎丁酉，告别丙申。任务一样艰巨，形势一样严峻。不计一事之短长，不怕一时之艰辛。履职尽责，一步一个脚印。正心修身，一言一语庄重。追求卓越，一点一滴精进。

新年寄语——自强、善良

/2017年1月2日

人要自强，心地善良。不怨天尤人，常自省纲常。悲天悯人，巧医创伤。和睦邻里，善意交往。不自卑，取人之长。莫自负，天地无常。正心诚意，国学导航。

要自强，莫存幻想。寄人篱下，希望渺茫。能吃苦中苦，定为强中强。逢迎取巧，迟早遭殃。贫穷志不移，百炼能成钢。

人要自强，慈悲如常。感念众生，心存善良。不嗔不贪，知足能长。困境虽苦，锤炼中成长。莫羡慕富贵，因果潜藏。自觉做善事，他日定辉煌。

人要自强，家风弘扬。敬老爱幼，贫穷何妨？天伦之乐，孝心为上。卧冰求鱼，世代不忘。耕读继世，凿壁偷光。知书达理，子孙兴旺。

人要自强，诚信为纲。不谄媚权贵，不屈意捧场。卑贱傲骨存，贫穷志坚强。虚怀若谷，博采众长。常怀感恩心，处处有吉祥。

人要自强，潜修道场。知行合一悟真谛，自强不息著文章。弘扬正气，传承善良。闻思儒道释，修炼净心场。放下无谓事，看淡名利场。苦中心能静，慎独不彷徨。苦读悟世界，感恩记心上。滴水之恩不能忘，涌泉相报源流长。

在拼搏中思索

/2017年1月17日

工作会的帷幕徐徐落下，
拼搏者心底泛起新的思索。
在危难中凝心聚力，
中冶和五矿重组结出硕果。
顶层设计立足国家资源保障使命，
开启改革探索的先河。

难忘的2016步履维艰，
止血控亏涉险多磨。
优化资本结构多措并举，
防范风险跨过激流、趟过漩涡。
业务对接思想融合，
内部协同潜力大、机会多。

拼搏的2016众志成城，
履职尽责在困境中开拓。
构筑高端人才梯队，
基层智慧化为具体举措。
经营回归本质，

创造价值改善服务不再蹉跎。

奋进的2016信念坚定，
群策群力源于“两学一做”。
国企的使命光荣，
在经济建设中完善自我。
忠诚于党勇于创新，
问题导向在改革中寻找突破。

2016的答卷凝结了心血和汗水，
汇入奔腾不息的使命长河。
“中国第一，世界一流”的追求目标，
唤起担当的激情不怕道路坎坷。
提高发展质量和效益，
防范风险化作日常工作的思索。

2017的蓝图已经绘就，
顶层设计目标明确不再是探索。
签约责任状跃马扬鞭，
决胜市场运筹帷幄。
一支风清气正的团队，
爱岗敬业在平凡中开拓。

团拜会

/2017年1月24日

踏着奋进的鼓点，
送走丙申岁末的寒流。
伴着丰收的旋律，
迎来丁酉早春的暖意。
喜庆的歌声，
掀开团拜会的帷幕。

难忘的2016成绩喜人，
冶金建设国家队引领未来。
基本建设主力军携手并肩，
新型产业领跑者昂首阔步。
科技创新结硕果，
专利金奖铸辉煌。

拼搏的2016汇聚力量，
忠诚于党的信念坚不可摧。
激情澎湃的热血，
汇入奉献的洪流一泻千里。
迎难而上树立丰碑，
风餐露宿无怨无悔。

深耕的2016浸透汗水，
非洲灌木见证开拓者的足迹。
感谢中冶人忘我敬业，
亚马逊河奏响奋进的旋律。
开疆拓土挥汗干，
感恩亲人的默默奉献。

转型的2016充满智慧，
重组中奋发无怨无悔。
协同发展融入理解，
包容精神凝心聚力。
压两金对标管理，
挖潜催出内生动力。

奋进的2017金鸡报晓，
决胜千里争分夺秒。
运筹帷幄防范风险第一，
精准实施考验执行力。
爱岗敬业冲霄汉，
团结奋进所向无敌！

发展之悟

/2017年5月27日

发展之路不平坦，发展之道有规律。科学发展，全面协调。因势利导，循序渐进。增强发展动能，实现可持续目标。

全面建成小康社会、全面深化改革、全面依法治国、全面从严治党是新时期实现五位一体治国安邦战略的重要内容，是实现两个一百年奋斗目标的保证，是五大发展理念的根和魂。

全面依法治国是提升国家治理水平的途径，全面从严治党是增强民族凝聚力和竞争力的保证，全面深化改革是消除发展障碍、解决发展矛盾的手段，全面建成小康社会是实现民族振兴的初级目标，是实现中国梦的里程碑之一。

治国安邦，循序渐进。依法治国，一视同仁。上行下效，天下太平。“由其道，则人得其所好焉；不由其道，则必遇其所恶焉。是故刑罚綦省而威行如流。”

秉公执法，取信于民。“故刑当罪则威，不当罪则侮。爵当贤则贵，不当贤则贱。”“古者刑不过罪，爵不逾德。是以为善者劝，不为善者沮，刑罚綦省而威行如流，政令致明，而化易如神。”抑恶扬善，百姓安宁。弘扬正气，凝聚人心。

治世为民，天下为公。恪守道义，荐贤用能。古忌“刑罚怒罪、爵赏逾德、以族论罪、以世举贤。”“以族论罪，以世举贤，虽欲无乱，得乎哉？”今奉“权为民所用，利为民所谋，情为民所系。”亘古道永恒，领袖不忘民，呕心沥血，夙夜在公。

治世依法，天下清明。尊法为上，敬天畏人。王子犯法，与庶民同罪。守法为要，四维永恒。礼义廉耻，彰显人伦。为官者戒，抑制贪心。为民者惧，恪守礼仪。执法从严，匡正秩序。上无怠慢之事，下无流淫之行。正奸怪之俗，惩盗贼之罪。

启蒙学法，知所贵贱。做人不逾矩，做事不失礼。匡正道德，重塑诚信。弘扬正气，整肃歪风。以史为鉴，存亡事明。“故尊圣者王，贵贤者霸，敬贤者存，慢贤者亡，古今一也。”

任人唯贤，强国之魂。依法治国，振兴之魄。魂魄之事，左右国家之兴衰，影响民族之存亡，不可不察。发展之道，事关社稷安危，牵动百姓疾苦，不可不悟。

端阳

/2017年5月28日

巡游世代荐忠良，
视野迷茫草芥防。
任遇风波掀巨浪，
凭栏独钓静观江。
风狂静守先贤志，
雨骤沉思屈原殇。
曲径通幽天地见，
折途遇险莫彷徨。

会师

/2017年6月9日

南国将士披星到，
北域同仁注目迎。
月色朦胧云相伴，
微风拂面日渐红。
苍松耸立鲜花艳，
翠柏凝神景色新。
进驻“观山”知任重，
凝心聚力探幽宫。

触碰珍藏

/2017年6月18日

父亲节到了，
我走进书房。
斟满酒，点燃香，
三鞠躬仔细端详。
父子的目光交汇，
触碰心底的珍藏。

凝视父亲的目光，
童年的记忆流淌。
清晨父子下地割草，
露水浸湿衣裳。
烈日下锄草，
一粒仁丹冰凉清爽。

凝视父亲的目光，
骑车送站的往事难忘。
驮着绑好的行李，
顶风冒雪前往。
推车上坡艰难，
豆大的汗珠顺脸颊流淌。

凝视父亲的目光，
在京打更的日子难忘。
父亲的腰腿病复发，
忍受初春夜间的寒凉。
周日望眼欲穿地眺望，
期盼父子相见的时光。

凝视父亲的目光，
泣不成声泪水流淌。
游子漂泊天涯，
国庆一别成殇。
父亲节的泪水，
洗涤不尽心底的歉疚和忧伤……

重温“学思行”党课

/2017年6月23日

去年6月24日，在中冶集团“两学一做”第三组讲党课，题目：学思行。今天，给五矿集团第三巡视组全体成员讲党课，用去年的PPT课件，仍然围绕“两学一做”的内容。

在进入新常态的环境下，中国共产党面临的四大考验是执政考验、改革开放考验、市场经济考验、外部环境考验。同时，经济建设和社会管理面临的四大危险是精神懈怠的危险、能力不足的危险、脱离群众的危险、消极腐败的危险。提高新常态下的执政能力，对党员和干部提出了更高的要求。提高党员干部素质，必须从加强“两学一做”抓起，围绕党的方针政策，结合自己的工作实际，重新温习党员的八项义务，坚持“三会一课”制度，发挥党员的模范带头作用。

既要学习党的有关文件，也要学习哲学、历史、国学经典，提高全体党员的文化修养和政治素质，增强党员的危机意识和使命感，提升党员应对新环境的能力和水平，有效应对各种挑战，掌握社会管理的主动权，提高在国际事务中的话语权。

学习的目的全在于应用，“两学一做”以问题为导向，抓制度落实，责任到岗，考核到人，奖惩严明。针对“四风”反弹、违反八项规定的现象，“两学一做”必须以解决问题为出发点，以有效整改为突破口，建立长效机制，完善管理制度，全面提升企业的管理水平。

对个人而言，“两学一做”的重点在于培养哲学思维，建立正确的人生观、价值观和世界观，生活有目标，工作有激情。培养积极进取的精神和百折不挠的意志，敢于担当，勇挑重担，不计较一时一事的得失，重视机会，有效利用机会完善自我，提高履职尽责的能力。

“两学一做”以问题为导向，把企业的发展和个人的职业生涯规划有机结合，朝着共同的目标和方向前进，在企业发展的过程中个人成长进步。在个人成长进步中，培育为企业做贡献的能力，增强解决复杂问题的能力，有效驾驭复杂局面。

“两学一做”与时俱进，不断赋予新的内涵，不能满足于一时一事的经验，不能有丝毫的懈怠，不能吃老本。要积极探索新情况，认真研究新问题，提高党员干部遵守“政治纪律、组织纪律、廉洁纪律、群众纪律、工作纪律、生活纪律和经营纪律”的自觉性，解剖企业的组织肌体，堵漏洞，补短板。健全决策程序，完善决策机制，加强监督检查。汲取曾经的教训，避免再犯“草率决策、仓促上马、管理无序、付款随意”的错误，防止出现“信息失真、人员失察、项目失控、投资失败”的问题。

巡视足迹

/2017年6月30日

集训时凝视，
管党治党的重任；
动员时燃起，
履职尽责的激情；
入驻会踏上，
查漏补缺的征程；
谈话时发现，
真假难辨的疑云。

跨过长江，
金陵城下破暗阵；
九曲连环，
抽丝剥茧探幽径；
取道江阴，
迷雾骤起云翻滚；
舌战群雄，
黄山湖畔显神通。

挺进中原，
将士豪情驭清风；
转战粤桂，
征程多疑云；
风狂雨骤时，
巡视路上多泥泞；
任凭山高路远，
我志岿然不动。

入关营口行，
产业园里人冷清；
洋房漏水频，
业主退房酒店空；
林溪多迷雾，
宜兴埠上难推进；
观山幽谷深，
别墅难以见天晴。

下沉调研，
路坎坷，雾蒙蒙；
查阅资料，
有伪装，难辨清；
核实问讯，
言不及义误视听；
察言观色，
找共鸣独辟蹊径。

深夜小结会，
拨迷雾，寻路径；
群策群力议，
巧摆渡，找陷阱；
披星戴月听，
破疑难，数家珍；
天无绝人路，
柳暗花明又一村。

会师京城，
谈感触，心受惊；
演示成果，
废寝忘食洗耳听；
撰写报告，
斗转星移破黎明；
食堂小叙，
依依不舍话友情。

巡视回眸

/2017年7月6日

2017年7月6日第三巡视组向五矿党组汇报了巡视情况，五矿党组对巡视工作给予充分肯定，为期两个多月的巡视工作画上了句号。

走出汇报现场，我和两位副组长相视一笑，如释重负，两个多月的巡视工作像过电影，一幕幕浮现在眼前……

在5月8日的巡视巡查工作动员会上，五矿党组书记、董事长、巡视工作领导小组组长何文波对巡视工作提出以下要求：

“深入学习贯彻习近平总书记讲话精神，坚定不移深化政治巡视。政治巡视站位要高，突出“四个意识”；定位要准，突出坚持党的领导；方位要明，突出标本兼治。按照总书记提出的“思想到位、行动对标”要求，重点从以下五个方面对标。

一是重点检查被巡视党组织是否存在把党的领导与现代企业制度对立起来，弱化甚至否定党的领导的现象；是否存在只讲经济效益，不讲党的建设的问题。

二是重点检查党组织是否坚决贯彻两个“一以贯之”，把加强党的领导和完善公司治理统一起来；是否充分履行“把方向、管大局、保落实”的职责；是否把党组织研究讨论作为董事会、经理层决策重大问题的前置程序。

三是重点检查企业党组织是否完善企业党建工作责任制度体系，明确企业各方面抓党建的工作责任制；是否完善党建工作述职评议、考核评价、问责等制度；是否按规定配齐党务人员，确保党务工作有人抓、有人管；是否加强基层党组织建设，把境外企业、混合所有制企业、新组建企业作为重点，认真解决党组织“应建未建问题”。

四是重点检查是否保证企业党组织对干部人事工作的领导权和重要干部的管理权；是否坚持“对党忠诚、勇于创新、治企有方、兴企有为、清正廉洁”的用人标准，严格履行干部选拔任用的工作程序，严格遵守干部选拔任用工作纪律，坚决防范带病提拔、带病上岗。

五是重点检查被巡视企业党组织是否解决党内“政治生活随意化、平淡化、娱乐化、庸俗化”的问题；是否严格坚持党内组织生活制度、加强领导班子思想政治建设，认真开展批评和自我批评；是否存在把自己当“老板”、忘记领导干部身份、丢弃党的责任的现象；是否执行民主集中制，严格履行议事决策程序；是否存在不担当不作为，议而不决、决而不行的现象。”

第三巡视小组坚持“两个一以贯之”原则和以问题为导向的思路。5月4日小组第一次会议，19名成员选举产生了支部委员，从下沉调研工作考虑，分为三个党小组，巡视按业务分为监察、审计、党务人事、财务、经营五个小组。既查找被巡视单位管党治党“两个责任”的落实情况，又查找管理漏洞和管理短板，以实现加强企业党的领导一以贯之，推进现代企业制度建设一以贯之。

6月18日三个下沉调研小组完成现场巡视任务。6月19日至21日分别听取了三个下沉小组全体巡视员的工作成果汇报。6月22日至25日进入整理资料、核实内容、撰写报告准备阶段。6月26日至7月3日撰写巡视报告。7月3日至6日修改、定稿巡视报告。

三个阶段的工作，互为表里，互相补充。三个下沉调研小组的沟通，互相激励，互相支持。三个党小组的把关，确保了巡视工作严守政治纪律和规矩，严格保密。三个支委下沉动员会上的要求、勉励和提醒，唤起了所有巡视员的激情。大家以“对党忠诚的自觉、敢于担当的自律、履职尽责的自省、防微杜渐的自警”坚守岗位。

丰富的党支部生活激发了工作热情，坚定了理想信念。下沉调研前和二十三位巡视员逐一谈心，增进了互信，建立了自信。5月18日安排参观革命博物馆，6月24日参观天安门国旗班驻地，6月23日以“知行合一、自强不息——学思行”为题讲了“两学一做”的党课，确保整个巡视工作朝着正确的方向前进，坚守“珍惜有限、创造无限”的理念，秉持“一天也不耽误、一天也不懈怠”的精神，克服了巡视工作特别是下沉调研期间的各种困难，夜以继日工作，披星戴月研判。遇线索深钻细研，有疑点刨根问底。

坚持问题导向，巡视围绕执行《中国共产党章程》和其他党内法规、公司有关规章制度，遵守党的政治纪律、组织纪律、廉洁纪律、群众纪律、工作纪律、生活纪律和公司经营纪律，落实管党治党主体责任和监督责任等情况进行巡视监督。

肩负党组的嘱托，牢记巡视的使命。“不发现问题是失职，发现问题不报告是渎职”。从南到北经风雨，斗转星移破黎明。不知疲倦的工作，化作一份份报告；呕心沥血的核实，化作一摞摞证据。

一抹晨曦迎红日，昔日的疲惫随清风而去。几缕晚霞映苍穹，曾经的汗水驾雾腾云。思绪化作记忆，思考化为随笔。二十七位同仁的随笔，化作奔腾不息的记忆，饱含着忍辱负重的艰辛，流淌着披星戴月的友谊。

随笔记录心声，文字传递真情。朝夕相处的巡视告一段落，履职尽责的情谊伴随人生。

挑灯夜战

/2017年7月13日

今天继续核实巡视有关问题的线索，界定责任单位，提出整改建议，列出遵循的依据。每位巡视员各抒己见，以求问题描述清晰，责任定性准确，整改建议恰当。

从早上八点半开始，一直忙到深夜，字斟句酌，逐条剖析，审定确认需要整改的问题。汇总的问题线索是整改治理的处方，是查漏补缺的指引。

数字凝结了第三巡视组两个多月工作的心血，饱含了二十七位巡视员的智慧。数字浸透了巡视员披星戴月、夜以继日工作的汗水，折射出巡视员敢于担当的自律意识、 一丝不苟的敬业精神和有效沟通的团队意识，积淀了巡视员履职尽责的智慧。

充满激情的工作释放了攻坚克难的活力，凝心聚力的思索汇聚了敬业忠诚的热血。秉持珍惜有限、创造无限的理念，忘我工作。以一天也不耽误、 一天也不懈怠的精神，无私奉献。

夜深人静，难以入眠。两个多月披星戴月的工作承载着无私的奉献，六十多天顶风冒雨的忙碌留下了敬业的足迹。顶骄阳深入基层调研，汗水洒大地。迎烈日聚精会神思索，建议留人间。抽丝剥茧的核实，留下了巡视员一丝不苟的烙印；朝夕相处的工作，建立了深厚的友谊。

这就是人生。在艰难中进取，让岁月留下痕迹。

意志坚不可摧，人生无怨无悔

/2017年7月27日

今天上午，出版社程主任让我推荐一段书摘，我即刻想到《抗争命运似登山》篇。这篇日记写于2004年5月11日，时值人生低谷。此前已经历过几次挫折，百感交集。面对困境，是选择随遇而安，还是继续挑战人生？不屈不挠的个性支撑着意志，在人生灰暗的时刻，写下了《抗争命运似登山》，鼓励自己继续攀登，不懈进取。遇到困难、挫折，不能埋怨环境，要解剖自己的不足。理智的分析，激发了坚忍奋进的力量。冷静的判断，明确了人生主攻的方向。职业经理人是自己的人生选择，自我完善是走出困境的唯一出路。于是，2004年6月又毅然报名参加国资委的全球公开招聘，应聘中冶集团分管资源开发的副总经理。虽然一波三折，终于如愿以偿。

今天，重读这篇日记，心底萌发了些许冲动。人生就该抗争命运，不能在困难面前低头。老骥伏枥，志在千里；烈士暮年，壮心不已。经历逆境的挫折、蹂躏不屈服，逆境就是成功不可或缺的宝贵财富。如果在逆境中倒下，逆境就是一种灾难。面对逆境，能否化灾难为财富，关键在于意志力。意志坚不可摧，人生无怨无悔。意志脆弱多动，人生遗憾无穷。在艰难中进取，让岁月留下痕迹；在平凡中奋进，让汗水洒满大地。

人生即使处于顺境，意志也不能消沉，更不能沉迷于享受。在激烈竞争的环境中，不进则退，小进也退。唯有坚忍不拔的毅力，才能抵挡五彩缤纷的诱惑。唯有持之以恒的精神，才能跨越坎坷崎岖的险峰。因此，当事业平顺时，切忌有松口气的念头；当人生得意时，不能有放纵的冲动。看多少达官贵人，一着不慎而身败名裂。意志不可动摇，欲望不能膨胀。人生似逆水行舟，不进则退。三人行，必有吾师焉，择其善者而从之，其不善者而改之。

人生处于逆境时，切忌感情用事。不能埋怨环境，更不能消极怠工。在逆境中检讨不足，在挫折后反思差距。取人之长，补己之短。人生成败皆有因，多做善事会成名。做善事，积跬步之功，至千里之行。修品行，聚涓涓细流，汇浩瀚江海。与人为善，豁达包容。忌孤芳自赏，勿一意孤行。兼听则明，偏信则暗。

人生不管处于顺境，还是陷入困境，意志不能动摇，信念不能彷徨。不因一时的挫折而动摇信念，不因一事的失利而放弃追求。要有“为天地立心、为生民立命”的胸襟，铁肩担道义，不屈服于压力；妙手著文章，不沉迷于欢娱。要有“为往圣继绝学，为万事开太平”的使命感，正心诚意修身，弘扬传统文化；致知格物精进，书写进取篇章。

人生似旅程，有平坦道，必有崎岖路。人生应有明确的目标，不因道路平坦而忘乎所以，甚至迷失方向。人生应有坚定的信念，不为崎岖小路而畏缩不前，甚至无所作为。要有“踏平坎坷成大道”的信心，敢于攀登险峰，勇于挑战人生。洒汗水于天地，留思考于人间。人生自古谁无死，留取丹心照汗青。

人生不能没有志向，旅行不能没有方向。立志是事业的大门，工作是登堂入室的旅程，旅程的尽头有成功在等着。唯有意志弥坚，才能无怨无悔。唯有不懈努力，才能会当凌绝顶，一览众山小。唯有经历过风雨，才能欣赏人生的彩虹。珍惜逆境的磨炼，陶冶情操，坚定信念。把握顺境的机遇，乘势而进，辛勤耕耘。

变革务在安民

/2017年8月6日

为政之道在于安民，安民之道在于察其疾苦。治理之道，莫要于安民。安民之责，诚在守令。变革莫忘民之诉求，施政牢记民之安危。民以食为天，安居乐业，丰衣足食。

古往今来，欲安民者众，能安民者寡。究其因，其治国之策非安民为上，其治事之举非便民为先。虽有革故鼎新之举，难有治世安民之效。

治国安邦，与时俱进，择善而从之。通其变，天下无弊法。顺其势，世上无难事。执其方，天下无善教。诚其意，沟通无障碍。通变之道，安民为上。应变之策，安民为先。仓廪实则知礼节，衣食足则知荣辱。安民之要在富民，富民之策在轻徭薄赋，耕者有其田，安居乐业。

仁生于歉，义生于丰，故富而教之斯易也。安民不忘让其富，更不忘教其道。知荣辱，识礼仪。勿入未富先奢的歧途，勿成未学先知的典型。

综观历史，凡是忽视了富而教的义务，偏离了知荣辱、识礼仪的方向； 必然是非颠倒，笑贫不笑娼。为富不仁者贪欲膨胀，权钱交易趋之若鹜； 世风必然有劣币淘汰良币之迹，职业必然有世代世袭之忧。

夫民有余即让，不足则争。让则礼义生，争则暴乱起。安民之要在爱民，视民如伤，爱民如子。守令要耐烦民之诉求，关心民生疾告，在通变中找出路，因地制宜，对症下药。

领悟

兴衰资乎人，得失在乎教。教育回溯本源，教师教书育人。净化世风，重塑诚信。全面提升国民素质，培养敢于担当的先锋。权为民所用，通变之举顺民意。利为民所谋，通变之政暖民心。

变革务在安民，安民务在富民，富民不忘教化之重任。富民之路漫长，教化之事艰辛。富而教化乃国之大事，不可不察。塑造高尚人格非一蹴而就，锤炼担当灵魂荆棘丛生。坚定理想信念乃自立于世的使命，路漫漫其修远兮，世代不懈传承。

秋思

——庆祝内蒙古自治区成立七十周年

/2017年8月8日

塞外人杰物产丰，
驰骋骏马竞长风。
白云水草迎红日，
翠柏苍松守故情。

庆典凝思功业在，
蓝天见证汉蒙情。
黄河守望春常在，
百姓安居日月明。

漫谈危机意识

/2017年8月10日

随着经济全球化和市场一体化进程的加快，人们的生活压力加大，危机感增强，甚至，有人出现危机恐惧症。如何应对外界的压力，如何化解生活的危机，是摆在我们面前的现实问题。危机影响深远，事关家庭幸福，影响国家安全，不可不察。

正确认识危机，有效应对危机。增强危机意识，防患于未然。这是正确的人生态度。对年轻人来说，多思考问题，少埋怨现实；多研究对策，少忧心忡忡。养成居安思危的习惯，培养居危思变的能力，遇事就不会手足无措。相反，如果自我感觉良好，入迷途而不知，临悬崖而不觉，迟早会遇到危机。被动应对危机，只有招架之功，实无还手之力。

危机意识有双重性，正确认识危机，居安思危，防患于未然。临危不乱，居危思变。害怕危机出现，若掩耳盗铃；自欺欺人，无法摆脱危机。消极躲避危机，似临阵脱逃；自酿苦酒，难以走出危机。知耻而后勇，知不足而精进。摆脱危机的关键是正视现实，战胜危机的基础是完善自己；知己知彼，提高自己的竞争能力；应对危机，增强自己的生存能力。

在人生的不同阶段，有不同的潜在危机。春风得意者不能盲目乐观，理性思考自己的优势，冷静判断环境的压力；扬长补短，不懈努力。事业困惑者，不能安于现状，激发自身潜能，寻求人生突破。培养危机意识，铭卧薪尝胆之意，炼百折不挠之志。安而不忘危，治而不忘乱。

在职场的不同层级，有不同的现实危机。身居高位者要修身自重，防止自鸣得意而身败名裂。起居，不忘正心诚意修身；履职，不忘勤政廉洁安民。得民心者，工作有助力；失民心者，事业有危机。居庙堂之高忧其民，处江湖之远忧其君。治国安邦，解民之疾苦，听民之心声。

生而尊者骄，生而富者傲。自身条件好，缺少危机意识，一旦遇事，则措手不及。工作得宠者骄，背景显赫者傲。外部条件好，容易目空一切，一旦失势，必一落千丈。唯有德才兼备，平易近人，才能得人心。唯有勤奋好学，勤俭履职，才能顺民意。唯有居安思危，忧心惕厉，才能挽狂澜于既倒。唯有居危思变，体恤民生疾苦，才能扶大厦于将倾。

出身贫寒，发奋图强。有危机意识，勿自暴自弃。将相本无种，男儿当自强。吃别人不能吃的苦，走别人不愿走的路。天道酬勤，勤能补拙。勿因出生卑微而消沉，寒门生贵子，白屋出公卿。莫为相貌平平而自卑。下苦功夫，用笨办法。积跬步之功，至千里之行。

天有不测风云，人有旦夕祸福。得势者勿骄，一着不慎满盘皆输。增强危机意识，如临深渊，如履薄冰。失势者勿躁，苍天不负有心人，坚定必胜信念。有志者事竟成，破釜沉舟，百二秦关终属楚；苦心人天不负，卧薪尝胆，三千越甲可吞吴。

以危机意识警醒自己，以不懈努力完善自己，靠履职尽责提升自己，用磨难挫折锤炼自己。愈挫愈奋，百折不挠。临危不乱，处变不惊。任凭风浪起，稳坐钓鱼台。

审慎选择考研方向

/2017年8月12日

上大学无论学什么专业，也许不是每个人的自愿。毕业后做什么工作，也许不是每个人的兴趣。但真正成就人生的就是在不自愿的专业上有了建树，在没有兴趣的领域做出了贡献。

多数成功者并非从事自己最初有兴趣的职业和工作，而是因为责任意识驱使，终于在陌生领域、枯燥课题上付出了超于常人的辛苦，对该领域有了深入了解，从而告别了一般性的专业知识和技能，能够以自己的智慧和才华，踩在前人的肩膀上摘取王冠上的明珠。

当我们憧憬理想时，切忌忘记了自己的专业和基础，不能脱离实际。当大学毕业想继续深造时，切忌不要以自己的兴趣主导人生方向，对所有喜欢的内容，甚至是追求，都要做SWOT分析，外界的机遇是什么？挑战有哪些？自己感兴趣的行业发展方向、就业前景？跨界进入面临的困难？跨校竞争的对手？自己的长处是什么？短板在哪儿？

三百六十行，行行出状元。考研比较理性的思考是大学所学专业，考研录取较大的把握是本校，占据天时、地利、人和。读研应该在大学专业基础上继续深造，选择目标专业和学校应理性。对自己钟情的专业、向往的学校，有时确有冲动。但是，在真正选择志愿前，一定要三思而行，一思跨界的困难有哪些，如何克服。二思自己的优势在哪里，是四年寒窗攻读的专业？还是所谓的理想兴趣方向？三是自己的人生使命、社会责任。三者统筹兼顾，不可意气用事。

读研是实现人生理想的关键一步，选择学校、专业是事业成功的重要环节。读研的基础是大学四年的知识和专业基础积淀。离开已有的基础，专业需要从头开始，专业基础知识无法短时弥补。和本校、本专业学生竞争，属劣势。好比田径运动员练了四年短跑，在今年全运会报名投掷，可想难度有多大？出成绩的概率有多少？

读研能学自己喜欢的专业更好，但是，在选择跨界时一定认真思考，有突破跨界的能力吗？有实力支撑战胜本校、本专业的精英吗？究竟报考本校本专业有优势，还是跨校跨专业有优势？哪种选择的成功率更高、把握更大？

读研的重要作用在于培养独立思考问题、解决问题的能力，提升突破难题、提出解决方案的能力，理性选择路径 、不懈钻研走向成功的能力。

读研是人生大事，关系个人前途，影响人生选择。选择读研方向要冷静思考，理性选择。切忌心血来潮，不是喜欢学什么，而是考什么能成功？考研要有与之相匹配的专业基础知识和专业知识素养，要有进一步深造的知识积淀。白手起家，事倍功半，会功亏一篑。

考研不是追求时尚论题，也不是见异思迁。干什么都行，但干好都不容易。在做出决定前，问自己准备好了吗？反思自己的潜质在哪儿？自己最适合做什么？离开自己四年的专业学习，去选择跨界的想法，有很大的现实风险，成功的概率不大。如追求名校，也应在本专业上发展。

人生漫长，但关键处只有几步。选择考研方向就是关键一步，如果选错了，人生难如愿，事业多坎坷。因此，一定要从实际出发，虚心听取学校老师的意见和建议，权衡利弊，理性选择。

伏天之行

/2017年8月13日写于Z318次列车

前天晚上坐硬座从北京出发，体验了中伏的炎热和硬座的煎熬，为的是周末陪护母亲。短暂的周末即将过去，慈母的眼神中有些不舍，我也不愿迈出家门。临行前的心绪似流水波动，不时泛起浪花，冲击心底，让眼睛湿润……

昨天上午，陪母亲喝茶，她问我退休后干啥，我说回家给母亲做饭。我的话音一落，母亲有点激动。她朝思暮想的就是这一天。等我退休了，能陪她说话，给她做饭，回忆过去，甚至还憧憬未来，希望还能到北京，在我家小住，细细观察房子的结构，卧室的摆设……

母亲和我说，白天躺着总在回忆过去，想在北京生活的情景，想每个房间的布局，做梦都想再去一次北京。母亲最后一次到北京是2011年9月，国庆期间，我们全家陪父母游览天安门广场、天坛公园。那个时候觉得到北京还是可以的。自2012年11月4日父亲突然病故，母亲住院就离不开呼吸机。出院后，在家里就靠呼吸机和大氧气瓶。母亲心里明白，再去北京很难了，但愈觉得难，这种渴望愈强烈。

今年我每次周末回家，母亲总要提她想去北京的事。我说，您暂时去不了，我们多回来看望您。她说，你们回来就是蜻蜓点水，看见刚高兴一天，就又要走了。一到周日上午，总问我怎么回去，坐火车还是坐飞机，谁去送站。

母亲总问我现在住哪儿，小弟现在住哪儿，两家住得有多远。我告诉她我们还住在她在北京时住的房子，没有搬家，两家相距十几千米，在北京不算远。

母亲不能去北京了，总惦记我和小弟。所以，只要有空，我和小弟差不多是周末轮流回呼和浩特市陪护母亲。这已经形成习惯了，平时通话，总询问我们哪天回家。

短暂的周末即将过去，母子再次分别。当我抚摸着母亲的脸说再见时，她的眼里泛着泪花……

列车开动了，思绪难平。在站台候车时，望着蓝天白云，对家乡多了几分眷恋。末伏之行，感受了北京的炎热，体会了坐硬座的艰辛。如此的付出，真想在家多住几天，多和母亲说说话，多和母亲喝点茶。无奈周末短，归期已至，只好带着遗憾踏上归途，让思念随清风回到家，驻守在母亲身旁……

读书、择业、人生

/2017年8月14日

对多数成年人来说，读书显而易见是为了择业。读万卷书、行万里路，知行合一，自强不息。然而，对年轻人来说，还没有把读书和择业联系在一起；读书似乎更钟情于爱好、兴趣；尤其是独生子女一代，择业好像是父母的事情，无需他们去考虑。

过去几十年的社会现实，对孩子有潜移默化的影响。孩子从上学开始，一切都是家长在安排，自己就是被动地接受，从来没把学习和择业联系在一起思考。只要我完成了学业，就业不用我操心。于是，在大学就有一种悖论，就业和学习成绩没关系，和家庭背景有关。

其实，命运掌握在自己手里。读书和择业有关，学而优则仕。每年考公务员，是实力的竞争，是成绩的比拼。家境贫寒的学子，只要成绩优秀，也可以成为公务员。读书，不受一番冰霜苦；人生，哪得择业好机会。

读书不但和择业有关系，而且，读书和人生有关系。满朝朱紫贵，尽是读书人。政府一直致力于消除文盲，普及初中、高中，目的是让大家有公平参与社会事务的机会。让普通人通过受教育，争取公平择业的机会，靠实力驾驭人生，用业绩铸就辉煌。因此，每位莘莘学子，应该珍惜学习机会。寒窗苦读，学好本领；为择业增加砝码，为人生筑牢根基。

深化供给侧改革，要求提供有效供给。滥竽充数的供给，面临被淘汰的危险。有真才实学的人才，迎来公平竞争的机会。由此可见，读书和择业的关系更密切。高考填报志愿就是从择业角度选择专业。把读书和择业联系起来考虑，学以致用，打好基础。不仅要知其然，还要知其所以然。

学一行，精一行；干一行，爱一行。毕业于十九冶技工学校的曾正超，十九岁获得世界焊接比赛冠军。最近，他荣获国家、国资委的各种殊荣。他就是年轻人最好的榜样。读书不是为了考试，更不是应付考试。读书为择业打基础，敬业为人生打基础。不怕家境贫寒，就怕学业平淡。不怕目标不高，就怕基础不牢。为如愿择业而勤奋学习，一丝不苟；为人生理想而爱岗敬业，精益求精。

没有绝对的好专业，也没有绝对的好职业。同样的专业，有人成绩斐然，有人业绩平平。差距就是学习态度和学习成效。因此，不管你学的是什么专业，只要认真学习，上课不敷衍，作业不偷懒，就会出类拔萃，就能出人头地。相反，即使是时髦的专业，如果学业平平，样样稀松，不会春风得意，无法功成名就。

不嫌弃专业，既来之，则学之。既学之，则专之。不忧心职业，既干之，则精之。精益求精出精品，人无我有创品牌。百年老店在于品牌，精品理念铸就品牌。三百六十行，行行出状元。张秉贵凭敬业精神，练出一把抓的精准。

学习无误，择业无忧，人生无憾。该干什么，就干什么。学习集中精力，工作任劳任怨。人的差距，不在于你学什么专业，而在于你学得怎么样。人生的差距不在于你干什么行业，而在于行业内你干得怎么样。

把握能改变的一切，竭尽全力；面对不能改变的一切，坦然接受。天生我材必有用，千锤百炼方成才。不受一番冰霜苦，哪得梅花放清香。读书、择业和人生是一个有机整体，经过不懈努力，可以进入良性循环。在人生的道路上，不要好高骛远，要脚踏实地。读书不留遗憾，融会贯通。工作精益求精，做事任劳任怨。人生不攀比，精神不懈怠。

为何不抵抗?

/2017年8月15日

72年前日本侵略者，
向全世界无条件投降。
72年来日寇残留的化学武器，
造成众多死伤。
72年后纪念抗日胜利，
心头有无限的疑问和忧伤。

入侵东北，
辱没了大豆和高粱。
前线将士愤慨，
普通百姓遭殃。
黑土地在呻吟，
为何不抵抗?

进犯卢沟桥，
被践踏的石狮怒火满腔。
烧杀掠抢的暴行，
掩盖不了大东亚共荣的装潢。
血染的桥墩在呐喊，
为何不抵抗?

南京屠城，
秦淮河鲜血流淌。
同胞瞬间死于非命，
紫金山怒视烧杀掠抢。
雨花石守护着冤魂疑惑，
为何不抵抗？

居安思危，
兄弟岂能阋墙。
南海滋事挑衅，
钓鱼岛隔海遥望。
731的冤魂在呻吟，
屈辱的历史不能忘。

居危思变，
中华儿女携手铸成铁壁铜墙。
铭记历史，
炎黄子孙共同抵御豺狼。
迎接盛世中华，
浴血奋战保驾护航！

融合

/2017年8月17日

随着经济社会的发展，企业面临转型升级的挑战，人员有转岗分流的压力。顺应时势，适者生存。如何在企业转型升级中找到自己的位置？如何在转岗分流中增强适应能力？这是新时期的新挑战。在应对变化中生存，需要学会融合；在迎接挑战中发展，需要有效融合。

无论是初出茅庐的青年，还是经验丰富的精英，进入新领域，都面对新挑战，都需要学会融合。谁能有效融合，缩短适应期，谁就占据主动。面临新挑战，要三思而行，选择新岗位，需要新知识。在做好本职工作的同时，有意识地捕捉新信息，有目标地拓宽知识面；以备转型升级的挑战，适应转岗分流的要求。人生精力有限，谨慎选择拓展目标；有效融合过去的积淀，勿盲目进入陌生领域。

在转型升级中，企业应融入集体智慧，结合企业优势，丰富企业文化，兼容并蓄，包容互鉴。在转岗分流中，个人应融入发展的洪流，顺势而为。结合自身优势，完善知识结构。转变思维方式，主动应对挑战，善于捕捉机遇，扬长补短。

企业在融合中发展，融会贯通政策，汇聚结合能量。个人在融合中成长，融入新团队，培养新思维。忘记过去的光环，面对现实的考验，自强不息。做好重新开始的准备，坚定重新塑造的决心。一切从零开始，甘当小学生，脚踏实地。愿为铺路石，忍辱负重。

一旦进入新领域，加快学习新知识。尽快弥补业务不足，尽量缩短适应期。一旦进入新团队，既要做好本职工作，又要学会文化融合。以开放的态度，学习新知识；有包容的境界，融合新思想。在融合文化中取长补短，在融合业务中创新发展。在融合经验中升华理念，在融合思想中拓宽思路。

凡事预则立，不预则废。要未雨而绸缪，勿临渴而掘井。居安思危，学习新知识。居危思变，掌握新技能。处处留心皆学问，世事练达即文章。活到老，学到老，学以致用。潜心学习，融会贯通。由浅入深，循序渐进。闻道有先后，术业有专攻。增强忧患意识，主动掌握先机。下苦功夫学，用笨办法做。举一反三，触类旁通。熟能生巧，精益求精。

生于忧患，死于安逸。人无远虑，必有近忧。防微杜渐，吾日三省吾身。时刻警醒，勿陷入温水煮青蛙的安逸之中。勤奋耕耘，坦然面对困难不懈攀登。它山之石，可以攻玉。虚怀若谷，学会融合。深思熟虑，锐意进取。勿夜郎自大，忌盲目冒进。

社会病的隐忧

/2017年8月24日

国家强则少年强是暂时的，少年强则国家强是永恒的。当今盛世，我们为国家强自豪，然而，少年并不强，不能盲目乐观。自豪的后劲不足，今年征兵的体检结果令人担忧。某市体检不合格率高达56.9%。在不合格的因素中，血检、尿检不合格，转氨酶过高占不合格的比例为17%，血小板积压、尿酸尿酮超标占28%，视力不合格占46%，体重不合格占20%，精索静脉曲张不合格占8%，心脏血压不合格占13%，耳、鼻、喉炎症占不合格的7%，腋臭、平底足占不合格的3%，心理测试不合格占1.6%，地区病不合格占3.4%。

随着物质财富的增加，摆脱了饥寒交迫，反倒出现了令人忧虑的国民整体素质下降。征兵不合格率如此之高，关系个人前途，影响国家命运，此乃未来国家安全之大事，不可不察。

独生子女不缺营养，身体素质为何下降？一言以蔽之，不良习惯所致。生活不规律，饮食不健康。走街串户的送餐，不知不觉中蚕食少年的健康。五花八门的饮品，潜移默化地吞噬少年的健康。食品安全问题推波助澜，青少年健康在温水煮青蛙中瓦解。食品安全问题不断蔓延，国民素质在不知不觉中下降。如此下去，后果不堪设想。治理食品安全问题，关系民族安危，迫在眉睫。培养健康少年，关系后继是否有人，家长责无旁贷。倡导良好饮食习惯，影响家庭幸福，人人有责。

中印边界对峙，军报“不要以为对方不敢入侵，就怕未战先败”的警醒从另一个侧面告诫国人，增强国民素质迫在眉睫。它关系到国家安全和民族危亡，不可小觑。

恶化的社会生态扭曲了少年的价值观，沦丧的道德观念改变了少年的人生观。自私自利之心膨胀，急功近利行为盛行，投机取巧思想蔓延，国民素质在潜移默化中瓦解；成人的奢靡助长了少年懒惰，成人的放纵滋生了少年的懒散。不愿勤俭持家，梦幻一夜暴富。不求自我完善，热衷各种机缘。不愿艰苦奋斗，追求人生享受。扭曲的价值观侵蚀灵魂，畸形的价值链损害公平。弘扬正气，重在行动。抑恶扬善，务在为民。以上率下，不辱使命。

前事不忘，后事之师。鸦片战争的悲剧留下了“东亚病夫”，八国联军的入侵践踏了大好河山，攘内安外的投降主义滋生了大量汉奸，市场经济的诱惑培植了众多利益集团。生态恶化，积重难返；改变现状，任重道远。重塑诚信，人人有责；净化环境，从我做起。

2020年全面建成小康社会，需要振奋人心，铲除毒瘤。2049年建成现代化国家，需要凝心聚力，创造辉煌。唯有坚定理想信念，才能造就继世英才。唯有净化社会生态，才能弘扬公平正义。唯有净化学校教育，才能实现公平竞争。唯有艰苦锤炼，才能经得起历史检验。

青少年肩负着民族复兴的使命，需要塑造“为天地立心、为生民立命”的灵魂。青少年承载着实现中国梦的夙愿，需要锤炼“百折不挠、敢于担当”的意志。青少年肩负着建设国家的重任，需要培养“为往圣继绝学、为万世开太平”的体魄。塑造继往开来的一代，迫在眉睫。实现中华民族的复兴，任重道远。雄关漫道真如铁，而今迈步从头越。

9·11的叹息

/2017年9月11日

9·11，
曾经是一个普通的日子；
晨曦伴随着行色匆匆的人群，
迎来新一天的希望。
9·11，
曾经是一个平凡的日子；
落日映衬着满载而归的人群，
送走一天疲惫的风尘。

新世纪元年，
纽约的9·11不再普通；
飞机穿楼而过，
喧嚣中一片惊魂。
曼哈顿9·11的清晨，
世贸大厦浓烟滚滚；
火焰借风弥漫，
顷刻间废墟中冤魂哀鸣……

16年的阴影挥之不去，
飘落的尘埃总有哀鸣；
16年的伤痛难以愈合，
族群撕裂的悲剧随时发生。
16年的思念未曾间断，
期盼的亲人老泪纵横；
16年的呐喊未曾停歇，
瓦砾中冤魂游荡在悲凉的黎明……

日历在悲叹，
天地人和真理永恒；
强盛促使霸道弥漫，
盛气凌人导致冲突不停。
普通的日子因霸道而充满血腥，
强盛的国家因傲慢而灾祸横行。
居民安全感消失，
出行时焦虑恐怖如影随形。

日历在悲叹，
冤魂在呻吟；
飘零的灰烬仿佛是千钧之手，
扼住安宁和谐的强盛。
沉寂的废墟好似即将爆发的核能，

随时会掀翻霸权的神灵。
惊恐的神色难以平静，
出行的人群草木皆兵。

日历在悲叹，
冤魂在呻吟。
和睦相处的民族日益强盛，
为何倒行逆施而涂炭生灵？
平等互信的合作处处共赢，
为何仗势欺人而引火烧身？
互相尊重能消除纷争，
为何以莫须有制造悲剧而饮恨终身？

苍天在哭泣，
山河在呻吟。
摆脱9·11的恐惧，
何时还日历本来的宁静？
治愈心灵的创伤，
何时各民族和谐共存？
理性消除纷争，
何时彻底摆脱互相恐吓的狰狞？

秋分之感

/2017年9月23日

今天是秋分。顾名思义，是秋季日历的平分，今天的昼夜平分。秋分有三候:一候雷始收声；二候蛰虫坯户；三候水始涸。这是对自然规律的概括，也是对自然现象的总结。

人法地，地法天，天法道，道法自然。一年四季周而复始，春种、夏长、秋收、冬藏。离离原上草，一岁一枯荣。野火烧不尽，春风吹又生，这是自然规律。循环往复，以至无穷。

人也遵循少年、青年、中年、老年的规律，经历生老病死的轨迹。孔子曰:“君子有三戒:少之时，血气未定，戒之在色；及其壮也，血气方刚，戒之在斗；及其老也，血气既衰，戒之在贪。”

人在不同年龄段有不同的欲望和需求，有不同的困惑和麻烦，有不同的特点和弱点。如何完美地度过人的一生，不留下遗憾，这是一个永恒的课题，古往今来无统一答案。不同的人有不同的感悟，不同时期有不同的解答。若想把握规律，少走弯路，就要顺势而动，尽力而为，做好自己，过好每一天。天地人和，协调发展。

少年如日出之阳，要珍惜光阴。勤学苦练，打好基础。正心诚意修身，戒懒惰，戒自私。中年如日中之光，要慎独自重。珍惜荣誉地位，抑制冲动。积淀知识，丰富经验。戒争斗，戒狂躁。老年如秉烛之明，要发挥余热。星火燃希望，光亮照后人。春蚕到死丝方尽，蜡炬成灰泪始干。

领悟

少之青春，充满活力。辛勤耕耘希望的田野，洒下汗水，收获刚强。愈挫愈奋，无怨无悔。中年人生，血气方刚。辛勤培育希望的禾苗，积极进取，稳健发展。不惧坎坷，不懈奋进。人之将老，恪守晚节。辛勤呵护希望的幼苗。言传身教，行为世范。精心培育，呕心沥血。

荐贤用能

/2017年9月24日

“夫官才用人，国之柄也。故铨衡专于台阁，上之分也；孝行存乎闾巷，优劣任之乡人，下之叙也。”“夫欲清教审选，在明其分叙，不使相涉而已。”荐贤用能，人之共识，亘古未变。回顾历史，荐贤用能，事业复兴，社会安定。反之亦然，世态纷争，民不聊生。

任人唯贤，考绩唯公，评判唯民。上不过其分，堵干势驰骛之路。下不逾其叙，塞天爵机权之门。考察在基层，察风俗，可判吏制是否清明。考绩在安民，察考绩，可断晋升是否公平。廉能勤绩，唯有百姓审视公平。广开言路，清除蔽壅。荐贤用能，凝聚人心。

忠臣不私，私臣不忠。履正奉公，臣子之节。上下雷同，非社稷之福。明主不讳讥刺之言，以探幽暗之实； 忠臣不恤谏争之患，以畅万端之事。夫吉凶之数，在乎识善； 成败之机，在于察言。

骄宠至亲，祸患无穷。恪守原则，示范众臣。爱虽隆，必示之以威；身虽贵，必禁之以度；奉公守法，一视同仁。

选人如下棋，一着不慎，满盘皆输。汉武帝，宠幸嫔姬，酿巫蛊之祸，太子险遭灭门。宣帝顾长幼之序，忽贤愚之别。自元帝始，汉室江山，江河日下，外戚专权，宦官干政，幼君迭出，垂帘听政。叹元、哀之衰，积蔽之深。耻桓、灵之败，忤逆人心。

选贤任能，委天下之重任。积蓄智慧之精，修炼浩然之气，陶冶宁静之神。外愚内智，守拙如初； 外怯内勇，运筹帷幄； 外弱内强，韬光养晦。不伐善，低调行事； 不施劳，高标做人。

荐贤用能，国之大事，不可不察。知人善任，治国安民，不可不慎。

路面积水“洼地”之悟

/2017年9月26日

昨晚，淅淅沥沥的秋雨下个不停，心中有一丝凉意。清晨，沿路散步，空气清新，有几分惬意。路面有多处积水，曲折绕行，有几分不便。

看到路面的积水，本能地想到工程质量不达标，想到市政公共产品——道路有瑕疵，作为路人有几许无奈。潜意识深处对积水路面有几许同情，作为路面洼地，每遇下雨，总会汇集污泥浊水；雨后天晴，也难以享受阳光；若无环卫工人清除积水，污泥浊水会散发浊气，污染环境，积水洼地会背负骂名，有诸多委屈。

看着路边积水之处，心底对家乡的积水洼地多了几分同情。每当疾风暴雨过后，洼地总有积水，淤积污秽杂草，禾苗打蔫。唯有主人及时排水，洼地才能重见天日。洼地多歉收，主人多无奈。洼地因冬灌积水深，来年春天解冻慢，有时影响播种，错过农时，主人望地兴叹！

同样是地，因低洼有诸多苦恼，遇水淤积，禾苗打蔫，作物歉收，主人哀叹！因此，每年冬天，农民要平整土地，找平洼地，以防来年积水歉收。

洼地，唯有找平，才能防止积水，避免成涝。路面，唯有找平，才能防止积水，畅通无阻。

看着上学的同学，下意识地想到人群的“洼地”,他们是留守儿童、空巢老人、弱势群体。他们如积水“洼地”，有诸多苦恼，有诸多无奈。唯有精准扶贫，才能找到人群的“洼地”,让他们共享改革成果，沐浴政策阳光。

即使作为时代骄子的大学生，在未来的竞争中也会变成人群的“洼地”。谁如果不想沦为人群“洼地”，就应该发奋图强，填平知识的“洼地”，摆脱竞争风雨的冲击。谁如果不想成为人才的“洼地”，谁就要加强品德修养，敢于担当，争做栋梁。

人才竞争，如逆水行舟，不进则退。即使你今天处于人才高地，如不思进取，就会渐渐沦为人才“洼地”。居安思危，不懈进取，防止沦为人才“洼地”,忍受竞争之苦，遭遇淘汰之厄。居危思变，填平品行“洼地”,德才皆备，品学兼优。 填平知识“洼地”，锲而不舍，积跬步之功，聚涓涓细流。

人生无坦途，用双手填平“洼地”，以勤劳铺平道路，让汗水冲刷尘埃，用心血浇铸事业之旅程。

岁月雕刻人生

/2017年10月5日

岁月是把刻刀，雕刻人生年轮。年轮有深有浅，是生活轨迹缩影。年轮有长有短，由人生历程组成。唯有经历过风雨，才能领略到彩虹。唯有洒下汗水，播下希望的种子，才能刻下丰硕成果的年轮。唯有勤奋耕耘不辍，奠定事业的基础，才能展示亮丽人生的年轮。反之亦然，虚度时日，嬉戏人生，年轮无痕迹，人生有遗憾。岁月无果实，人生有苦恼。

时日组成岁月，分秒编织彩虹。一日不虚度，一时不懈怠。分秒刻下印迹，岁月铸造永恒。命运好与坏，人生苦与乐，全在自身。习惯决定个性，个性决定命运。养成良好习惯，书写健康人生。形成不良嗜好，注定慵懒人生。游手好闲，必然颓废人生。

生活是面镜子，映射人生轨迹。吾日三省吾身，起居有常乎？饮食有节乎？人生自立乎？无论出生贵贱，心态坦然。贵不傲物，贱不自卑。命运掌握在自己手中，种瓜得瓜，种豆得豆。种下善良，收获平安。种下慈悲，收获和谐。万事有因果，做人忌奸巧。

人生如梦，岁月如歌。梦醒方知境遇，歌罢体悟人生。人生应有梦，志存高远。争分夺秒，刻下奋斗的年轮。岁月应有歌，引领人生。自强不息，吹响奋进的号角。人生如登山，会当凌绝顶，一览众山小。奋斗的岁月，刻下辉煌年轮。半途而废，一事无成。畏难的岁月，刻下平庸年轮。铤而走险，囹圄人生。堕落的岁月，刻下悲惨年轮。

珍惜黄金岁月，书写自强人生； 正心诚意修身，刻下五彩年轮。无怨无悔，与时俱进。知行合一，自强不息。黎明即起，洒扫庭除，要内外整洁。即昏便息，闭锁门户，温故而知新。有凿壁偷光之意，敏而好学。有卧薪尝胆之志，百折不挠。

少而好学，如日出之阳。人生奋发须趁早，洒下勤劳的汗水，刻下奋发的年轮。壮而好学，如日中之光。承上启下志不移，倾注满腔热血，浸染奋斗的年轮。老而好学，如秉烛之明。老骥伏枥，壮心不已，展示奋勇的年轮。

人生漫长，关键处只有几步。潜心于学，立志于行，把握关键处，刻下闪光的年轮。事业艰难，成功者只有少数。矢志不渝做，百折不挠行，攀登险要处，刻下勇敢的年轮。

岁月雕刻年轮，生活塑造人生。敬天畏人，慈悲人生。

秋之悟

/2017年10月6日

今天下午在天坛游览，走近几棵红果树，红果挂满了枝头。望着满枝头的红果，下意识地想到春种、夏长、秋收、冬藏。人生一世，草木一秋。

一年分为四季，春、夏、秋、冬。农民种田遵循自然规律，春种、夏长、秋收、冬藏。不同的地域，秋天的收获不同，不同的人群，秋天的收获也不同。此外，秋收的成果还取决于春种和夏长，种得不好，难有好收成。人误地一时，地误人一年。长得不好，收成欠佳。弱不禁风，难以自立。

春种与种子、水土保持、施肥有关。夏长与间苗、锄草、灌溉有关。在特定的种植环境下，影响夏长的因素有培育、灌溉和呵护。有些幼苗好，因锄草不及时、修剪不到位而杂草丛生、枝杆长歪，影响正常的夏长，难有理想的收获。相反，即使春种的条件有限，幼苗条件欠佳；若后天勤耕耘、细呵护，及时锄草、间苗，认真修剪枝叶，也会枝繁叶茂，秋天硕果累累。

春种、夏长影响秋收，秋收决定冬藏。因此，要有好的收成，既要在春种上下工夫，更要在夏长上用心血。唯有此，秋天才会有好收成。否则，人误地一时，地误人一年。春种不及时，出苗不齐；夏长不到位，果实不饱满。

植物如此，人生亦然。人法地，地法天，天法道，道法自然。唯有幼儿时期的正确教育，正面引导，才能孕育良好的品行基础，健康成长。

唯有良好的品行基础，少年时期才能确立正确的人生观和价值观，德、智、体全面发展。唯有少年时期形成正确的人生观和价值观，青年时期才能敬业、忠诚，勇挑重担，敢于担当。唯有此，才能成为社会的有用之才，人生才会有丰硕成果。

不受一番冰霜苦，哪得梅花放清香。不经受逆境的考验，意志难以坚定。不经历挫折的蹂躏，品行难以刚强。不遭受打击，人生难以成熟。人生如松柏，没有风霜雪雨的洗礼，难以屹立挺拔于世，难以郁郁葱葱。能受天磨为铁汉，不遭人嫉是庸才。走自己的路，义无反顾。

养不教，父之过。教不严，师之惰。子不学，非所宜。从小应该告诉孩子，人生不是享受，生活充满艰辛。唯有从小培养吃苦耐劳精神，养成团结合作习惯，磨炼百折不挠意志，事业能如愿，人生定辉煌。

为了秋的收获，辛勤耕耘人生。做好自己，过好每一天，做有意义的事。为人师表，行为世范。砥砺品行，播下希望的种子；洒下汗水，培育成长的幼苗；倾注满腔心血，呵护成熟的果实。人生一世之劳，为的是草木一秋之果。

心胸豁达天地宽

/2017年10月10日

人在得意时往往过于自信，把一切成功都归因于自己的能力，容易飘飘然。人在失意时总会相信命运，为失败找借口。人生难免有不如意之时，事业肯定有不满意之处。遇挫折，莫消沉。不要陷入“死生有命、富贵在天”的宿命论而麻木不仁。处顺境，莫逞能。敬天畏人，心存感恩。要心胸豁达，忌杞人忧天。

人生有命，富贵在天；只讲了先天的命，并没有提及后天人努力的作用。如果只相信命，很容易陷入对艰苦环境的抱怨、对贫寒家境的自卑。不管命如何，只要心胸豁达，不畏艰难，靠双手可以改变环境，靠勤劳可以创造条件，捕捉运，靠善良、真诚赢得信任，开辟属于自己的事业天地。因此，无论出生条件如何差，无论家境如何苦，都不能愤世嫉俗，更不能自暴自弃。要有贫贱志不移的骨气，君子不吃嗟来之食。能够威武不屈，书写刚强人生。

正视现实，不否认命。人的命是与生俱来的禀赋条件等。生而为人，承接了父母的基因、环境因素，命是客观存在的。出生富贵之家，衣食无忧。出生贫寒之家，饥寒交迫。出身不由人选择，道路自己可以选择。出身贫寒，勿妄自菲薄。出身富贵，忌目空一切。富无傲气，穷有傲骨。天地人和，道法自然。

改变现实，不消极认命。作为有意志的独立人，可以创造条件，能够改变现实。白手起家的成功者比比皆是。通过自己的努力，实现时来运转，运即时机，机遇垂青有准备的头脑。时来天地皆同力，运去英雄不自由。通过自身不懈努力，改变可以改变的一切，不要沉浸在不能改变先天的苦恼之中。先天有命，不可改变；后天有运，可以争取。借助于运，扩大命的优势，反之，若游手好闲，时运滞涩，命里的优势会逐渐消失，最终沦为虚空而衰败。君不见多少破败人家，曾经是“威风一时、不可一世”的富贵之家。

无论命多苦，都有交好运的时候，关键是能否抓住机缘。抓住机缘就会起死回生，抓不住机缘就会一苦到底。无论命多好，都有背运之时，关键是有危机意识，防患于未然。忌为富不仁，保持慈悲之心。祸福相依，居安思危，居危思变。机不可失，时不再来。珍视现在，把握未来。

环境影响命运。环境即所谓的风水之地。俗话说地灵人杰，地吉苗旺，宅吉人旺。就个人而言，最大的风水是自己的心境。孝心积阴德，心善育善果。种下梧桐树，自有凤凰来。

命运掌握在自己手里。敢于担当，多做贡献。履职尽责，多积阴德。善不积，不足以成名；恶不积，不足以灭身。积善之家有余庆，积恶之家有余殃。积金以遗子孙，子孙未必守；积书以遗子孙，子孙未必读；不如积德，以遗子孙。遗子黄金宝，何如传家风。

读书可以改变命运。读万卷书，行万里路。知行合一，自强不息。好读书，读好书。通过读书，可以增长知识，能够积淀智慧。取人之长，补己之短，少走弯路。读书可以改变气质。国学大师南怀瑾先生曾说：“青年时读儒家，领悟‘达则兼济天下，穷则独善其身’；中年时读道家，心境豁然开朗，延年益寿；晚年时读佛家，现世的繁华已无意义，明确灵魂去往何方。”读好书，才能存好心，坚持做好事。

知行合一，自强不息。人生在世，应该留下痕迹。不论贵贱，以勤劳双手奉献社会，履行自己的社会责任，走自食其力的道路。不管做什么，干一行，爱一行。守法经营，诚实做人，忌奸巧和诡诈。秉持正义，不辱使命。古人云："贫贱而有业，不至于饥寒；富贵而有业，则不至于为非。"

人生在世要恪守阴阳平衡。《黄帝内经》："孤阳不生，孤阴不长。"成功的男人应该有完整的家庭。有女人辅佐，妻贤夫自良。择偶非选美，贵在贤良。才貌相当，情投意合，志同道合。择偶学会欣赏，彼此能够包容。相处敢于担当，切忌懒惰自私。

三人行，必有吾师，择善而学。古人云：鸟随鸾凤飞腾远，人伴贤良品自高。结交有识之士，学习有德之人。志存高云，趣避邪庸。正心诚意修身，向圣贤看齐；致知格物精进，与贤良为伍。守孝廉，学贤良，知恩图报。

保持心胸豁达，追求恬淡人生。健康是生命之本，精神是生命之源。养成良好习惯，忌慵懒。蓄不竭之精，养浩然正气，存正义之神。心胸豁达天地宽，恬淡人生意悠长。

晚点的旅行

/2017年10月20日

在半个月前买票，没买上北京始发的列车。二弟用手机抢票软件抢到一张K597硬卧上铺，心中甚喜，总比硬座好一些。

我的性格比较保守，凡事总留有余地。出行总提前出发，总怕路上拥堵误事。K597票面开车时间21:26，我19:26提前两小时从家里出发，20:00就到了候车室。按正点计算，还要站着排队候车一个半小时。平时，觉得时间过得很快，一会儿半天过去了。今晚的候车，时间过得非常慢，原地来回踱步好长时间，才到21:00。检票口的显示屏开车时间变为23:00，心中咯噔一下，还需再站着候车两小时。这时，前后候车的人有些躁动，彼此开始交谈。一位四十岁左右的女同志看我一脸茫然，主动问道，“你是第一次坐这趟车吧”，她说，“这趟车十次有八次晚点，有一次，晚到凌晨快两点才上车”。在她和另一位女乘客谈话中得知她们是在张家口下车，买的是站票。此时，我觉得她们更不容易，我还是幸运的。

在她们的交谈中，我听到难以置信的严酷现实。家住固原的女同志讲，现在种土豆，在生长过程中给土豆打一种药，土豆长得快，村里起土豆的妇女总接触土豆，指甲全变黑了，中毒，最后，发展成肺癌。家住沙城的女同志说，沙城的葡萄上刷几层避孕药，光鲜亮丽，品相好。中年妇女才敢吃，没有生育的压力。即便如此，吃前还要洗几遍。她们说现在年轻人不孕症多。我想，这与食品不安全有关，且这种现象有恶化之势。听她们聊天，后脖梗冒凉气。

这趟车从广州始发，一路上有些耽搁，到北京西站已晚点近两小时。好不容易检票上车了，过了23:00，列车还是停在月台上不动。这大概就是晚点列车的特征，乘坐晚点列车，心理承受能力要强。过了半个小时，列车终于启动了。进入夜间行车，车厢一片漆黑。本来该休息了，列车员又拿着手电筒，挨个铺位换票。

躺在上铺无法挪动，上去之前就想好头朝过道，减少来回挪动的不便。没想到照顾了上下方便，头正对着车顶的风口。冷风嗖嗖，浑身发凉。被子不够长，挡住了上身，脚就露在外面。

困意缠绵，也顾不了那么多了。在冷风的呵护下进入流动睡眠状态，咯噔咯噔的颠簸声不时在耳边响起。每当进站停靠时，过道里下车的乘客拖拉着行李，有的抱着孩子耳语着，上车的乘客寻找铺位忙碌着。

窗外的寒气袭人，车厢里上下车的人又一次躁动着，生物钟告诉我该起床了。定睛一看刚五点，站台笼罩在雾气中。我本能地从上铺起身，把行李从脚底抻挪到过道方向，先把行李放到地下，然后，双手托着上铺，腾空跃下，稳稳站在地上。这全凭年轻时的历练，不然，六十岁的人从上铺下来确实不容易。

虽说没到起床时间，但再返回上铺，真没有勇气了。只好在过道的边座上坐下。窗外的雾气越来越浓，列车仿佛在乌云翻滚的空中穿行。

尽管看不清窗外的景象，也辨不清前进的方向。但心中明白，离家越来越近了。无论外面多迷茫，心中的家依然豁亮。无论外面多寒冷，心中的家温暖如初。

雾气模糊了视线，乡愁牵动着思绪，列车缓缓驶入站台，家乡的空气是那么亲切。吮吸着寒凉，品味着故土。

不忘初心，牢记使命

/2017年10月31日

举世瞩目的中共十九大胜利闭幕，新一届政治局常委瞻仰一大会址纪念馆，在一大会址纪念馆庄严宣誓："我自愿加入中国共产党，拥护党的纲领，遵守党的章程，履行党员义务，执行党的决定，严守党的纪律，保守党的秘密。对党忠诚，积极工作，为共产主义奋斗终生，随时准备为党和人民牺牲一切，永不叛党。"

随后，政治局常委一行瞻仰了南湖红船。在南湖革命纪念馆，习近平总书记指出："红船精神是中国革命精神的源头。红船精神，是开天辟地、敢为人先的首创精神，是坚定理想、百折不挠的奋斗精神，是立党为公、忠诚为民的奉献精神。"

在决胜全面建成小康社会、夺取新时代中国特色社会主义伟大胜利、为实现中华民族伟大复兴中国梦的关键时期，不忘初心，牢记使命。走进新时代，接力新长征；领悟新思想，牢记新使命；化解新矛盾，做出新贡献；凝聚新思考，汇聚新动能；踏上新征程，领跑新团队；挑战新任务，攀登新高峰；实施新举措，创造新辉煌。

发扬传统优秀文化，增强文化自信。正心诚意修身，致知格物精进。确立"为天地立心、为生民立命、为往圣继绝学、为万世开太平"的抱负，学、思、践、悟、行，立德、立言、立功。然而，道路绝非平坦，事业不会平顺。唯有信念坚定，方可把握方向；唯有不懈努力，才能矢志前行；唯有艰苦拼搏，方能踏平坎坷；唯有无私奉献，方能创造辉煌。

开辟未来是人生的使命，明确目标是行动的指针。行动是成功人生的旅程，积跬步之功是到达成功彼岸的唯一途径。锐意进取，埋头苦干。滴水穿石，久久为功。

“人生应该有所作为。即使过去的岁月平淡无奇，不必为未来的生活失望。只要能从过去的经历中总结出一点体会，在未来的岁月中就可以少走弯路，少犯错误，完全有可能创造出新的成绩，开辟出新的领域。

人生应该向前看。开辟新天地是人生的神圣使命。哪怕会遇到艰难险阻、惊涛骇浪，只要矢志不渝，就会进步。关键是要有明确的目标、必胜的信念、顽强的意志和果断的作风。

人生能否实现自己的理想，不仅取决于个人的努力程度、外部条件和机遇，而且取决于个人的思维方式。积极的思维方式催人奋进，愿意学习别人的长处，努力赶超别人；消极的思维方式使人消沉，容易嫉妒别人的成绩，不屑完善自己；尤其是人处在逆境时，思维方式可能最终决定你的命运。越是在黑暗和不公平的环境中，越要冷静，以积极的思维方式客观分析不利因素，寻找走出困境的突破口。否则，就会在积怨、苦闷中消沉，在牢骚、偏激中走向极端，错过开辟新生活的机会。

人活着究竟为了什么？应该追求什么？理性选择目标，客观评估自己。勇于面对新环境，敢于挑战新困难。在改变自己的过程中适应环境，在适应环境中寻找未来。天生我材必有用，千金散尽还复来。长风破浪会有时，直挂云帆济沧海。”

今天重温2004年4月28日的日记，清晰可见“修身不忘初心”的目标，眼前浮现“乡愁人生”的足迹。《走出去的记忆》镌刻了《修身不忘初心》的印迹，点缀了无怨无悔的《乡愁人生》。

不忘初心，继续前进。敏而好学，不耻下问。潜心钻研，不断精进。愿《走出去的记忆》《修身不忘初心》《乡愁人生》三本书，能带给读者人生的启迪。不忘发奋自强的初心，牢记敢于担当的使命。修炼心静如水，锤炼志坚如钢。静坐常思己过，严以律己。闲谈莫论人非，宽以待人。

心能笃定，成功便是一定

/2017年11月2日

赵朴初先生总结的人生九大定律，其中之一是“二八”定律，即“人在达成目标前80%的时间和努力，只能获得20%的成果，80%的成果在后20%的时间和努力获得。这是个非常重要的定律，很多人在追求目标的时候，由于久久不能见到明显的成果于是失去信心而放弃。须知命运修造是长久的事，要有足够的耐心。不要预期前80%的努力会有很大收获，只要不放弃，最后20%的努力就会有长足及本质的进步（量变才能达到质变，为什么成功的人总是少数的，因为能坚持的人总是少数的）”。

赵朴初的二八定律，即“付出80%的努力，只有20%的回报。当你继续努力，使出全身力气时，最后20%的努力将得到80%的回报。”好多人半途而废，连20%的回报都没有。这就是坚持的意义和价值。认准的事要坚持，咬住青山不放松，任尔东西南北风，才能有预想的回报。年轻人对自己再狠一点，努力程度一定超过80%，要追求20%以上的高额回报。

人生应该追求百分之百的努力、百分之百的付出，哪怕没有百分之百的回报也无怨无悔。努力的过程是自我完善的过程，奋斗的过程是领略人生的过程。唯有不懈努力，才能发掘出自己的潜能。唯有不怕困难，才能登上理想的巅峰。会当凌绝顶，一览众山小。登高望远的感觉把攀登的疲倦一下子抛到九霄云外，成就感胜过舒适感。累并欣喜，苦并满意，这大概就是奋斗的乐趣、人生的动力。

趁青春年少，付出比别人更多的辛苦，洒下比别人更多的汗水，一定会收获比别人更多的果实。这是因果定律。世界上没有白吃的午餐，谁也不能不劳而获。种瓜得瓜，种豆得豆。与其羡慕别人的地位显赫，不如埋头苦干、锐意进取。与其埋怨自己的处境卑微，不如发奋图强、脚踏实地。

不和别人比地位、比享受，要和别人比付出、比敬业；不怕起点低，要脚踏实地，一步一个脚印，过好每一天，做事精益求精，工作任劳任怨。不怕收入少，省一分钱比挣一分钱容易，勤俭节约。当家知道柴米贵，养儿晓得父母恩。生活是最好的老师，节流容易，开源难，知足常乐。自强是最好的资本，坚持付出，总有回报。做事精益求精，敏而好学，不耻下问。做人忍辱负重，任劳任怨，豁达忠诚。

夜深人静，思考自己在一天的工作、学习上是否百分之百的付出，有无偷懒？工作、学习上是否百分之百的努力，有无疑问而马虎、蒙混过关？做事百分之百的付出，一丝不苟；做人百分之百的努力，任劳任怨。唯有不遗余力地工作，才能积淀成功的基础；唯有一丝不苟地钻研，才能破解学问的难题；唯有百分之百的付出，才能获得理想的回报；唯有对党百分之百的忠诚，才能担当历史的重任。

天生我材必有用，在生活实践中砥砺，心能笃定，成功便是一定。

诉衷情

——父亲五周年祭

/2017年11月4日

风寒叶落泛哀思，
祭父五周年。
黄河塞外呜咽，
山川夜无眠。

身强体健噩惊天，
家父不辞别。
揪心拽首悲恸，
拂面泪无言。

天地暗，
子孙悲，
聚坟前。
欲言无语，
歉疚难平，
愧对苍天。

肝肺裂，
恨苍天，
忆从前。
父颜难忘，
一世勤劳，
教子威严。

满江红·淡定人生

——祝岳父八十五岁寿辰

/2017年11月5日

眺望南国，
天涯远，
风煦日暖。
花烂漫，
寿星欣喜，
赏椰林晚。
地阔天高心自静，
风清月朗星河灿。
乐无忧，
瀚墨冶情操，
亲相伴！

童年苦，
天地暗。
革命路，
多征战。
遇文革浩劫，
受牛棚难。
岁月无常心淡定，
人生砥砺惊霄汉。
事艰难，
无怨品超群，
埋头干！

感悟变革

/2017年11月7日

在中华民族的历史发展进程中，任何变革都会遇到重重阻力。从历史经验看，凝聚共识对变革成功至关重要。历史上，战国时期的商鞅变法、宋代的王安石变法、明代的张居正变法，在当时的历史条件下都取得了一定的成效。但是，由于当时君主专制的政权性质和社会矛盾的不断激化，各种利益关系错综复杂，改革派遇到了强大的阻力，甚至弄得自己身败名裂。清代末年，社会矛盾积重难返、大局变革势在必行，然而，保守势力顽固，戊戌变法失败。张之洞曾感叹道："旧者因噎而食废，新者歧多而羊亡；旧者不知通，新者不知本。不知通则无应敌制变之术，不知本则有非薄名教之心。"

变革，自古非一帆风顺，来自各方面的阻力不可低估。变革，会触动既得利益集团的根基，会打破社会利益平衡的格局，会激化一定范围的矛盾。在变革的进程中运筹帷幄，变革需吐故纳新，变革要激浊扬清。变革，不能浅尝辄止，更不能改变初衷；变革，不能犹豫不决，更不能半途而废。

变革要站在历史的潮头，驾驭历史的洪流，推动历史前进。时代进步推动历史变革，利益集团阻碍历史前进。变革是不同势力的较量。代表人民利益的变革会得到人民的拥护，能为人民带来根本利益，让人民有实实在在的获得感。否则，任何华而不实、偷梁换柱的变革都会走到人民的反面，都会偏离正确的方向而夭折。变革，需要总结得失，需要反思和调整，需要纠正偏差。变革，让人民共享其成果。任何中饱私囊的行为，即使打着变革的旗号、披着变革的外衣，终究纸包不住火，会在现实中现原形而失去人民的支持。

变革，从实际出发，以解决主要矛盾为突破口，以满足人民群众对美好生活的需要为出发点，以改变落后现状、改善人民生活条件为立足点。变革，事关民族复兴，事关国家强盛，乃国之大事，不可不察。变革需要人民的支持，人民需要了解变革。唯有此，变革才能形成良性互动，推动社会的不断进步。人民是推动社会进步的根本力量。

全面建成小康社会是代表广大人民群众的变革，为人民谋幸福，为民族谋复兴。这是人类历史上最伟大的变革。尽管如此，还会遇到各方面的阻力。因此，在未来的变革中，我们不能掉以轻心，更不能盲目乐观。变革工作如履薄冰，牵涉的点多面广，需要统筹兼顾，不能贸然推进；需要稳扎稳打，不能蜻蜓点水。否则，变革会功亏一篑。

精准脱贫，是决胜全面建成小康社会最根本的变革。精准脱贫需要下大力气，凝聚共识，围绕改善民生、消除民怨确定主攻方向，百折不挠地有效推进农村各项工作。精准脱贫以人民是否满意、农民是否得到实惠来检验其成效，精准脱贫不能停留在统计数字，更不能满足于形象工程。因此，要以习近平新时代中国特色社会主义思想为行动指南，不折不扣贯彻落实十九大确定的宏伟蓝图，一张蓝图绘到底，撸起袖子加油干！

绽放

/2017年11月9日

黎明花绽放，迎来新曙光。漫漫长夜过，满园春色香。人像花一样，蓄势待发才能含苞待放。含苞待放是一个漫长过程，经历酷暑的煎烤和严冬的冰霜，才能孕育出花蕾，漫漫长夜而生，沐浴阳光而长，信念坚定，不辞昼夜，终于迎来绽放。横下一条心——吃苦，立定一生志——奋发，书写一幅画——自强，坚守一个词——自砺。不用扬鞭自奋蹄，无悔人生有奇迹。

今早观花有感，既是对儿子的激励，也是心底积淀的抒发。光阴荏苒，一晃十三年过去了。十三年前的今天，国资委通过全球公开招聘的各种程序，任命我为中冶建设集团副总经理，进入一年的试用期。一年后，经过试用期考察、考核，顺利转正。

十三年的工作，披荆斩棘探险。坦诚铺平心灵之路，增进了彼此的了解。真诚孕育博爱之花，有了互信的积淀。十三年的工作，坎坷之路锤炼。天地万物有灵，在曲径通幽中向前。人间百态有根，在黑暗迷漫中辨险。十三年的工作，灵魂砥砺无限。无愧时代呕心血，陶冶了人生情操。有缘征程续华章，锤炼了政治信念。十三年的工作，认知境界盘旋。感受了时迁事艰，风霜雨雪随时变。领悟了自然奥秘，世态炎凉顺境迁。十三年的工作，无怨无悔奉献。披星戴月战群雄，有履职尽职的喜悦。心灵滴血望苍天，有着急无奈的体验。十三年的岁月，经历了寒暑的变迁。两鬓虽已银霜染，心中火焰依旧冲天。不畏严冬的寒冷，仿佛是日出之阳的少年。十三年的岁月，告别追赶的昨天。走进新时代，激情燃起新境界。采菊东篱下，人生的乐趣无限。

心气平和

——写给单身青年

/2017年11月11日

不知从何时起，11月11日有了今天的特殊寓意。商家借此促销，单身因此郁闷。因商业炒作形成的消费文化给青年人带来憧憬，也带来忧伤。11月11日，有人欢乐，有人忧伤；有人兴奋，有人无奈。

形单影只者无须忧伤。青春的使命是奋发图强，种下梧桐树，自有凤凰来。莫急追赶千里马，潜心种好园中草。青春的意义在于创造未来，欣逢盛世，绘就人生蓝图。只争朝夕加油干，敢教日月换新天。

人生多歧路，要明确目标，认准方向，矢志不渝做，义无反顾行。人生如逆水行舟，不进则退。敢于搏击风浪，驾驭人生远航。人生似丛林爬山，披荆斩棘。不怕皮破流血，志在险峰无限风光。会当凌绝顶，一览众山小。

今天的孤寂，为了明天的充实；今天的孑孓之身，为了明天的比翼双飞。今天的心底茫然，为了明天的气定神闲。不受一番冰霜苦，哪得梅花放清香。能为天磨真铁汉，不遭人嫉是庸才。

告别双十一的孤单，回归正常人的理性。择偶忌好高骛远，交友要顺其自然。才貌相当，脚踏实地；情投意合，酿造甜蜜；志同道合，比翼双飞。许上等愿，结中等缘，享下等福，心态坦然。择高处立，在平处坐，向宽处行，心境淡然。

择偶非一成不变，交友难一见钟情。重在相知，心心相印。贵在相爱，互相欣赏。难在相恋，一日三秋。世事多风雨，交友难一帆风顺。做好自己，关心他人。

遇事不急，言语平和。受困不卑，心气平和。培养骨子里的自信，自强不息。锤炼血液里的坚强，百折不挠。陶冶行动上的果断，雷厉风行。磨砺习惯上的守时，绝不拖延。修炼儒雅的涵养，展示高尚的人格。告别双十一的郁闷，走向心中的殿堂。

漫谈爱岗敬业

/2017年11月14日

从前，在加拿大多伦多正建一座教堂，一位长者问了三位作业人员在做什么，一位回答是搬砖，另一位回答是建教堂，最后一位说是为神圣事业尽职。不同的回答反映了对工作的不同认知，也决定了各自不同的命运。搬砖的只停留在搬砖的水平，建教堂的掌握了建教堂的技能，最后自己组建公司，因建教堂找到了自己的职业。说为神圣事业而尽职的那位，在教堂因资金紧缺而停工时，他四处筹款，历尽千辛万苦终于建成了教堂。后来，他成了教堂的主教。

你对工作的态度决定了工作对你的回报。对工作上心，做事就会用心，遇到问题就会专心。对工作不上心，做事就会马虎，就会出错，工作会功亏一篑。培养对工作上心的态度，珍惜来之不易的工作机会，潜心钻研业务，工作就会出类拔萃，事业就会如人所愿。

种瓜得瓜，种豆得豆。一分耕耘，一分收获。把工作当挣饭的差使，那是打工的。把公司的发展和个人命运联系在一起，全心全意工作，那是敬业。如果借助工作机会，锤炼自己，有朝一日驾驭公司，做强、做优、做大，那就是事业。任劳任怨，从小事做起。精益求精，提高工作质量，挖掘自身潜能，提高工作效率。以积极的心态迎来一天，以踏实的作风过好一天。今日复今日，今日何其少；今日又不为，此事何时了。人生百年几今日，今日不为真可惜。

走进新时代，决胜全面建成小康社会。多少事从来急，时不我待。莫等闲，白了少年头，空悲切。机不可失，时不再来。不管做什么，都不要嫌弃，万丈高楼平地起，需一砖一石砌成。人生事业亦然，需一点一滴积淀。切忌眼高手低，大事做不来，小事又不做； 切忌游手好闲，游戏人生，沦为啃老族而悲叹！

岁月如梭，光阴似箭。莫言年轻有机会，可以东挑西拣。对自己的人生定位不明确，好高骛远，会错失良机。时间是最宝贵的人生资源，不珍惜时间就是浪费生命，等于慢性自杀。明日复明日，明日何其多，吾生待明日，万事成蹉跎。

无论现在的岗位是否如愿，收入是否满意，都要全身心投入工作。无论你的才能是否得到充分发挥，在工作中是否扮演重要角色，都不要消极怠工，更不要抵触作梗。当主角不缺位，勇于担当。当配角不越位，恪守职责。顾全大局，及时补位。唯有尽职尽责、有效沟通、积极合作，工作才能顺利，人生才能有为。

爱岗敬业是人生成功的指南。树立爱岗敬业的思想，防止心猿意马。培养爱岗敬业的情操，精益求精。锤炼爱岗敬业的意志，迎难而上。争做爱岗敬业的典范，主宰人生。

思维方式

/2017年11月19日

人的真正差别不在于智商、情商，也不完全取决于坚持能力，而在于思维方式影响下的决策能力。不同的思维方式对生活、工作形成不同的影响，做出不同的判断，形成不同的决策，产生不同的效果，对人生轨迹有不同的影响，最终导致人生的命运不同，归宿不同。差之毫厘，失之千里。

正确的思维方式可以准确把握事物发展趋势，能够顺势而为捕捉机遇，因势利导而循序渐进，朝着正确的人生方向前进，举重若轻，事半功倍。

偏激的思维方式以偏概全，容易走极端，不能准确判断事物的主要矛盾，难以捕捉稍纵即逝的机会，举轻若重，事倍功半。

正确的思维方式引导正确的人生方向，对事物做出正确的分析和判断，抓住主要矛盾，采取有效措施，对症下药，攻坚克难，趁势而上，顺势而为，水到渠成。

正确的思维方式源于系统思考、理性分析、客观判断、冷静应对、统筹协调。物质世界是一个复杂系统，遵循固有的运行规律，一年有四季往复无穷，天气有阴晴变幻莫测。天地人和，人法地，地法天，天法道，道法自然。遵循规律，顺其自然；掌握规律，改造自然。

培养正确的思维方式立足于系统观。任何事物都不是孤立的，任何现象都不是单纯的，其背后有千丝万缕的联系。个别事件是复杂系统的一个组成部分，系统要素之间存在内在联系，相互影响，相互促进。因此，遇事不能简单判断，应该找到系统内的矛盾关系、制约要素，顺藤摸瓜，抓住主要矛盾。

正确的思维方式应该立足现实，从实际出发，量力而行，尽力而为；正确的思维方式避免从众、攀比心理，防止激情决策，防止主观臆断，切忌偏离正确方向。

正确的思维方式非先天之赋，乃后天训练之果。唯有坚持客观的态度，才能做出理性的判断。唯有坚持辩证的观点，才能形成正确的决策。唯有坚持学习，才能理性思考； 唯有理性思考，才能培养辩证思维方式。唯有辩证思维，决策才不致误入歧途。

我们家乡有句谚语：“吃不穷，穿不穷，打算不到一辈子穷。”这里的打算就是思维决策能力。现实生活纷繁复杂，唯有打算符合实际，把自己的规划和现实有机结合，顺势而为，扬长补短，才能有吃有穿，实现小康生活。

漫谈迷茫

/2017年11月26日

在计划经济时代，物资短缺，生活难解决温饱问题。在饥饿状态下喊响亮的口号，在朴素的信念之下多少有些迷茫，什么是我们所追求的？

改革开放初期，实行有计划的商品经济，让一部分人先富起来。社会财富在增加，贫富差距在扩大。不患贫而患不均，朱门花天酒地，寒门发愁学费。在现实的反差中对改革开放有点迷茫。一部分人先富起来的引领示范是什么？

在实行教学改革的进程中，以教育产业化为目的，说白了以赚钱为目的，学校升格不遗余力，大学扩招花样翻新。本科生、硕士生批量生产，严重的供大于求。博士生炙手可热，各种速成方式应有尽有，金钱买卖者有之，以权交易者有之，注水速成者有之，拔苗助长者有之。高学历者能力匹配吗？有学历者有学识吗？受教育多者有教养吗？在严酷的现实面前人们对学历繁荣多少有点迷茫。白字博士地位显赫，速成博士官运亨通。这代表了教育发展的方向吗？如此现状，令人迷茫，陷入彷徨。

在繁荣文化的名义下，盛行文化搭台经济唱戏，招商引资中不见弘扬文化的影子，暗箱操作中潜藏交易。文化让位于金钱，灵魂屈服于金钱，人格被金钱奴役。人们对如此搭台唱戏多少有点迷茫。崇洋媚外盛行，民族虚无蔓延。这难道是文化搭台的真正动机吗？如此搭台，为谁唱戏，令人彷徨。

进入新时代，明确新目标。全面建成小康社会，为中国人民谋幸福，为中华民族谋复兴。各项工作围绕这一目标展开，出实招，办实事，重实效。

实现中华民族的伟大复兴，关键在于提升全民族的综合素质。提高全民族的综合素质，核心在于培养有信仰的国民。培养有信仰的国民，根本在于坚持正确的教育方向。提高国民素质从教育抓起，抓好教育应从幼儿教育抓起。

面对弘扬中华文化、培养有信仰的一代新人的任务和使命，我们的教育准备好了吗？我们幼儿教育蓝图绘好了吗？教育的基础工程幼儿园建设和家长对幼儿教育需求之间的矛盾突出，人们对幼儿教育多少有点迷茫。

安全回眸·二首

/2017年12月1日

十年重任伴艰辛，
志士同仁昼夜行。
汗浸衣衫披日月，
身攀塔架戴星辰。
南国烈日蒸湿热，
北域寒风透骨冰。
座座高楼拔地起，
人人淡定又一程。

督察现场赶行程，
审视资情仔细听。
制度严明抓落地，
安全奖惩守公平。
文明作业平常事，
项目安全记在心。
恪守职责常态化，
回眸岁月感恩生。

培养孩子的独立思考能力

/2017年12月8日

在孩子的成长过程中，培养独立人格是最重要的事情。独立人格表现为独立思考问题能力、独立自主生活能力、客观判断是非能力、正确分辨正误的意识、独立思维能力。遇事独立思考，切忌人云亦云。独立人格的形成有赖于正确的人生观、价值观和世界观。因此，家长爱孩子，不仅要满足其物质需要，还要考虑其精神需求。家长教育孩子，不仅要学习成绩好，还要有健全的人格。由于长期以来独生子女政策的影响，独生子女在成长过程中，得到的呵护有加，受到的锻炼不足。独生子女的自我意识有加，养成的集体观念淡薄。

青年决定国家的未来。孩子决定青年的成长。家长对孩子的教育方式，影响青年成长的轨迹，影响青年的心理承受能力，影响青年的价值观形成。差之毫厘，失之千里。家长从小教育的一点疏忽，会导致孩子成长过程中形成错误的价值观、人生观和世界观。家庭教育，事关孩子成长；孩子成长，事关国家青年成长；青年成长，事关国家前途命运。家庭教育，国之大事，不可不察。

家长都希望自己的孩子优秀，因此，很多家长为了不让孩子耽误学习，处处为孩子着想，造成孩子衣来伸手，饭来张口。这样的教育方式，只会让孩子更加依赖父母，没有独立思考的意识，遇到困难就会退缩；还容易被纵容成骄纵的小公主、霸道的小皇帝，形成自私畸形的人格品行。父母认为给孩子最好的爱，就是满足孩子所有的要求，殊不知，这种教育方法在不知不觉中伤害孩子，这样教育的结果是，孩子缺乏合作精神，没有集体意识；一切以自我为中心，把孩子引向自私自利的危险方向。

因此，作为家长，不仅要关心孩子的身体健康，还要关心孩子的心理健康；不仅要关心孩子的学习成绩，还要关心孩子的品行修养。不仅要严格要求孩子，还要严格要求自己。严于律己，以身作则。身教胜于言教，现身说法。言传身教，不可或缺。凡是要求孩子做到的，自己一定要做到。为了孩子，乐于苦行僧，节制欲望。弘扬家风，传承家教，做好家范。

首先，要养成和孩子交流思想的习惯，了解孩子的心态。明确告诉孩子，学习是自己的事情，不是家长的事情。今天用功学，明天有作为。今天学习不努力，明天努力找工作。通过刻苦学习，为将来选择有意义的工作创造条件。如果该学习的时候嬉戏，找工作的时候就会吃闭门羹，迫于谋生，无可奈何。为人父母，就要做孩子的楷模。勤俭持家，敬业忠诚。让孩子在耳濡目染中养成爱学习的习惯。勤奋刻苦，敏而好学，不耻下问。

其次，让孩子养成正确的价值观，学会感恩。不要过高估计自己的能力，不要夸大自己的作用。做任何事情都离不开别人的帮助。从小的成长，离不开家长的呵护，要感恩家长。在学校学习，老师付出心血和汗水，感恩老师的教育。走入社会，有施展才华的平台，感恩社会。即使在步入社会初期，一切不尽如人意，也要感恩就业的岗位。以无私的奉献精神，尽职尽责，回报社会。以不懈的努力付出，创造业绩，回报业主。

第三，让孩子养成坦荡的心胸。正确认识自己，不要在意别人的评价。无论你做到什么程度，都会有人不认可。不要试图讨人喜欢而放弃原则。心中有人生准则，不偏不倚。正心诚意修身，陶冶情操。敏而好学精进，钻研业务。让别人去说，走自己的路。矢志不渝，勇往直前。

第四，孩子能够正确对待得失。生活本来不会公平。只要通过自己的努力，条件有改善，能力有提高，就该知足。不要攀比，公平可遇不可求。在遭遇不公平的时候，坦然面对。人的出身不同，人生的机遇就不同。不要苦恼自己无法改变的事情，发奋改变自己可以改变的事情。随遇而安，顺其自然。做好自己，做有意义的事情，不让一日虚度，足矣。陷入对不公平的嫉恨，只能加剧周围环境的恶化，对改变自己的状况有害无益。知足常乐，能忍自安。放下名利，看淡得失。

第五，孩子不要追求时髦，不要贪图享乐。家长要克制不良嗜好。业精于勤荒于嬉，行成于思毁于随。无论现在的境况如何，一旦陷入贪图享乐的生活，就会走向堕落，就会陷入困境。挣钱好比针挑土，花钱好比水推沙。勤俭节约，量入为出。

第六，让孩子养成独立生活的能力，凡事靠自己。无论家庭条件如何，父母不会陪你一辈子。家庭的财产是有形的、有限的。唯有学会挣钱，日积月累，才能积少成多。唯有精打细算，生活才不会拮据。唯有勤劳敬业，才不会缺衣少食。只要肯做牛，总会有田耕。天上不会掉馅饼，要靠自己救自己。

孩子的教育，既是孩子的事，也是家长的事。孩子的成长，既要家长呵护照顾，更要孩子勤奋刻苦。学而不思则罔，思而不学则殆。从小正心诚意修身，长大致知格物精进。珍惜今天，做有意义的事情，无愧于家长，无愧于社会。把握明天，顺势而为，不失时机。蓄势待发，开辟未来。聚众人之智，运筹于帷幄之中。积跬步之功，决胜于千里之外。

企业如何稳中求进

/2017年12月9日

十九大绘就未来三年全面建成小康社会的蓝图，经济工作会部署了稳中求进的基本原则。对国企而言，如何实现稳中求进？如何做到固本强基？这是摆在2018年的首要问题。

顾名思义，稳中求进，既不冒进，也不停滞。要沿着全面、协调、可持续的发展轨迹前进，提高发展质量和经营效益。通过供给侧结构性改革，增加有效供给，减少全社会资源、能源的消耗和浪费。

知己知彼，才能百战百胜。企业不仅要适应外部变化了的环境，积极调整策略，主动应对变化。而且，企业必须梳理组织机构和运营流程，补短板，堵漏洞，以调动全体员工的积极性，促使系统对市场反应灵敏，应对迅速，提高决策效率和决策水平，提高有效执行力，提高市场竞争力。

进入新时代，企业进入变革阶段。如何实现稳中求进，不是态度问题，也不是意愿问题。良好的愿望不一定有理想的业绩，积极的态度不一定有预期的成果。良好的愿望与科学的态度结合，目标才不会落空。审慎的决策与缜密的部署结合，经营才不会失控。明确的职责与有效的考核结合，员工才不会失望。

企业稳中求进，不能停留在口号上，要落实在行动上。企业的变革，不能满足于形态上的变化，要检验变革的成效。凡事以是否符合长远发展利益、是否促进企业发展、是否造福员工为检验标准，做事不能心血来潮，不能赶时髦，更不能走捷径。

企业实现稳中求进，是正确理解政策原则、准确把握市场走势、有效经营管理的水平问题，是谋定而后动、稳扎稳打、步步为营的能力问题，是凝聚员工智慧、汇聚人才力量、创新发展的竞争力问题，是把加强党的建设和优化企业管理有机融为一体的能力问题。

企业要顺应时势，在改革中寻找突破口，运筹于帷幄之中，决胜于千里之外。变革非易事，需要有充分的准备，不打无准备之仗。增强风险意识，加强自身建设，作风务实，工作踏实。抓铁留痕，事要一件一件办，一丝不苟。经营有效益，出成果。踏石留印，活要一件一件干，精益求精，工作高质量，出精品。

企业要立足自身，着眼长远。凝心聚力，共图发展，共享成果。把企业发展和员工成长有机结合，把建设学习型组织和员工自我完善有机结合。建设求真务实的企业文化，培养积极进取的优秀员工，营造公平正义的竞争环境，形成有效沟通的工作机制。

稳中求进，乃企业健康发展之道，事关国家经济命脉，事关员工生活福祉。提高决策的科学性，稳健经营。增强风险防范能力，稳健发展。在稳健经营中积累财富，在稳健发展中增强实力。稳中求进，进入更高水平的全面、协调、可持续发展。

新年触动乡愁的心声

/2017年12月31日

展望2018年，接力新长征；天下游子，情系乡愁人生。新年的钟声，传递新的希望；新岁的乡愁，泛起新的畅想。

回眸2017年，走进新时代；四海英才，心牵激情岁月。人人都有一段乡愁的旅程，个个牵动着浓浓的乡情。四季往复无穷，乡愁伴随人生。人生酸甜苦辣，生活酿造乡情。无论多苦，一旦触动乡愁，油然而生动力。为了童年的憧憬，昂首面对困境，坦然面对苦难。君子深造在于自得，君子行善在于自省。知行合一，自强不息。

《乡愁人生》的核心是忠孝二字，忠于国，孝于亲。夫孝，德之本也，教之所由也。夫孝，始于事亲，中于事君，终于立身。忠孝是人生之魂，自强是人生之根。唯有经过人生砥砺，自强之根才会深。事业之树，根深叶茂，郁郁葱葱。

回顾人生路，魂牵梦绕的是乡愁。不忘养育恩，朝思暮想的是乡情。夜深人静，思故乡；天涯海角，念故乡。无论走到哪里？淡淡的乡愁，牵挂着心灵。不管境况如何，浓浓的乡情，牵动着身影。

生我养我的故乡，随着时间的流淌，穷苦的岁月渐渐远去，自强不息在血液里激荡！生活艰难的故乡，穷苦磨炼了不屈不挠的人格，落后激发我争当祖国的栋梁，童年的梦在心中荡漾！

故土情融入了血液，无论走到哪里，她都在你身上流淌。童年梦激发了热情，无论多么艰难，百折不挠，奋发向上。

黄河水的厚重，孕育了包容，憨厚稳重，以诚待人。西北风的凛冽，锤炼了个性，刚毅不屈，恪守诚信。黄土地的坚实，承载了千百年的使命，耳濡目染，铸就了勇于担当的血性……无论走到哪里，身上都有故土的气息，永远铭刻着深深的烙印！不怕说土得掉渣，承载着本色，默默前行！故土情，不怕风吹，不怕雨淋，吮吸着泥土的清香，滋养着五彩人生……

乡愁人生，凝结乡愁，汇聚孝心。乡愁，激励自强；孝心，警示自重。事亲，父母在，不远游，游必有方。自古忠孝难两全，乡愁牵挂游子情。事君，恪尽职守，敢于担当。立身行道，为国尽忠，为家尽孝。乡愁催人奋进，塑造忠孝人生。

乡愁人生，天道酬勤，勤能补拙。回眸往事，照亮前程。回眸人生，坚定信心。浮云游子意，落日故人情。为了故乡更加美好，我愿变成无私奉献的牛羊，日夜守卫在风沙弥漫的边疆！

《乡愁人生》，是侠骨柔情游子的人生素描，是家国情怀孝子的足迹写真，是正心修身赤子的画卷缩影。

一念如初

/2018年1月1日

光阴似箭，一甲子渐逝。岁月如梭，一班岗将到。不忘初心，一心一意修身，牢记使命，一点一滴精进。礼义廉耻，一世准则。忠恕孝悌，一念如初。

忆往昔，致学一心一意，一时一刻不敢虚度；修身一如既往，一分一秒克制冲动。为人坦诚，一点一滴不容虚伪；做事认真，一桩一件不忘精进。家境贫寒，珍惜一丝一缕来之不易。岁月艰难，深知一粥一饭物力维艰。

为人子，一生恪守忠孝。一言一语守规章，一举一动尊法度。事亲，一日复一日；任凭家境贫寒，一片赤诚如初。事国，一年复一年；何惧道路坎坷，一腔热血如故。任时事变迁，一颗红心不变，一如既往忠诚。

征战职场，一贯廉洁。履职尽责，一丝不苟。审慎用权，一尘不染。抑恶扬善，一身正气。言传身教，一点一滴做示范。学以致用，一字一句悟真谛。破解难题，一言一行做表率。

回首往事，仍有一丝遗憾。面对挑战，总有一些疑虑。一朝遭蛇咬，一生有畏难。一时遭挫折，一生慎登攀。一事有无奈，一生随遇安。

迎接未来，心潮一样澎湃。初心不改，志向一样豪迈。正心诚意修身，一念如初。老骥伏枥，一息尚存，一丝不懈。承前启后，一如既往，一刻不歇。致知格物精进，一言不虚。齐家治国，一日不怠。关心贫弱，一心一意；发挥余热，一分一秒不停。扶正祛邪，一丝一毫不松。

勤俭持家，珍惜一丝一缕。清正爱民，爱护一粥一饭。匡正诚信，恪守一言一行。站好最后一班岗，一时不放松。做好最后一件事，一刻不懈怠。敢于担当，一如既往。恪守四维，一念如初。正心诚意修身，一点一滴用心。致知格物精进，一朝一夕不辍。

思维决定人生

/2018年1月3日

习近平总书记在新年贺词中指出：“幸福都是奋斗出来的。”这就告诉人们：追求幸福的钥匙在自己手中。唯有奋斗，才能打开幸福的大门。天上不会掉成功的馅饼，人生没有白吃的午餐。唯有不懈努力，才能在人生通向幸福的旅程中不掉队。成才没有捷径可走，成功没有窍门可寻。唯有脚踏实地，才能脱颖而出。

天道酬勤，勤能补拙。无论你现在的处境如何，不要埋怨，更不要泄气。莫道家境贫寒，有志何惧艰难。莫言生活无忧，坐享难以长久。做人做事，考虑周全，谋定而动。思维方式决定人的生活。有些人就是因为思维方式偏激，生活过得艰难，人生活得郁闷，整天满眼惆怅。做事不能心血来潮，要三思而行。做人不能随心所欲，要考虑别人的感受。三思而行无遗憾，由着性子有苦恼。不改变思维方式，人生若苦海，漫漫无边，茫茫无望。

细细品，慢慢悟。路，就在脚下；希望，就在心中。穿越心底的积雪，寻找仁义的心声；唤醒慈悲的理念，行走信义的大道；踏平丛生的荆棘，攀上信念的高峰。会当凌绝顶，一览众山小。莫道浮云终蔽日，风雨过后有彩虹。人生不如意事十之八九，常想之一二就会欣喜有加。

把握时代的脉搏，奏响人生的强音。沐浴信念的阳光，期许会在琐碎的生活中萌动。做好每件事，现实向内心的期许靠近。张开理想的翅膀，梦想在平淡的日子里慢慢腾升。过好每一天，梦想会变成现实的彩虹。

天道酬勤，日新月异。踏上新时代的快车，加入奋进的行列；勤勉工作，任劳任怨。以积极的心态思考人生，以务实的作风埋头苦干。换位思考，积极主动。不怨位之不尊，只恐能力不足。静坐常思己过，闲谈莫论人非。取人之长，补己之短。正心诚意修身，品格日臻完善。致知格物精进，羽翼日益丰满。

九层之台，起于垒土；千里之行，始于足下。不驰于空想，不骛于虚声。积跬步之功，至千里之行。脚踏实地，做好自己。聚涓涓细流，成浩瀚江海。正心诚意，坦诚包容。驾驭思维的风帆，引领人生的航船，劈波斩浪，奋勇前进。天生我材必有用，长风破浪会有时。

明确人生方向

/2018年1月7日

光阴似箭，零零年代生人已告别十八岁。告别十八岁意味着成年，成年人意味着责任，事国、孝亲、立身。事国，既要敢担当，更要有本领。孝亲，既要有孝心，还要能办事。立身，既要有志向，还要有作为。

岁月如梭，2018年已过一周。步入新年之际，进入成年行列的青年，为履行成年人的义务准备好了吗？问苍茫大地，谁主沉浮！

青年人有激情，不畏严寒，参加跨年活动。跨年要与时俱进，人生要有所作为。跨年，思天地运行之道，四季往复无穷。成人，想立德、立言、立功，矢志不渝前行。

经历过跨年活动的洗礼，步入人生新时代的青年要思考人生。在下一个新年到来之前想做什么？自己的能力积淀能做什么？回首过去的一年做成了什么？

世界属于青年，青年决定未来。毛主席1957年11月在莫斯科大学激情洋溢地告诉中国留学生：“世界是你们的，也是我们的，但是归根结底是你们的。你们青年人好像早晨八九点钟的太阳，希望寄托在你们身上。”

六十年过去了，毛主席的话语仍在耳边回响。迎着一抹晨曦，眺望远方。使命感油然而生，应该明确人生方向。条条大道通罗马，挥洒汗水写辉煌。

凝视远方，思考未来。立足当下，发奋图强。青年进入社会要自食其力，自食其力要明确人生方向。工作有目标，行动有计划，执行有毅力，总结有理性。知耻而后勇，知不足而精进。明确方向，矢志不渝。明确目标，卧薪尝胆。执行计划，雷厉风行。总结过去，客观实际。不因困难畏缩不前，不为挫折心灰意冷。耐得住寂寞，经得起考验，扛得住打击。心中有定力，做事敢担当。勤学苦练莫畏难，忍辱负重何惧苦。用汗水浇灌未来，用心血书写人生。

难以淡忘的怀念
——纪念周恩来总理逝世四十二周年
/2018年1月8日

七六长街恸泣声，
举国上下罩愁云。
江山社稷谁能守？
百姓心中有泪痕。
继往开来日月新，
安居世代想音容。
五项原则惊世界，
鞠躬尽瘁照征程。

人民有信仰，国家有力量

/2018年1月9日

古之欲明明德于天下者，必正心诚意修身，以齐家治国平天下。克己守礼，忠孝人生。忠于国，孝于亲。夫孝，德之本也，教之所由生也。夫孝，始于事亲，中于事君，终于立身。

走进新时代，决胜全面建成小康社会，是社会出的考卷，我们每个人是答卷者，人民是阅卷者。我们能否交出满意的答卷，不取决于口号和决心，而取决于实际行动。不取决于一时的哗众取宠，而取决于坚持不懈的久久为功。

在新长征的接力中，凝聚全社会的力量，才能全面建成小康社会。唯有从我做起，从现在做起，接好自己的一棒，不掉棒，不掉队。唯有人人诚实守信，敢于担当，履职尽责，人民对我们的事业才有信心。唯有领导以身作则，以上率下，全面从严治党，人民才会对我们的事业有信仰。唯有全面恢复人民对事业的信仰，我们的国家才有力量。蛟龙能下海，嫦娥能奔月，天宫能遨游，天眼能眺望。

唯有国家有力量，民族才能有希望。自1840年鸦片战争起，国家贫弱，列强蚕食，中华民族灾难深重。腐败无能的清政府割地赔款，丧权辱国，民族陷入危亡之际。

自中国共产党诞生以来，党有坚定崇高的信仰，为人民谋幸福，为民族谋复兴。经过二十八年浴血奋战，打败日本侵略者，取得解放战争胜利，成立新中国，中国人民从此站起来了。改革开放四十年，国力增强，摆脱了一穷二白的面貌，国家富起来。走进新时代，我们踏上强起来的征程。

过去的经验告诉我们，人民有信仰，国家才能有力量，民族才能有希望。

人民的信仰不是凭空产生的，根植于五千年文明的土壤，萌发于伟大的实践，坚定于国力的不断增强。人民的信仰需要不懈的努力去滋养，需要扶正祛邪的行动去巩固。没有信念就没有信仰，心底的坚定信念外化于行就是信仰！没有离开信念的信仰。

“理想因其远大而为理想，信念因其执着而成为信念。”人民的信仰基于个人的人生理念和品行修养。人民有诚实守信的信仰，正心诚心修身，抑恶扬善，才能弘扬正气，抵御外辱，国家才有凝聚力，不会一盘散沙，国家才有力量。诚信蔚然成风，投机钻营没市场，小人不得志，民族才有希望！人民的信仰源于教育，源于国家占主流的价值观。因此，人民有信仰需以上率下，上需修德诚信。君德如风，民德如草，风吹草偃。正风肃纪抓顶层的干净担当，才能恢复人民的信仰。路漫漫其修远兮，吾辈需上下求索。

“志不立，天下无可成之事。”个人信仰的养成需要克服惰性。惰性侵蚀意志，安逸削减斗志。居安思危，培养积极进取的热情，钻研业务不怕苦。激发挑战困难的激情，磨炼技能莫畏难。人生的意义在于战胜惰性，生活的情趣在于激发潜能。澹泊以明志，宁静以静远。坚定心志，挑战惰性，不安于现状。磨炼意志，挑战人生，不丧失机会。

锤炼

/2018年1月10日

进入三九，天寒地冻，锤炼耐寒能力，增强适应能力。冬练三九，夏练三伏。不畏严寒，不怕酷暑。像走出温室的海燕，搏击风雨，翱翔蓝天。经历严寒，知道太阳的温暖。经历困厄，知道机会的重要。显露过笨拙，知道娴熟的重要。志不立，天下无可成之事。心不静，世上无可学之术。聚焦业务，潜心学，用心悟，破疑难，拨迷雾。早日进入状态，履职尽责。玉不琢，不成器。人不学，不知义。发奋图强，贵在锤炼。

锤炼是痛苦的，需要忍耐力，需要抗击打能力。对独生子女家庭成长的青年来说，锤炼的考验更大。在呵护环境中长大，没有锤炼的机会。衣食无忧，生活无虑。皮肤细嫩，恐怕日晒。因此，这些青年亟需补上锤炼课。平时自找苦吃，挑战吃苦意志，培养吃苦能力，积淀未来的担当能力。

锤炼是成才的必由之路。“故天将降大任于斯人也，必先苦其心志，劳其筋骨，饿其体肤，空乏其身。行拂乱其所为，所以动心忍性，曾益其所不能。”梁家河的七年知青生活，锤炼了习近平的顽强意志，坚定了他为人民做事的初心。

锤炼是最好的课程。人的潜力很大。唯有经过锤炼，可以激发潜能，坚定意志，陶冶情操。潜能在锤炼中显现，意志在锤炼中顽强，品质在锤炼中纯洁。打铁，火星四溅，残渣脱落。铁经过千锤百炼，一件精美的产品问世。人经过千锤百炼，人格日臻完善。敢于担当，不辱使命。为天地立心，为生民立命，为往圣继绝学，为万世开太平。

锤炼是最好的老师，可以除去骄娇之气，能够匍下身子接地气，体谅天下人的酸甜苦辣，感知什么是群众，什么是实践，什么是实事求是。经过锤炼，知道形式主义害人，不忘教条主义坑人。工作脚踏实地，下苦功夫。调研实事求是，用笨办法。切忌作风漂浮，防止好大喜功。

锤炼让人学会思考。不受一番冰霜苦，哪得梅花放清香。经过锤炼知道奋斗的意义，人在锤炼中成长，走出迷茫，变得坚强。人在经历千锤百炼后成熟，不再幻想，脚踏实地。辛勤耕耘结硕果，百折不挠铸辉煌。

平凡

/2018年1月11日

平凡的岗位，神圣的职责。汇聚平凡岗位的贡献，成就不平凡的事业。星星之火，可以燎原。平凡中孕育真知，平凡中锤炼卓见。平凡的事重复做，精益求精，熟能生巧，技艺不平凡。十九冶平凡的焊工岗位，用心血铸就不平凡，青春在焊花中闪光，铸就两位焊接世界冠军。莫道岗位平凡难出彩，功到自然成。功夫不负有心人，铁杵磨成针。珍惜平凡的岗位，书写不平凡的人生。

平凡的任务，神圣的心态。对工作要上心。把领导布置的事放在心上，不能有丝毫的耽搁。把自己的工作记在心上，不拖拉，不敷衍。办事要用心，既知其然，也要知其所以然。不懂就问，勤学苦练。对疑难事要专心，理出头绪，找到症结，抓住主要矛盾，迎刃而解。坚持尽职尽责、有效沟通、积极合作的工作原则，不推诿扯皮。不会就学，锲而不舍。

平凡中潜藏着真理，处处留心皆学问，世事练达即文章。正如稻盛和夫所言："养成'有意注意'的习惯，就使你具备一种能力，一旦需要，就能很快做出正确判断。具有敏锐的洞察力、深刻的注意力，因而随时能做出正确决断的人，才称得上真正有能耐的人物。"

岗位平凡，不意味着人生平凡。爱岗敬业，五彩人生。鞍山钢铁公司工人郭明义，爱岗敬业，助人为乐，成长为学雷锋标兵、全国总工会副主席。在全国各地涌现出很多郭明义青年突击队，产生了积极的社会效应，传递爱心，传递正能量，在平凡中孕育了精彩人生。

领悟

任务平凡，不意味着事业平凡。张思德在后方瓦窑堡烧炭，为前线战友提供生活物资，对革命事业同样做出贡献。他以全心全意为人民服务的心态去烧炭，炭的品质好，生产效率高。他虽然牺牲在平凡岗位，他的高尚品德激励着后人全心全意为人民服务。他的死重于泰山，他的人生不平凡。

职务有高低之分，岗位没有贵贱之分。干好了就高贵，干不好就一般。不怕任务平凡，就怕行为一般。只要兢兢业业工作，就能做出不平凡的业绩，一般的任务也能创造奇迹。

出身平凡，人生不一定平凡。出身高贵，人生不一定辉煌。命运掌握在自己手里，种瓜得瓜，种豆得豆。但行好事，莫问前程。机会垂青有准备的头脑。寒门生贵子，白屋出公卿。卧薪尝胆学，百折不挠干，把平凡的事做好，就能创造五彩人生。

平凡与否，路在脚下。积跬步之功，至千里之行，一定能到达不平凡的彼岸。珍惜当下，做一事，专一事。在平凡岗位上呕心沥血，汇涓涓细流，聚浩瀚江海。在平凡中锤炼，在逆境中升华；驾驭人生航船，乘风破浪。

自强不息

/2018年1月13日

天行健，君子以自强不息；地势坤，君子以厚德载物。人生不该虚度，应自强不息。为了家人，用勤劳的双手改变现状，求生存不怕苦，求温饱不怕累。为了事业，用顽强的意志学习，不甘落后。用不懈的精神发奋，不甘平庸。为了人生，读万卷书，行万里路，知行合一。

自强不息，不是一时心底的发奋，是持之以恒的坚持；自强不息，不是心血来潮的冲动，是百折不挠的顽强；自强不息，不是火冒三丈的鲁莽，是忍辱负重的探索。自强不息，不是名门望族的炫耀，是世代家风的传承。

知行合一，自强不息。学以致用，传承家风。把心底一时的冲动化作默默耕耘的行动。天道酬勤，勤能补拙。把习惯偷懒的意念化作执着认真的行动。练好台下十年功，做好台上三分钟。

自强不息，珍惜当下的机会，珍惜似箭的光阴。过好每一天，做好自己。做有意义的事情，不留遗憾。凡事有目标，行动有计划，执行有标准，总结有提高。

自强不息，正心诚意修身，致知格物精进。不以家境贫寒为耻，不以出生优越为荣。敬老爱幼，敦厚恭敬。爱岗敬业，品行端正。恪守礼义廉耻，崇尚勤俭朴素。为人，仁义礼智信。处世，温良恭俭让。

自强不息，不媚权贵，不凌贫弱。达则兼济天下，穷则独善其身。处逆境不泄气，发奋肯攀登。受侮辱不灰心，坦荡傲骨存。遇挫折不茫然，潜心辨清浑。遭误解不忌恨，真诚化坚冰。

领悟

自强不息，敢于走自己的路。不怕人非议，只要方向明。不怕路坎坷，矢志向前行。不怕风雨狂，搏击波涛行。不怕孤寂苦，悟透人间情。

自强不息，不怕路漫漫其修远兮。积跬步之功，至千里之行；聚涓涓细流，成浩瀚江海。雄关漫道真如铁，而今迈步从头越。人生本是一孤舟，漂来荡去不自由。这般世事皆如梦，不过风波怎肯休？

自律人生

/2018年1月15日

成人不自在，自在不成人。不以规矩，不能成方圆。有志于成大事者，要有自律能力。自律能力源于自律意识。自律意识源于慎独修养。慎独修养源于学习的积淀，既有环境的影响，也有自我的陶冶。近朱者赤，近墨者黑。家庭教育启蒙自律意识，学校教育积淀自律能力，社会实践磨炼自律能力。

培养自律能力是一个艰苦的过程，赖以坚韧不拔的意志；形成自律能力是一个漫长的过程，需要持之以恒的精神。唯有不懈努力，才能慢慢形成自律意识；唯有持之以恒，才能逐渐养成自律习惯；唯有坚忍不拔，才能铸就自律能力。自律的过程是枯燥的，需要耐得住寂寞。自律的人生是单调的，需要忍得了贫寒。

正心诚意修身，激发自律意识；致知格物精进，锤炼自律能力。人生有目标，自律有动力。人生有追求，自律有耐力。志存高远，趣避邪庸。从小确立远大理想，有助于培养自律意识。自律能力的形成贵在坚持。贵有恒，何必三更起五更睡；最无益，就怕一日曝十日寒。

自律是陶冶情操的客观要求。唯有严于律己，才能展示出个人的品行修养。唯有宽以待人，才能形成融洽的人际关系。自律行为促进自信心增长，自信心增长积淀自强能力。自强能力有助于改变现状，能够把握未来。机遇垂青有准备的头脑。唯有捕捉住机遇，才能把握住未来。机不可失，时不再来。唯有把握住机会，才能创造未来。

领悟

自律是挖掘个人潜能的根本途径。自律能改变自己，坚持能改变命运。自律能展示人格魅力。栽下梧桐树，自有凤凰来。自律能抵制各种诱惑。远离世俗名利陷阱，避免职业生涯风险。自律能抑制无尽的烦恼。放下名利心绪静，看淡得失天地宽。

一时自律易，一生自律难。进入新时代，面对新矛盾。从众心理会动摇自律信念，攀比心理会突破自律底线。自律有挑战，需要有坚强的定力。不为一时的坎坷而放松自律，恪守人生原则不变。达则兼济天下，穷则独善其身。不为一时的得意而忽视自律，坚定清廉意志不变。职场如履薄冰，战战兢兢。

自律是毕生的修行，永无止境。活到老，自律到老。不羡慕声色犬马，无心浮气躁之苦。陶醉于山水，有悠然自得之乐。不追逐名利，无疲于奔命之累。怡情于天地，有心静神宁之愉。仁者乐山，智者乐水。静观水流东到海，与世无争，汇聚成浩瀚江海。天地人和，道法自然。自律人生，心情怡然。

有备无患

/2018年1月17日

忘记停水通知，没有储备水，停水后生活不便。人生何其相似，平时不做应急准备，临时遇事万分尴尬。要未雨而绸缪，勿临渴而掘井。储蓄是有备无患的基本手段，以备不时之用。掌握技能是有备无患的谋生手段，应对职场变故。训练哲学思维是有备无患的智慧手段，分辨是非曲直。此三者缺一不可，毕生修炼，相得益彰。

有备无患是生活经验的结晶。从小在出门时，父母总会给多带点钱和生活用品，并反复叮嘱，穷家富路。对临时求神抱佛之举，人们总会感叹：平时不烧香，临时抱佛脚。这是对没有准备的感慨。学生平时学习不用功，考前临时突击复习，走马观花。对学生的临阵磨枪，只能有不快也光的期待，绝对没有必胜的把握，只能是心里安慰。有备无患是安居乐业的基础。

世事无常，有备无患。天有不测风云，人有旦夕祸福。遇事靠自己是人生的基本原则。养成储蓄的习惯，打好应急的基础。改变“月光”习惯，生活精打细算。调整消费结构，量入为出不攀比。按照“二八”原则，月收入的20%用于储蓄，80%用于生活必需。无论挣得多么少，一定要储蓄。即使挣得很少，不能靠借钱享受。用信用卡透支消费，实际是透支人生信用，贻害无穷。透支消费，容易滋生馋吃懒做的习惯，容易陷入债务危机不能自拔，容易堕入信用危机而绝望。校园贷的悲剧在警示，流落街头的乞讨在警醒。居安思危，养成储蓄的习惯。居危思变，养成节俭的习惯。

领悟

科技进步，日新月异。知识储备是职业生涯的基础。建立知识根据地，不断地积累知识。根据职业生涯规划，逐渐储备新知识。知识储备是毕生的使命。在准备转岗之时，明确新岗位需要什么？自己具备哪些条件？还需要补充什么？不能盲目从众赶时髦，事前做一定的知识储备。否则，转岗就会演变为下岗，下岗就会沉淀为失业。不打无准备、无把握之仗。知己知彼，百战百胜。

世事复杂，千变万化。透过现象看本质，发现问题，抓住矛盾，把握规律。这就需要有哲学思维能力。信息铺天盖地，诱惑无孔不入。贪便宜易上当，图省事会吃亏。天上不会掉馅饼，不要做白日梦。风险处处有，需要以哲学思维辨析，不能凭以往经验决断。人生多歧路，不能心血来潮。兼听则明，偏信则暗。哲学思维不是一天养成的，是在学、思、悟中逐渐积淀的。

习惯决定个性，个性决定命运。养成良好的习惯不易，改变不良习惯更难。从小有志于学，长大有志于行。读万卷书，行万里路。知行合一，自强不息。用双手主宰命运，靠双脚开辟未来。积跬步之功，至千里之行。聚涓涓细流，成浩瀚江海。有备无患，无忧人生。储蓄学犹太人，靠金钱避难求生。勤学崇尚先贤，头悬梁，锥刺股。哲学思维，在生活中锤炼。天生我材必有用，会储蓄，能创造，辨真伪，无往而不胜，直挂云帆济沧海。

御寒

/2018年1月20日

今日是大寒节气，进入最冷时节，御寒是本能，以求生存。人在职场也会遇大寒节气，如何御寒？如何生存？当思之，贵在增强御寒能力，别人能干的你能干，别人不能干的你也能干。当悟之，贵在任劳任怨，只要肯做牛，不会没田耕。高天寒流激，心底激情飞。大寒何所惧，强身健体归。

道法自然，一年有四季，往复不穷。大寒之后便是立春。经历严冬的寒冷，领略北国的风光。迎来梅花绽放，欣闻四溢暗香。严寒之魅力就在于此，冰雪世界，洁净如玉。领略冰雪世界，心灵在陶醉。经历严寒考验，灵魂在萃火。世事虽无情，人间有真意。不经劫难，难觅真谛。

天地人和，不经历人生严寒，不知道三春之暖。不经历逆境历练，不知道世事之艰难。不经历坎坷磨炼，不理解奋斗之欣喜。御寒，是人生必修之课。经历暴风雨洗礼，海燕才能翱翔蓝天。人生亦然，经历严冬的洗礼，锤炼御寒本领。经历生活的磨砺，陶冶理想情操。不受一番冰霜苦，哪得梅花放清香。天地虽严寒，人间有温暖。

四季更替，冬去春来。人生起伏，有苦有乐。不经历崎岖山路的艰辛，无法领略大自然的风采。不经历心路历程的煎熬，无法攀登人格成熟的高峰。不经历人生失败的折磨，体会不到事业成功的珍贵。唯有挑战人生，才知自己的潜能。

御寒，不畏冷风刺骨，欣然傲雪迎风。御寒，不怕衣衫正单，只凭意志如磐。四季不会总如春，人生难以总平顺。习惯四季变化，笑对人生起伏。

学历、学识、学养

/2018年1月22日

学历教育面向全社会，以义务教育为基础，现阶段普及高中教育，一年一度的高考为莘莘学子敞开了学历教育的大门。有志者头悬梁锥刺股，幸运者登堂入室，进入学历教育的快车道。四年寒窗，摘取学士。潜心再考，搏捉硕士。矢志不渝，奔向博士。潜心研究，进入博士后流动站。这是学历教育的基本路径。

按常理而言，学历和学识正相关。学历高，掌握的学识多，拥有的技能多。现实有例外，学历高者并非学识渊博。学历低者并非知识贫乏。社会是一所大学校，处处留心皆学问，世事练达即文章。只要肯钻研，知识日积月累。只要能坚持，低学历者依然能撷取知识的硕果。相反，虚度时光的高学历者只是徒有虚名。

学历不等于学识。没有学历不要自卑，生活没有剥夺掌握学识的机会。书法家启功只有初中学历，书法造诣世人皆知。数学家华罗庚初中学历，学术名望不逊高学历者。

高考的佼佼者，为获取高学历搭起了天梯。有志为学者，可以不懈攀登。名落孙山者，不必泄气。条条大道通罗马，有志于学，能殊途同归。没有学历依然可以掌握学识，只是艰难而已。学无止境，功夫不负有心人。只要肯坚持，在荊棘丛生的求知荒野，依然能踩出一条小路。

学识不等于学养。学养是学术知识和品行修养的融合。学识渊博不等于学养深厚。学养，以学识为基础，以修养为底蕴。古人强调正心诚意修身、致知格物精进，就是积淀学养。知识分子清高，不在于其学识渊博，而在于其气节高尚。为天地立心，为生民立命，为往圣继绝学，为万世开太平。这是知识分子的使命意识，以学养为基础，以担当为魂魄。

学历为学识开辟了道路，学识为学养奠定了基础。唯有默默耕耘，不懈努力，才能学有所获，知其然，知其所以然。悟道于天地，融会于自然。在五彩缤纷的知识海滩，瑰丽的贝壳吸引着好奇心，璀璨的皇冠吸引着追随者。在求知路上不可东张西望，定要矢志前行。学识眷顾追随者，学养滋润自强者。学识远离观望者，学养回避投机者。

珍视学历，珍重学识，珍藏学养。求学之路漫长，不怕学历低，就怕志彷徨。有志于学，三人同行有吾师，择其善者而从之。掌握学识不易，忌好高骛远，要脚踏实地。书山有路勤为径，学海无涯苦作舟。积淀学养更难，不徒有虚名，矢志笃行。艰难生活陶冶品行，纷繁世界开阔视野。用心学，静心悟。正心修身，致知格物。学识日渐丰富，学养日臻纯厚。何患学历低，人不知而不愠，有愧人生乎？

漫谈有效沟通

/2018年1月30日

有人群的地方就有语言交流，语言交流是沟通思想的桥梁，坦诚交流是有效沟通的基石。有效沟通是家庭和睦的前提，是组织健康运转的基础，是社会和谐的保证。误会是有效沟通的天敌，尊重是有效沟通的前提。有效沟通，事关个人成长、家庭和睦、组织协调、社会和谐稳定；有效沟通，影响广泛，不可不察。

对年轻人而言，有效沟通是履职尽责的保证。准确领会领导旨意，清晰表达自己见解，坦诚说明自己观点。认真核实工作指令内容，准确把握工作要点。有效沟通重在有效二字，学会聆听，学会表达。不明白时要问清楚，不理解时耐心请教。接受任务不能一知半解，执行任务不能随意而行。准确理解，不出偏差。准确执行，不打折扣。

对管理者而言，有效沟通是了解下情的基础。自上而下的沟通需要制度保障，沟通渠道畅通，接地气，通下情，不失真。自下而上的沟通需要互相尊重，建立彼此信任。反映情况不片面，倾听意见有耐心。不同意见能理解，彼此包容不偏激。

对组织而言，有效沟通是健康运转的保证。组织内部的信息思想沟通犹如人体的经络，通则不痛。完善沟通渠道是基础，形成制度保证是关键。顶层有效沟通有示范作用，形成有效沟通文化，尊重下级，关心弱者。领导改进作风是形成有效沟通文化的关键。对下属要坦诚，面对面交流，心与心互动，尊重彼此关切，不能盛气凌人。

对社会而言，有效沟通是社会稳定的压舱石。社会管理重在规范秩序，规范秩序贵在倾听民意。以民为本解民生之难，处事秉公释民意之苦。反映民意调整制度，体察民情改进作风。社会治理牵一发而动全身，须统筹考虑，区别对待，勿一刀切解决。有效沟通可以化解社会矛盾，倾听民意能够凝聚集体智慧，形成推动工作的强大动力。

有效沟通是统一思想的基础。命令式的思想统一，貌合神离，形统而神异。真诚沟通促进彼此的信任，有效沟通引起思想的共鸣。放下架子，建立互信。消除误解，团结同心。攻坚克难，无往而不胜。

我喜欢风

/2018年1月24日（腊八节）

我喜欢风，
渴望塞外的寒风。
飞沙走石，
击打着不屈的心灵。
风雪弥漫，
磨炼辨识方向的眼睛。

我喜欢风，
渴望塞外的寒风。
席卷残枝阴云，
雾霾不再肆虐横行。
吞噬着怯弱，
荡涤着埃尘。

我喜欢风，
敲打着寂静的窗棂。
渴望塞外的寒风，
唤醒沉睡的神经 。
刺骨的寒颤，
掀开心底的余音。

我喜欢风，
珍藏记忆中的风卷残云。
渴望塞外的寒风，
席卷漫天的无病呻吟。
人间不再冷漠，
恢复桃花源的温情！

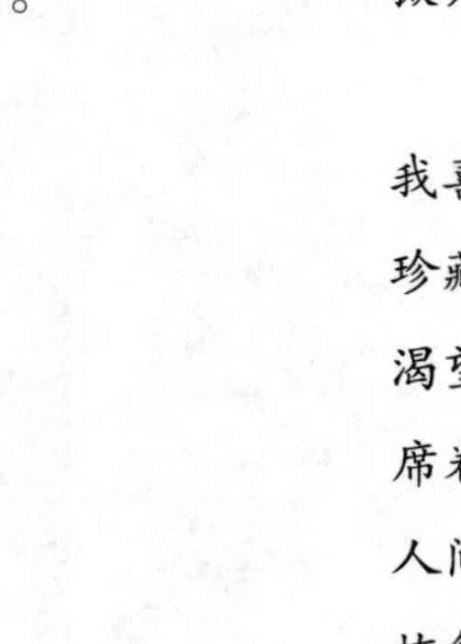

走向辉煌

——写在2018年五矿工作会

/2018年1月31日

窗外寒风凛冽，
会场群情激荡。
回眸过去一年的耕耘，
硕果累累业绩辉煌。
“三步走”战略众志成城，
“两翻番”目标胜利在望。

成果来之不易
凝聚心血初心不忘。
传承共和国长子的基因，
在风雨中脱胎换骨成长。
新世纪全方位战略转型，
注入新鲜血液激发创新力量。

肩负国家使命，
重组掀开新的篇章。
推进供给侧改革，

提质增效“治困处僵”。
矿业市场的竞争激烈，
新时代召唤新五矿。

高质量发展任重道远，
愿景清晰成为国家资源安全的屏障。
世界一流的目标不变，
以国家的战略为导向。
回归经营本质不动摇，
聚焦核心业务乘风破浪。

固本强基，
建设实力五矿。
自我积累提升创新能力，
优化资源组合公司价值增强。
员工全面发展筑成铁壁铜墙，
共筑美丽五矿、魅力五矿。

阔步新征程深化改革创新，
恪守央企使命从严治党。
率领二十万五矿人，
筑梦“四梁八柱”的新时代理想。
驾驭矿业巨轮，
聚焦使命扬帆远航！

立春的启示

/2018年2月4日

四季往复，运行无穷。立春预示着一年的开始，春夏秋冬接力，一天也不耽误，一天也不懈怠。一季接着一季履职，春生夏长，秋收冬藏。天地人和，不误农时。勤劳有丰年，安居乐业。人不顺天，慵懒懈怠。人误地一时，地误人一年。

一年之计在于春，一生之计在于青。青年预示着一生征战职场的开始。刻苦学习，辛勤工作。事情一件接着一件办，工作一年接着一年干。兢兢业业，任劳任怨。辛勤耕耘人生，稳步拓展事业。

人生目标明确，前进充满动力。不怕天有不测风云，何惧人有旦夕祸福。目标给人注入活力，信念激发工作动力。为了实现理想，不怕前进路上风狂雨骤，心中憧憬胜利彩虹。人生就是在目标激励下前进，事业就是在不懈奋斗中延伸。珍惜有限，创造无限。

人生奋斗的历程由实现若干小目标的过程组成。一年分四季，四季分为二十四个节气。一天一天过，平稳度过一个节气，平淡迎来下一个节气。人生亦然，在奋进的道路上把大目标分解为小目标，一段一段的接力，过好每一天，做好每件事。按计划推进工作，圆满完成每一个小目标，顺利进入下一个小目标征程，步步逼近人生大目标。锲而不舍，勇往直前。会当凌绝顶，一览众山小。

一日之计在于晨，迎来晨曦，眺望未来。踏上前进的征程，续写奋斗的年轮。驰而不息进取，披荆斩棘前行。不怕黄河冰寒川，何惧太行雪满山。

领悟

一生之计在于青，送走夕阳，继续前行。积跬步之功，至千里之行。聚涓涓细流，成浩瀚江海。踏平坎坷成大道，攀登险峰入云霄。天生我材必有用，直挂云帆济沧海。

立春带来四季的希望，清晨唤起人生的遐想。一分一秒续年轮，一笔一画写人生。

延误

/2018年2月9日

今天乘CA1101航班从北京飞往呼和浩特，正点是19: 25起飞。下午4点接到晚点通知，起飞时间推迟到22:00，21:30登机。当我在休息室等候时，机场又响起了高音喇叭，CA1101的登机时间再次推迟到23:30，又推迟了两小时。

航班的延误打乱了行程计划，只好在机场消磨时间。顺手从报架上拿了《参考消息》《环球时报》浏览。朝鲜以温和姿态参加韩国平昌冬奥会的举动引起我的兴趣。朝鲜、韩国之间的和谈，有点像今天的航班一再延误。但是，南北双方并没为过去的延误而懊恼，没有放弃和谈的可能，都在积极寻求和谈的契机。然而，令人遗憾的是美日对南北出现和好的契机如坐针毡，不惜从中作梗。无独有偶，美国外事委员会通过了《台湾旅行法》，司马昭之心路人皆知。

海峡两岸中国人也在期盼彼此和好的机会，尽管被延误了六十八年。但两岸中国人的骨子里依然充满和好的热望，中华民族伟大复兴的梦想时刻在召唤着两岸的中国人。看着朝鲜与韩国一起进入冬奥会会场，一起组队参加冰球比赛，心中有诸多感慨！两岸的中国人何时能迈出这一步。渡尽劫波兄弟在，相逢一笑泯恩仇。

在台湾花莲发生地震的灾难时刻，大陆同胞心急如焚，多么想在第一时间赶赴现场，为救援做点兄弟力所能及的事情，带去大陆同胞的温暖。然而，台湾当局人为的杯葛，我们不能派救援队，也不能运送救援物资。这种不顾民众切身利益的阻挠，延误了救援，延误了两岸关系的改善，延误了中华民族的伟大复兴。

中华民族有灾难深重的过去，再不能做亲者痛、仇者快的事了。否则，无颜面对先贤，难以向后人交代。那些为一党私利、甚至一己私利的当权者，若继续做美日的马前卒，扼制大陆的发展，终将会成为中华民族的历史罪人。

航班延误影响行程，两岸改善关系延误影响中华民族伟大复兴。我们应该向日尔曼民族致敬！东西德统一，迎来伟大德国的繁荣。我们应该向朝鲜、韩国学习，不看美日脸色，兄弟彼此共享奥运。

有五千年文明历史的中华民族，饱受外强蹂躏，再不能任人挑拨、任人伤害同胞切身利益。延误的不只是两岸关系的改善，更是延误了两岸中国人的福祉。

两岸和好，人心所向。任何有良知的中国人都不该错过现在和好的机会，再不该无休止地延误下去。

过客

/2018年2月12日

今天一早从呼和浩特赶回北京，上午参加了集团2018年新春团拜会。下午，取道南苑机场，乘坐19:05的KN5986航班前往包头，执行春节前看望一线职工的任务。

考虑到下午四五点交通会拥堵，一向性格急的我下午三点从家出发，三点半就到达候机大厅。原以为早去可以先办登机牌，办完登机牌耐心候机。然而，在自助办理登机牌的终端前，当我执行自助程序时，屏幕显示，还没到办理登机牌时间，请耐心等候。我一脸茫然，不知距办理登机牌还有多长时间。我找近处工作人员询问，航班起飞前两小时才办登机牌。

我粗略估算，大约还有一小时四十分钟才能办理登机牌。接下来的一百分钟该如何打发，我沿着狭窄的过道来回踱步后，发现像我这样的过客很多，找不到一个落脚处。有的人靠在行李箱上等待，有的像我这样来回走动。人太多，可供落座的位置有限。

在焦虑中时间好像凝固了，过得慢极了，似蜗牛爬行。在踱步中煎熬了几分钟，下意识地离开了拥挤的过道，进入旁边的咖啡茶点室。茶室不大，四列二排座位，已有一半位置被占用。我找了靠窗户的一个空位坐下。

服务员递过一份茶点单，我上下打量了一番，茶点价格不低，一杯茶60元，一壶150元，加三至四杯水。我选了一杯奶茶，48元。我对面的小伙子选了一杯铁观音茶，茶具不好用，茶漏没托，放在小碟上，四处漏水，他有点无奈，只摇头叹息。自言自语，唉，真闹心。

到茶室的过客，其实大多并没有享用茶点的急需，只是借一平方米的地方歇歇脚。时至年关，大多过客是回家过年。在旅程中，不知有多少等待，也不知有多少无奈。

过客来去匆匆，有时连歇脚处也难觅。市场经济，连一个座位都承载了商业价值。那些在外打了一年工的过客。摸摸略显瘪陷的口袋，望有偿服务而却步，不敢入内。口袋中珍贵的钞票已早列入全家的预算，不忍心自己在外奢侈消费。

窗外寒风凛冽，厅内人头攒动，过客归心似箭，在焦急地等待，在无奈中张望。出门不易，过客更难。春节团圆，归心似箭。过客长途跋涉，四处疲惫奔波。过客难，春节的过客更难。出行难，春节的出行更难。过客春节期间出行，更是难上加难。

情怀

/2018年2月13日

今天上午，代表集团公司看望了两家子公司的四位代表，两位四十多岁的员工，其中一位是项目经理、劳动模范，另一位是技术骨干；两位八旬高龄的专家是享受政府津贴的资深专家和自治区劳模。

无论是项目经理，还是业务骨干，他们有爱岗敬业的情怀和艰苦奋斗的精神，在工作中兢兢业业，引领青年人在实践中成长。他们肩负着建设精品工程的使命，在激烈的竞争中忍辱负重，困难面前不低头。

从他们身上看到了企业的希望，切实感受到一线员工默默奉献的情怀。从他们的朴实话语中，捕捉到了自强不息的精神。从他们的刚毅表情中，找到了克服困难的灵魂。

正是有这样的优秀员工，企业才能走出困境。正是有这样优秀的品格，面对家庭困难仍然不忘初心。正是有企业的关怀，员工面对困难依然淡定。

两位老专家已是八十高龄，一谈工作便充满激情，几十年的辛勤耕耘，化作建筑的丰碑屹立苍穹。奖状奖杯凝结着心血，自豪溢于言表；凝视心血的缩影，饱含深情如数家珍。

两位老专家对企业的发展寄予厚望，希望他们的奉献精神能代代传承。为曾经的付出自豪，化作人才接力的长征。为洒下的汗水骄傲，回眸岁月果实颇丰。

在企业陷入发展低谷时，老专家忧心忡忡。不顾年事已高，依然冲锋陷阵，继续为中青年做表率，成为年轻人战胜困难的精神后盾。老当益壮，敬业忠诚。

当企业有了转机，经营有了起色，老专家的心底多云见晴，看到了希望，对企业的发展多了几分信心。吟诗抒豪情，字里行间充满真情。畅谈话未来，寄语企业接力长征。浓浓的企业情怀，是企业发展壮大的灵魂。

依依惜别，告别企业代表，心中的敬意油然而生。企业关心员工的举动化作涓涓细流，浸入员工的心田，滋养着爱岗敬业的奉献精神。

一年一度的专程慰问，温暖员工的心灵，激发员工的斗志，凝聚员工的智慧，汇聚成企业发展的洪流，奔腾不息，迎来企业持续发展的黎明。

祭祖

/2018年2月14日

腊月二十九是传统祭祖的日子。我们和往年一样，兄弟三人先回故乡看望长辈，然后，我们和堂兄一起祭祖。一年一度的春节不忘祭祖。祭祀的形式没变，祭品丰富了。祭祀的时间没变，参加的人数增加了。

祭祖不忘从哪儿来，追忆先人迁徙的足迹、留下的教诲和曾经耕耘的土地。岁月沧桑，饱经磨难。祭祖不忘在哪儿立足，回忆父辈曾经的艰难岁月，披星戴月耕耘，糠菜难以果腹。起早贪黑忙碌，家境贫寒，衣食不足。在贫寒中煎熬，在艰难中生存。忍辱负重，勤俭持家。

祭祖不忘从哪儿起步，脑海萦绕儿时的岁月。曾经因文革失学的岁月，让大好时光虚度。恢复高考改变了人生，告别养育我二十年的家乡，踏上自强不息的人生之路。

饮水思源，祭祖不忘感恩。风雨无阻，辛勤耕耘，为的是世代繁衍，人丁兴旺，和睦邻里，富足安康。夜以继日，寒窗苦读，为的是正心诚意修身，致知格物精进。披星戴月，星夜兼程，志在为天地立心，为生民立命，为往圣继绝学，为万世开太平。

牢记使命，祭祖不忘忠厚持家久、诗书继世长。自古倡导正心诚意修身、齐家治国平天下。今日岂能馋吃懒做，坐享其成。人生的任务在于传承家教、弘扬家风。辛勤耕耘，养家糊口，奉献社会，施舍众人。

敢于担当，祭祖不忘初心。历经磨难痴心不改，为的是家族兴旺发达。奋斗不止勇攀高峰，为的是民族屹立世界之林。

祭祖，汲取忠孝的养分，传承生命的灵魂。妯娌和睦，兄弟同心。礼让仁义，温良恭俭。祭祖，弘扬勤俭的家风，秉持正直的品行。勤俭持家，耕读济世。无论顺逆，不忘初心。分多润寡，慈悲为人。

雨水

/2018年2月19日

“好雨知时节，当春乃发生。随风潜入夜，润物细无声。”雨水，顾名思义，春生万物，雨水滋润。园丁辛勤耕耘，禾苗茁壮成长。春回大地，各行各业开启新征程，洒下汗水，倾注心血，万象更新。

天地人和，顺势而行。春生夏长，秋收冬藏。人不误农时，谷物有收成。人误地一时，地误人一年。学不废光阴，学业皆可成。业精于勤荒于嬉，行成于思毁于随。

天地万物，道法自然。凡事预则立，不预则废。人生有目标，事业有追求，行动有方案，执行有检查。言必信，行必果。诚信为本，勤俭立身。勿贪不义之财，勿饮过量之酒。

一分耕耘，一分收获。天上不会掉馅饼，地上不会长黄金。不受一番冰霜苦，哪得梅花放清香。种瓜得瓜，种豆得豆。唯有辛勤付出，方可有所收获。唯有不懈努力，方可有所作为。

志不立，天下无可成之事。凡事经过方知曲折，事业不会一帆风顺。人生之事十之八九不如意，有风狂雨骤的冲击，有荆棘丛生的旅程，有陡峭险峰的攀登。人生之路如履薄冰，战战兢兢。

雨露滋润禾苗壮，辛勤耕耘事业丰。人顺应四季，适时播种，洒下汗水，当好园丁。不怕风霜雨雪，悉心呵护幼苗，呕心沥血滋润。

雨水顺应四季而行，大地万物逢春。人生顺应自然，奉献自身的雨水，滋润事业的大地，做好事业的园丁。精神回归自然，采菊东篱下。领略诗人的意境，悠然见南山。

人生如四季，奉献正当时。不因碌碌无为而懊悔，不为虚度年华而苦恼。不负雨水节气的使命，挥洒勤劳的汗水，耕耘人生的原野，洒下慈悲的种子，收获智慧的果实。

处高宜慎

/2018年3月23日

古往今来，高处不胜寒。好大喜功乃人之本性，选贤任能绝非易事。谗言者投其所好，忠谏者直言相劝。上好誉而恶直言，下观颜而蔽真情。忠臣因诽谤而死于无罪，邪佞因虚誉而赏于无功。上有用贤之愿，难成用贤之事。好听世俗之赞誉者，或以非贤为贤，或以非智为智，或以非忠为忠。人君若以世俗之所誉者为贤，以世俗所毁者为不肖，则多党者进，少党者退，是以群邪比周而蔽贤。鉴古知今，不可不察。

赞誉不绝于耳，必然包藏祸心。责难于君谓之恭，陈善闭邪谓之敬。处高宜慎，防患于未然。谨言慎行，不蹈覆辙。天下有三危：少德而多宠，一危也；才下而位高，二危也；身无大功，而有厚禄，三危也。吾日三省吾身，少德而多宠乎？才下而位高乎？身无大功而有厚禄乎？察天下仁人，识天下志士。

治事因时而变，勿食古不化。安邦顺势而行，勿急功近利。当忍则忍，该让则让。法令视民俗而定，分轻重缓急，以感化教育为先。法令要随时事而变，对症下药。心不知治乱之源者，不可令制法度。

以问题为导向，革故鼎新。接地气，通下情，除时弊，修法令。以修身为引领，弘王道，体恤民。戒奢侈，尚清正。务农事，继女功。有备无患，不忘饥寒之民。

国虽大，好战必亡。天下虽安，忘战必危。国之亡也，大不足恃；道之行也，小不可轻。得道多助，失道寡助。由此观之，存在得道，不在于大；亡在失道，而不在于小。道之所存，人心所向。治国安邦，以民为本。得民心者得天下，失民心者失天下。

用人德才兼备，以德为先。荐贤能，祛邪佞。识真伪，辨清浑。不以个人好恶选人，防止轻信谗言而混淆是非，警惕偏好小人而指鹿为马，不以毁誉而动摇信念。正心诚意修身，以先贤为师，不以物喜，不以己悲。达则兼济天下，穷则独善其身。

居安思危。凡事皆有两面性，不可忽视其一，不能盲目乐观。“日月欲明，浮云盖之；河水欲清，沙石秽之；人性欲平，嗜欲害之。”遇事多想一点，行动理智一点。把困难考虑细，防止措手不及；把办法想周全，遇事三思而行。“是故凡将举事，必先平意清神，神清意平，物乃可正。”

览高处胜景，修人间正道。路漫漫其修远兮，吾将上下而求索。

返璞归真

/2018年3月28日

随着经济的发展，物质日益丰富，人们对生活的追求似乎无止境。在对美好生活的向往中，前赴后继，摩肩接踵。然而，人们因禀赋不同，出生各异，获取财富的机遇不同，生活的处境各异。因此，人们对美好生活的感受不同，物欲的满足程度不同。正因为有差异，对物欲的追求无尽，对美好生活的渴求无止，欲望把人绑在追求物质的战车上，像脱缰的野马狂奔，有的人仰马翻，有的坠入悬崖。

夜深人静，告别忙碌的喧嚣，人们少有物欲满足的欣慰，倒是一丝彷徨涌上心头。人对物质追求多了，在得到物质的同时，忽视了精神追求，忘却了文化修养，偏离了人生轨迹。有的弄权玩火，有的身陷囹圄，有的身败名裂，有的家破人亡。追根溯源，不是物质不丰富，而是欲壑难填。谁提倡节俭，谁似乎落伍了。奢侈成为时尚，勤俭视为无能。谬种流传，误人不浅。

追求无尽的物欲，攀比奢侈的生活，滋生迷茫的情绪，陷入无尽的苦恼。这是日益蔓延的社会病，影响整个社会的风气，个人似乎无能为力，不融入者被视为另类。移风易俗，刻不容缓。

历览前贤国与家，成由勤俭败由奢。追求奸邪淫逸，必然民不聊生。“凡奸邪之心，饥寒而起。淫佚者，文饰之耗，雕文刻镂，害农事者也；锦绣纂组，伤女工者也。农事害则饥之本，女工害则寒之源也。饥寒并至，而能不为奸邪者，未之有也。男女饰美以相矜，而能无淫佚者也，未尝有也。故上不禁技巧，则国贫民侈。国贫民侈，则贫穷者为奸邪，而富足者为淫佚，则驱民而为邪也。民以为邪，因以法随诛之，不赦其罪，则显民设陷也。刑罚之起有源，人主不塞其本而督其末，伤国之道也。”鉴古知今，应当力戒奢侈，提倡简朴。

精准扶贫，真脱贫，脱真贫，是治本之策。寻恶行之源，治恶行之本；追根溯源，返璞归真。不抑制奢侈，难祛除奸邪；不禁绝淫佚，难安抚百姓。反腐倡廉，戒奢侈，绝淫佚，是治源之术。权为民所用，礼贤下士；利为民所谋，谦卑治世；情为民所系，弘扬仁德。

知人善任，成事之要。正心诚意修身，齐家治国平天下。天下非无贤，非尽其才。此治世之弊，不可不察。知而不用，国之失也；用而不任，国之悲也；用而不信，国之过也；信而复使小人参之，国之祸也。

桓公之事，警世之典，不可不察。用贤则兴，用佞则亡。鉴古知今，选贤任能。察其言，考其绩。人尽其才，贤不肖皆有所为。正风肃纪，净化政治生态。移风易俗，弘扬优秀文化。

修炼

/2018年4月1日

天地万物，奥妙无穷。四季往复，天地永恒。人法地，地法天，天法道，道法自然。正心诚意修身，是先贤的立身之本，齐家治国平天下，是志士的毕生追求。生当作人杰，死亦为鬼雄。从小确立“为天地立心、为生民立命、为往圣继绝学、为万世开太平”的人生追求。

古往今来，仁人志士无不在修炼上下功夫，有的头悬梁、锥刺股学，有的卧薪尝胆隐忍，为后人做出了表率，开启了自强不息的先河，指明了人生前进的方向。

进入新时代，开启新征程。如何作为才能不负众望，如何修炼才能勇于担当，这是摆在我们面前的现实课题，翘楚有志于传承历史，精英不甘心平庸一生。然而，有志者众，如愿者寡。为何事倍者功半？为何功败垂成？除了立志于学、矢志于行外，应该修炼以下能力，避免功亏一篑，追求事半功倍：一是语言表达能力，二是逻辑思维能力，三是过硬工作能力，四是和谐处世能力。

语言表达能力是有效沟通的桥梁。即使你学富五车、才高八斗，如语言不简练，表达不清晰，难以达到有效交流的效果。语言表达忌口头禅，开口然后，闭口那个，会让表达大打折扣，使交流黯然失色。修炼语言表达能力，毕生之事，无捷径可走。下苦功夫，用笨办法。

逻辑思维能力决定人生格局，影响人生方向，左右人生命运。训练思维方式，缜密思维能力，事关人生成败，影响心理预期，不可不察。天地人和，道法自然。思维不能偏离万物之道，思维不能背离为人之德。

行为不能没有逻辑思维，凡事三思：是什么？为什么？怎么办？融入系统思考，剖析整体定位。扬长补短，循序渐进。

过硬的工作能力是成事的基础。没有严谨的工作作风，难有过硬的工作能力。工作难免有疏漏，事业难免有挫折。良好的愿望建立在过硬工作能力之上，严谨的作风历练过硬的工作能力，顽强的意志锤炼卓越的品质，卓越的品质铸就过硬的工作能力。别人能干的你能干，别人不能干的你也能干。只要肯做牛，总会有田耕。卯足牛劲，义无反顾。

和谐处世能力是成事的保障。社会化分工决定了人与人之间相互依赖，没有和谐的处世能力，难有融洽的人际关系。我行我素，必成孤家寡人。任凭你超群出众，事业难以如愿。作为群体一员，努力做到尽职尽责、有效沟通、积极合作。做人守法不出轨，做事履职不缺位，做事尽责不偷懒，真诚合作不作梗，敏而好学不装懂，作风务实不忽悠。

新时代接力新长征，起跑不掉队，跑好自己这一程。三人同行有吾师，学习修炼无止境。知行合一，自强不息。提高语言表达能力，言简意赅。训练逻辑思维能力，缜密思考。锤炼严谨工作能力，不出纰漏。陶冶融洽处世能力，和谐共存。

难舍的母亲节

/2018年5月13日于呼和浩特市

清晨，我独自下厨房准备早餐，七点之前，早餐已准备好，就等母亲醒来，洗漱完用餐。我几次蹑手蹑脚进入卧室，看着母亲熟睡的样子，不忍心惊动母亲，不忍心叫醒母亲……

早上八点钟，二弟进屋了，我们哥仨说话，母亲被惊醒了。二弟抚摸着母亲的脸，帮她揉揉眼睛，才勉强睁开眼睛。二弟扶母亲坐起来，三弟忙着给母亲洗漱。

三弟告诉我们，昨晚母亲一直辗转反侧，难以入眠。她一想到明天下午我和三弟返京，心里就难以平静，开始计算下一次我们何时才能再回家看望母亲。越想脑子越清醒，越想眼前越亮，呼吸机的声音似乎比平时更响，母亲怎么也睡不着。三弟晚上陪护母亲，也一直没休息。

直到凌晨四点钟，三弟起来换过大氧气瓶，母亲才入睡。早晨七点，母亲和三弟睡得正酣，我不忍心打搅他们。往常母亲早上七点就醒了，一般七点半用早餐。母亲习惯了三妹常年陪护，晚上九点多自然入睡。昨天，三妹回县里讲课，临傍晚，母亲还催问三妹晚上能回来吗？得知三妹第二天上午才能从县里回来，心里有点失落。

吃过早饭，休息了一会儿，九点半把母亲扶起来，摆上小餐桌，开始了每日的例行活动，陪母亲喝茶说话。我们哥仨围着母亲，有说有笑，谈天说地。一会儿发现母亲若有所思，我问母亲又在想什么？母亲说："想一会儿你们都走了"，母亲的眼里泛着泪花。

上午十点钟，三妹从县里回来了。三妹一进屋就报平安，接着问道："妈昨天晚上想我了吗？"妈妈连忙说："想了，想得睡不着觉。"是呀！母亲不止想三妹，也想在村里种地的姐姐，想在县里工作的二妹。母亲边喝茶边说：“要是你们都围着我多好呀！”是呀！那该多好！此事古难全！

喝过茶，三弟给母亲喂了两个草莓，母亲看样子意犹未尽。我又喂了一个草莓，说再吃一个吧！母亲说，我看两个也行。母亲的话音未落，我们都笑了，佩服母亲的机敏！

一会儿，外甥女从广东湛江打来电话，问候姥姥母亲节快乐！因为母亲戴着呼吸机说话，外甥女那边听不清。母亲就大声说：“姥姥挺好，你自己保护好自己。”

又过了一会儿，儿子从北京打来电话，问候奶奶，母亲节愉快！母亲仍像往常一样叮嘱，要好好工作。

午餐时间到了，三弟给母亲喂饭，其实平时她自己也能吃。此刻母亲享受着天伦之乐。不一会儿，准备的午餐全吃了，有鱼肉、牛肉、米饭、凉菜。母亲庆幸自己胃口好。

中午，由二弟陪母亲午休，已经形成习惯，不管谁陪母亲休息，母亲总攥着我们的手，生怕我们一转眼走了。

下午三点，二弟去加班，我和三弟过来陪母亲，一会儿三妹也过来了。我们又进入下午茶时间，我总是劝母亲多喝水，母亲多少有点不情愿，但话说得很委婉，“这个小子，吃饭总怕你少吃，喝水也总怕你少喝”。又是一阵笑声，我们敬佩母亲的睿智。

晚饭后，七点钟二弟送我和三弟去车站。我先和母亲握手告别，母亲说了声路上注意，就呜咽地哭了起来，三弟进去安慰，泪水不住地流，等二弟进去说，一会儿把我们送到车站，他回来陪母亲，母亲才由哭变泣。

踏出家门的那一刻，我们哥仨的心碎了……

下沉动员会缩影

/2018年5月10日

北京初夏的夜晚，
微风和煦清爽。
小草静听办公楼传出的声音，
星星窥视D座会议室的灯光。
风尘未洗又聚集一起的人群，
全神贯注话语铿锵。
党小组长安排工作，
巡视下沉动员令，此刻打响。

巡视员紧锁双眉，
聚焦于下沉巡视的注意事项。
打铁必须自身硬，
严以律己不忘从严治党。
围绕关键点循序深入，
查漏补缺严密织网。
维护企业合法权益，
恢复人心走出迷茫。

朴实的话语饱含情怀，
刚毅的表情彰显敢于担当。
率队出征不畏难，
这就是我们的党小组长。
牢记四个意识，
加强彼此沟通互学互帮。
不忘责任防风险于未然，
支委的话语重心长。

围绕重点找漏洞，
恪守原则把握方向。
组织建设基础弱，
业务风险层层扩张。
制度建设重实效，
经营隐患无处躲藏。
盯住各级关键少数，
巡视牢记问题导向。

领悟

巡视任重道远，
始终保持敏锐目光。
交谈中寻找共鸣，
激发心中的责任担当。
诘问中触及关键，
抓住要害点突破联防。
智慧博弈于隐密处，
呕心沥血忠诚于党。

牢记政治巡视的初衷，
凝心聚力从严治党。
巡视员使命光荣，
以对党忠诚的自觉敢于担当。
披荆斩棘无畏惧，
以严以律己的自警迎难而上。
夜深人静，
心中的激情在荡漾。

感恩母亲

/2018年5月12日早于K89列车

攥住母亲的双手，
不再厚实有劲。
细瞧母亲的面庞，
苍老有些变形。
贴近母亲的眼睛，
才能模糊地勉强辨认。
唯有开口说话，
能立刻听出我的声音。

岁月无情，
母亲为我们操劳一生，
含辛茹苦忍辱负重，
自己留下的只有病痛。
人间有爱，
母亲的心血融入我们的灵魂；
子女秉持善良忠诚，
代代传承勤俭耕读的家风。

病痛的折磨，
母亲已有两年不能下地行动。
身体不做主，
母亲曾郁闷而痛哭失声。
六个子女长大成人，
自己却不能和自然贴近。
当我们围在母亲床前，
母亲妙语如珠发出爽朗的笑声。

母亲的爱，
化作兄友弟恭的基因。
母亲的刚毅，
塑造了我们自强不息的人生。
童年的苦渐渐淡去，
博大的母爱时时在涌动。
家乡的事历历在目，
心中铭刻着慈悲善良的母亲。

领悟

家境在日日改善，
母爱也与时俱进。
饥荒时粗粮细作，
小康日餐桌丰盛。
炸糕炖肉包饺子，
满心欢喜反复叮咛，
再多吃一点，
添菜加饭忙个不停。

列车在缓缓行进，
思绪已经飞向家门。
母亲盼望母亲节，
总在问妹妹你哥几时才能回到家中。
忠孝难两全，
亲情藏心中。
母爱化作天上彩虹，
指引我一路前行！

出征

/2018年5月14日

带着党组的重托，
重整行装。
迎着初升的太阳，
凝神遐想。
兵分三路，
踏上没有硝烟的战场。
亲人无尽的牵挂，
思念化作鏖战的力量。

踏上齐鲁大地，
仿佛看见孟良崮战役的火光。
七十年的岁月宛如一瞬，
英雄的话语仍在耳边回响。
为了人民的美好生活，
前赴后继者初心不忘。
得民心者得天下，
肃然起敬于孔孟之乡。

眺望无锡物流园，
俯瞰万里长江。
水利万物而不争，
四季不息流淌。
凝神周边的净土，
感慨万般有不尽的联想。
淮海战役铭刻于史册，
不可沽名学霸王。

坐上京津城际列车，
仿佛看到大运河的繁忙。
凝神沉思，
平津战役的枪声在耳边回响。
国泰民安，
我们要接好这一棒！
刮骨疗毒，
医治肌体的创伤。

领悟

走进新时代，
人民的期盼在耳边回响。
进入巡视点，
燃烧的激情火焰更旺。
任凭困难重重，
不负使命迎难而上。
在迂回中突破，
不怕悄无声息的较量。

对党忠诚的自觉，
让满腔热血浸透简单的行囊。
敢于担当的自律，
化作顶天立地的脊梁。
任凭风狂雨骤，
志士的勇气势不可挡。
何惧世事艰难，
共产党人当仁不让。

小组会

/2018年5月17日

夜幕已经降临，
紧张的工作仍在进行。
会议室像个蒸笼，
巡视员个个汗浸衣襟。
倾听谈话一个接一个，
群众的诉求引发心底的共鸣。
凝神沉思，
最可爱的是基层群众。

异地再战，
小组会接着进行。
不顾一天的忙碌，
盘点发现如数家珍。
忘记了一天的疲惫，
清理思绪聚焦管理漏洞。
群众的切身利益，
再次引起共鸣。

谈感觉，有比较；
公司聚集了众多巾帼英雄。
办事干练吐真意；
羞于谈不足，害怕脸红。
基础工作薄弱，
人事不明“两历三龄”。
再问“三超两乱”，
坦言一概不清。

谈体悟，有共识；
中坚骨干彰显忠诚。
紧锁的眉宇间，
流露出对发展的忧心。
办事程序繁，
效率处处在牺牲。
报表重复要，
业务让位于官僚运行。

谈收获，露笑容；
一天的忙碌随风而行。
查业务，控风险；
心中的积淀略显沉重。
因噎废食，
可持续发展敲响警钟。
实事求是，
拯救企业的定海神针。

夜深人静，
耳边响起群众的声音。
群众的期盼，
化作战胜困难的引擎。
巡视员的执着，
感染着灵魂。
彻夜未眠心绪难平，
晨曦迎来新一天的黎明。

查询

/2018年5月18日

资料堆积如山，
似乎在眨着眼睛。
期盼与人不期而遇，
诉说它曲折的旅程。
掀开蒙灰的面纱，
露出故事的真情。
相视一笑，
让你为之动容。

不经意地翻阅，
触碰到沉睡的神经。
凝神辨识泛黄的墨迹，
数字似乎在眨巴眼睛。
顺手挑出来揣摩，
接下来仔细辨认。
来龙去脉探踪迹，
这是职业敏感的真情。

机缘擦肩而过，
没抓住敏锐的眼神。
险些坠地离群，
无缘走出沉寂的冷宫。
返回封闭的牢笼，
在沮丧中哀鸣。
控诉漆黑的深夜，
何时能重现光明？

在无数次的不经意之中，
偶尔引发共鸣。
众里寻他千百度，
灯火阑珊隐没其中。
不懈探寻无望，
细辨模糊的印痕。
今生有缘终相见，
庆幸不懈的查询。

领悟

巡视员的执着，
饱含着对党的热血忠诚。
线索若隐若现，
诘问中迷雾蒙蒙。
轨迹曲折迷离，
查询时困难重重。
抽丝剥茧探幽宫，
迷茫过后露出笑容。
查询单调枯燥，
披星戴月破黎明。
辨析百般艰辛，
废寝忘食聚精会神。
长时间伏案工作，
习惯于单调的查询。
巡视员的特质铭刻在心，
敢于担当敬业忠诚！

急行军

/2018年5月18日

进驻齐鲁大地，
汇聚钢铁、物流精英。
切磋管党治党责任，
凝神如何夯实党建基层？
牢记为人民服务宗旨，
规范选人用人。
倾听谈话聚精会神，
奔赴下一站星夜兼程。

动员会露天举行，
点燃了党员干部心中的激情。
工贸、钢铁、物流三路精英，
表态积极掷地有声。
企业生死存亡事，
人心涣散方向不明。
两鬓斑白老党员吐真情，
哽咽难平泣不成声。

驻足无锡物流园，
集结矿产无锡官兵。
审视投资决策，
剖析风险踪影。
拓展新市场，
关键还在选人用人。
发挥党支部战斗堡垒作用，
从严治党贵在执行。

时间短，行程紧；
粗茶淡饭戴月披星。
查疑点，找漏洞；
蛛丝马迹欲觅行踪。
低声细语话感悟，
互动有共鸣。
分享意犹未尽，
凝神眺望又黎明。

领悟

夜以继日奔波忙碌，
专注焦点心宁静。
数字背后查寻轨迹，
单证之间找裂痕。
制度不健全，运作不规范；
不守规矩有隐情。
选人有瑕疵，决策有漏洞；
从严治党路艰辛。

告别宁静的夜色，
触摸下一程的黎明。
枕戈待旦志弥坚，
惊涛骇浪前众志成城。
别齐鲁，飞厦门；
小草不舍白云随行。
苏浙顺江至，津沪任我行，
大地目送流水情深。

周末鏖战

/2018年5月20日

昨天，从机场到巡视点；
行程来去匆匆。
走近受冷落的人群，
心底产生共鸣。
掀开尘封的业务档案，
查资料专注凝神。
仿佛看到懈怠失控，
毁浦东贸易公司于放纵。

在路途中切磋，
不顾滑湿冒雨披星。
在书桌旁用餐，
心仍聚焦在疑云。
小组会交流，
细说疑惑感慨无穷。
只要有一个环节把关，
教训就不会如此惨痛。

废寝忘食的周末；
查报表，看凭证。
揭开粗放管理的漏洞，
露出潜藏的风险幽灵。
资料核实有瑕疵，
文字比较显裂痕。
履职不敢担当，
浮躁不尽责任。

夕阳西下，
迎来雨过天晴。
相视一笑，
难掩疲惫身影。
忙碌的周末，
巡视刻骨铭心！
迷宫多，幽径深；
陷阱难防险象环生。

企业管理架构的思考

/2018年5月23日

一个企业的管理架构，应该坚持高效务实的原则。管理架构设计思路要体现其业务特点和管理思路，要贯穿有效监控、促进科学发展的经营理念。

追逐时髦的所谓“创新、变革”思路，很容易偏离科学管理的轨道，随心所欲，因人设事变革的组织架构设计，忽视了“简捷、高效”的管理本质要求，埋下了经营风险的种子，容易诱发经营隐患，最终会导致经营失败。

组织架构设计，关系企业经营成败，影响员工士气。组织架构乃企业存亡之事，不可不察。

组织架构影响管理质量。管理链条越长，管理效率衰减越大，管理失控风险越大。管理链条越长，有效监管越难，滋生管理风险的环节越多。管理链条越长，人为钻营的漏洞越多，合谋共犯的风险越大。管理链条越长，官僚作风越浓，信息失真、人员失察的风险越大。管理链条越长，管理程序化风险越严重，项目失控、经营失败的概率越大。管理链条越长，执行效率越低，执行力越差。管理链条越长，人心越涣散，凝聚力越低。

管理架构影响管理效率，制约管理质量。唯有有效的管理架构，才能实现高质量的管理。唯有高质量的管理，才能促进高质量发展。

企业管理的质量，决定了企业发展的能力，体现了经营管理的水平。

合理的管理架构是高质量管理的基础。叠床架屋的管理架构，难有高质量的管理，不可能实现高质量的发展，也不会有高水平的经营。称职敬业的员工是高质量管理的关键，明确科学的岗位职责是高质量管理的保证。适当授权是高质量发展的助推器，有效监控是高质量发展的方向盘。科学的业绩评价、严格的奖惩考核、公平的奖惩兑现是高质量发展的不竭动力。选人用人公正无私、量才录用、任人唯贤是高质量管理的有效途径。

追根溯源在于执行效率，事关成败在于执行力。组织架构设计要牢记执行效率和执行力。下苦功夫，用笨办法。忌弯道超车，勿寻找捷径。忌舍本逐末模仿花拳绣腿，勿哗众取宠做表面文章。

三分钟

/2018年5月24日

发放调查问卷前，
辅导发言三分钟。
以问题为导向，
思索制约发展的问题是什么？
探寻原因沉思，
如此失控为什么？
追求治本目标，
逆境突围怎么办？

三分钟的启发，
触发沉睡的神经。
忆往昔，
曾经业绩飙升。
看今朝，
满目疮痍士气低沉。
望未来，
不寒而栗忧心忡忡。

三分钟的辅导，
引发积淀的共鸣。
央企是共和国的长子，
接力新长征道远任重。
治病树、拔烂树，
凝心聚力上下齐心。
止亏扭亏重振士气，
激活对党骨子里的忠诚。

三分钟的心灵呼唤，
燃烧与会者的激情。
正视困难求真务实，
依靠群众勇于攀登。
治理问题不手软，
从严治党抓铁留痕。
防范风险不松懈，
反腐治庸警钟长鸣。

三分钟的激情碰撞，
麻木的心扉热血沸腾。
厌倦空话走过场，
重启艰苦奋斗的征程。
不屑钻营小圈子，
康庄大道互助共赢。
不怕市场低迷，
相信群众活力在基层。

三分钟的语重心长，
干涸的心灵喜降甘霖。
老骥伏枥志千里，
不畏艰难再出征。
青年热血写春秋，
不辱使命铸就忠诚。
建设世界一流的矿产企业集团，
依靠群众汇聚精英。

牵挂

/2018年5月25日深夜

夜深人静，
辗转反侧难以入眠。
牵挂前线的将士，
眼前浮现疲惫的容颜。
南粤的骄阳似火，
汗浸衣衫不知疲倦。
察看麻涌物流园，
不顾烈日炎炎。

吴牛喘月，
巡视依旧夜以继日。
迎来晨曦，
不忘重任在肩。
送走晚霞，
小组会畅所欲言。
滔滔江水静听，
从严治党的琴弦。

上海阴雨绵绵，
巡视员步履维艰。
房间阴冷难耐，
重感冒折磨如煎。
姜丝可乐救急，
履职尽责冲锋在前。
找漏洞不厌其烦，
破疑团意志弥坚。

两周连续作战，
巡视员已到疲劳极限。
数日披星戴月，
晨曦掩不住困倦。
急需稍事休整再战，
唤醒疲惫已久的笑脸。
牵挂如丝似线，
化作滋润心灵的甘泉。

向西挺进

/2018年5月27日

下沉巡视接近尾声，
小分队蓄锐养精。
转战华东的足迹，
积淀为沉着的自信。
烈日炎炎的煎熬，
多了几分淡定。
将士等待集结令，
向西挺进！

看一眼西湖的月色，
忘记了吴牛喘月的艰辛。
滔滔江水东逝，
积淀了泥沙认识了水性。
总结挑灯夜战，
谈感悟如数家珍。
披星戴月重整行装，
攀登蜀道的险峰。

趁着南粤的夜色，
先遣小分队到达深圳。
最后的动员会，
在改革的桥头堡发令。
个个全神贯注，
从严治党贵在执行。
人人神色凝重，
抓整改踏石留印。

告别阴冷的梅雨，
迎来上海的黎明。
一夜未眠的盘点，
将士众志成城。
抽丝剥茧，
沉寂的资料露出笑容。
告别吴淞口，
乘风穿越洞庭。

领悟

向西挺进，
巡视员满怀豪情。
转战南北，
一路饱尝艰辛。
对党忠诚的自觉，
不负神圣的使命。
敢于担当的自律，
书写热血忠魂！

向西挺进，
巡视员肃穆凝神。
突出党的领导，
需要铁杵磨针的韧恒。
抓紧党的建设，
矢志不渝久久为功。
聚焦从严治党，
盯住关键少数上下同心。

致五矿（湖南）铁合金公司

/2018年5月28日

六十年的岁月，
曾经有过辉煌。
六十年的历史，
在行进中积淀了迷茫。
六十年的经验，
走出困境要依靠党。
六十年后的今天，
改变现状要奋发图强。

主动作为不懈怠，
加强党的全面领导。
打基础不走过场，
依靠群众节能降耗。
防治污染警钟长鸣，
定措施、抓落实保证达标。
扭亏脱困不偷懒，
抓基层党组织建设毫不动摇。

凝聚人心不敷衍，
自力更生是脱困法宝。
以上率下提振士气，
从严治企是永恒的聚焦。
正视困难不推诿，
抓铁留痕把基础筑牢。
拓宽有效沟通的渠道，
作风务实工作高效。

团结群众攻难关，
凝心聚力不等不靠。
发挥党员模范带头作用，
艰难险重任务主动挑。
谋划发展集思广益，
抓执行重实效。
反腐倡廉任重道远，
执纪问责抓早抓小。

领悟

为群众排忧解难，
同甘共苦解决温饱。
转型发展防风险，
脚踏实地勿骛远好高。
积跬步之功志不移，
踏石留印不怕道险路遥。
聚涓涓细流成江海，
乘风破浪何惧汹涌波涛。
路就在脚下，
为走出困境奔跑。
命运掌握在手中，
开源节流是永恒的向导。
广开言路，
汇聚群众智慧争分夺秒。
从严治党履职尽责，
掀起补短板、堵漏洞热潮。

世上无难事

/2018年5月29日

晨曦初露，
回眸闹市曾是渔村滩。
改革创奇迹，
汇聚精英飞速发展。
远眺五羊城，
豪情满怀扬风帆。
潮汐涨落天地在，
风雨顺自然。

夕阳西下，
闷热依旧相伴。
天府国行军，
志坚何惧蜀道难。
挥汗迎烈日，
凝心聚力攀高山！
蓉城仰慕英雄，
新时代伟业宏图展。

湘乡阴雨民心在，
脱困凝心战！
六十年风雨历程，
走出迷茫天地宽。
越战越勇，
湘军精神世代传。
精益求精，
重振雄风工匠欢。

承蒙领袖恩，
踏平坎坷览众山。
感恩众将士，
披星戴月连续作战。
幽径交织陷阱深，
凝神独凭栏。
世上无难事，
只要肯登攀！

返程的沉思

/2018年5月29日作于CA1374航班飞行途中

告别五矿（湖南）铁合金，
踏上返京的归程。
巡视员面容极度憔悴，
小分队行色匆匆。
行囊手拉肩背艰难，
心头责任重，布满阴云。
津沪湘三地转战，
钢铁货运物流园，巡视有忧心。

党的全面领导弱化，
满足于形式不重执行。
基层党组织建设，
组织不健全，制度难以贯彻始终。
从严治党以身作则，
关键少数缺乏民主集中。
重业务层层加码，
轻党建处处留痕。

党的组织建设缺失，
重点表现在选人用人。
程序不规范，
一人说了算盛行。
民主讨论流于形式，
倾向性发言一锤定音。
定薪酬不循制度，
个性化彰显高低因人。

思想建设僵化，
蜻蜓点水式学习流行。
政治与业务两张皮，
谈融合一脸愁云。
深入基层少，
群众渴求关心。
会议贯彻多，
实事求是徒有虚名。

作风建设任重道远，
形式主义官僚作风交错变形。
口号多调门高落实少，
工作缺少抓铁留痕。
命令多，报表频；
勤发文很少深入基层。
工作浮在表面，
落实难以踏石留印。

群众路线令人担忧，
弱势群体难以发声。
治理改革创新，
受冲击的都是困难群众。
内退下岗除名，
制度执行缺乏温情。
安居乐业有隐忧，
不稳定因素慢慢滋生。

建成小康社会，
精准扶贫道远任重。
人民群众的需求，
责无旁贷的历史使命。
政治巡视补短板，
加强党的领导与时俱进。
规范治理堵漏洞，
任人唯贤彰显公平。

巡视乃政治会诊，
借望闻问切辨病情。
沉疴用猛药，
温补循序渐进。
关心弱势群体，
深入实际温暖人心。
孤寂的人群迷茫，
干涸的心灵呼唤真诚。

会师

/2018年6月2日

一抹晨曦绯红，
蓝天簇拥着黎明。
三路将士归来，
小草雀跃夹道欢迎。
白云注目良久，
面庞刻下疲惫的皱纹。
巡视员相视一笑，
泛起凯旋的深沉。

海上明月伴潮升，
映照南粤将士的行程。
江河景仰，
披星戴月的英雄。
忆往昔废寝忘食，
补短板深知困难重重。
话未来神色凝重，
堵漏洞路坎坷异常艰辛。

夕阳余晖盘旋，
追随蜀军前行的身影。
穿云破雾翱翔，
嫦娥起舞吴刚送行。
眺望太空深处，
下意识凝视黑洞。
天地人间同在，
防范风险永无止境。

俯瞰洞庭水波涟漪，
江山如画人杰地灵。
历经浩劫英才聚，
倭寇投降列强不再横行。
中国人民从此站起来了，
耳边萦绕着领袖的声音。
走进新时代，
敢于担当不忘初心。

巡视不留死角，
核查上下左右纵横。
唯有党的领导，
所向披靡凝聚人心。
加强党的建设，
防层层衰减险象环生。
聚焦从严治党，
净化生态重塑灵魂。

巡视深入基层，
触摸到群众的心声。
安居乐业隐忧在，
期盼的目光刻骨铭心。
官僚习气未绝迹，
巧舌如簧者投机钻营。
扎紧反腐败的藩篱，
铸牢红色江山的万里长城！

巡视回眸

/2018年6月2日

巡视，
没有硝烟的战场。
在查证中思索，
凝视天空彻夜难眠。
在校验中识伪，
辨认张冠李戴的风险。
在诘问中澄清，
寻找曲径通幽的利益链。

巡视，
智慧博弈的续篇。
无声的较量，
融入于悦色和颜。
巧妙的拖延，
迂回曲折精心周旋。
避重就轻，
模糊焦点转移视线。

巡视，
浩瀚太空的探险。
问清一件事，
如大海捞针雾漫迷天。
打开一个结，
似走出连环阵举步维艰。
核实一句话，
需三番五次纪律从严。

巡视，
政治会诊凭经验。
借望闻问切探听虚实，
旁敲侧击察色观颜。
上下郁结肝火旺，
沉疴用猛药清除淤结。
巧辨温热寒凉，
对症治疗上清下泻。

巡视，
体察民情有缘。
以心换心的真诚，
群众敞开心扉献策建言。
安居乐业有隐忧，
弱势群体滑到福利边缘。
沉默寡言真无奈，
下情上达曲折艰险。

巡视，
对党性原则的检验。
不忘以民为本，
开创幸福的乐园。
拨开迷雾探病兆，
舒筋活络解郁化结。
从严治党净化世风，
建设安居乐业的美好人间。

关于商业模式的思考

/2018年6月3日

在企业的转型过程中，有改变现状的本能和冲动，有追赶时髦的自我意识，有盲目拥抱商业模式的自信，有舍我其谁的英雄气概。有“天生我材必有用，直挂云帆济沧海”的豪情。

然而，现实是严酷的，挑战是无情的。改变商业模式，独领风骚者寡，饮恨于盲目转型者众。创新商业模式，如愿以偿者寡，陷入被动经营者众。创新商业模式，注入可持续发展能力者寡，引起人才流失、经营举步维艰者众。

究其因，不同的商业模式，有其适应条件，有其盈利边界和空间，有其特定运行条件，有其敏锐的价值判断。任何模仿都难以如愿，任何异想天开的做法都会碰壁，任何善良的愿望都会落空。

选择商业模式应审慎比较，非一蹴而就。选择商业模式以创造价值为前提，以适应客户特定需求为目标，以激活员工潜能为根本。群策群力，不断完善，人无我有，人有我优。

选择商业模式，以高质量发展为宗旨，以优化运营流程为出发点。深入思考：企业的优势是什么？市场的挑战是什么？竞争对手在做什么？我们怎么办？我们想做什么？我们有哪些不足？我们能做什么？市场可能的机遇是什么？市场空间在哪里？如何做才能适应市场需求？才能抓住客户拓展市场？如何做才能在转型中升级？如何做才能在创新中发展？

选择商业模式以完善企业文化为根本保障。改变公司的行为文化，以提高效率为目的，完善岗位职责，培养包容文化，塑造执行文化，抓执行力建设。选择商业模式以强化管理、提高工作质量为前提。明确岗位职责，严格守住完成时限，保证工作按计划高质量推进。

商业模式乃公司经营之大事，事关经营业绩，左右可持续发展，不可不察。选择商业模式乃公司存亡之大事，要考虑自身资源保障，权衡利弊得失，把握风险边界，不可不慎。有效驾驭商业模式，路漫漫其修远兮，吾辈需上下而求索。

巡视路

/2018年6月9日

巡视，
走遍天涯无捷径。
寻真，凭心血汗水引路；
发掘被遗忘的人群。
探险，踏平荆棘丛生的坎坷；
透视曲径通幽的黑洞。
俯视心底积淀的忧伤；
唤醒孤寂的心灵。

巡视，
旁敲侧击无人应。
启发，防范意识重重；
有疑虑难以言语吐真。
引导，抵御本能纵横；
左推右挡难有正面回应。
真诚化解冷漠的坚冰，
感动融化严防死守的人性。

巡视，
尘封的资料有回应。
触摸，弹去尘埃见天日；
抚平积压已久的印痕。
对视，心与灵的碰撞；
数字涌动着隐情。
琢磨情与理，
天人合一灵性交融。

巡视，
数字背后有规律可循。
比较，异常之处存疑；
抽丝剥茧见真情。
分析，隐秘之处有惑；
不留死角发掘印痕。
剖析违反常理的自圆其说，
盘根错节处要循序渐进。

巡视，
坚守对党忠诚的自觉。
动员，以问题为导向；
用真诚唤起民众的热忱。
谈话，凭信念感染；

在心灵深处引起共鸣。
交流中互相尊重，
以心换心燃烧激情。

巡视，
全凭敢于担当的自信。
严以律己不懈怠，
不怕道坎坷、路泥泞。
防微杜渐不越位，
何惧触礁石、遇险峰。
踏平坎坷成大道，
以民为本不忘初心。

巡视

/2018年6月19日

巡人间贫寒，
视世上温饱。
窥探真情，
穿越九霄。

巡苍生疾苦，
视天地枯槁。
体察民情，
辨识逸劳。

巡工作短长，
视人心偏好。
回眸岁月，
发掘瑰宝。

巡迷失之魂，
视贪婪之窍。
望闻问切，
对症下药。

巡弱者心声
视虚言高调。
以心换心，
至诚为要。

巡顶层设计，
视生存之宝。
提振士气，
火海可蹈。

巡视情

——献给中国共产党诞辰九十七周年

/2018年6月28日（农历五月十五日）

月圆之夜，
粗茶淡饭共叙友情。
临时党支部，
两个半月星夜兼程。
肩负党组的重托，
巡视敬业忠诚。
话别无语眼圈泛红，
目送伤感意犹未尽。

夜深人静，
思绪一幕幕翻腾。
临时党支部会，
第三巡视组支委诞生。
突出党的领导，
巡视员个个是侦察尖兵。
对党忠诚的自觉，
激发攻坚克难的热情。

党课辅导，
学习领悟十九大精神。
情况通报，
问题多触目惊心。
互相切磋，
为何企业如此失控？
彼此交流，
深感巡视道远任重。

披星戴月一起忙碌，
茶余饭后谈话交心。
思想融为一体，
心底激发出共鸣。
查询不畏难，
分析探幽情。
望闻问切找淤堵，
会诊各显其能。

抓紧党的建设，
党小组长冲锋陷阵。
下沉动员会，
支委语重心长叮咛。
严守政治纪律，
打铁必须自身硬。
不负众望，
三路军凯旋众欢欣。

安全归来，
听汇报如数家珍。
梳理问题，
事蹊跷有疑云。
党的领导在基层弱化，
一手遮天肆意横行。
空单循环转，
经营亏损越陷越深。

骄阳似火，
细耳语结伴而行。
月高悬夜宁静，
昏暗灯光下校验伪真。
星星眨眼惊叹，
废寝忘食的人群。
小草仰慕，
敢于担当的精神。

难以忘怀的日子，
巡视结下永恒的友情。
刻骨铭心的时光，
互帮互学战无不胜。
伏案工作的焦虑，
激荡着振兴企业的忧心。
挑灯夜战的憔悴
迎来希望的黎明！

巡视记忆

/2018年7月6日

为期三个月的巡视接近尾声，大部分巡视专员已经撤场，只留下几位专员在整理资料、汇总问题线索、撰写报告。孔令斌、苏杰披星戴月整理归档资料，周昊夜以继日整理汇总完善问题线索表，杨永波废寝忘食撰写报告。看着凝神专注、满脸疲惫的同事，瞅着堆积如山的巡视归档资料，巡视工作一幕幕浮现眼前……

巡视动员会上唐复平党组书记的声音在耳边回响："全面贯彻党的十九大精神，以习近平新时代中国特色社会主义思想为指导，增强'四个意识'，坚定'四个自信'，忠诚履行党章赋予的职责，坚决维护以习近平同志为核心的党中央权威和集中统一领导，坚持党要管党、全面从严治党，按照新时代党的建设总要求，以加强党的长期执政能力建设、先进性和纯洁性建设为主线，以党的政治建设为统领，贯彻中央巡视工作方针，坚定不移深化政治巡视，坚持发现问题、形成震慑不动摇，推动全面从严治党向纵深发展，严肃党内政治生活，净化党内政治生态，夯实党执政的政治基础。将全面从严治党与全面从严治企相结合，持续深化落实全面从严治党主体责任、监督责任和全面从严治企监管责任，不断强化制度建设和手段建设，进一步扎牢'不能腐'的笼子，为建设世界一流企业提供坚强保障。"

巡视是全面从严治党的重大举措，是党内监督的战略性制度安排，使之成为党之利剑、国之利器。肩负党组的重托，开启巡视的征程。以

“对党忠诚的自觉，履职不出轨；敢于担当的自律，尽责不缺位；严以律己的自警，合作不偷懒；防微杜渐的自省，谦虚不装懂”作为第三巡视组的工作原则，聚精会神参加巡视辅导，把握重点。凝神专注内部查询资料，突破难点。低声细语探讨感悟，辨识真伪。

窗外夜色宁静，会议室灯火通明，下沉巡视动员会正在进行。突出党的领导，党小组长率先发言，布置任务，把握全局。不发现问题是失职，发现问题不报告是渎职。支部委员履职尽责，反复叮咛，细致入微。坚守政治纪律，打铁必须自身硬。巡视员的激情在燃烧，对党忠诚的热血在沸腾……

以燃烧的激情出征，拉开下沉巡视的帷幕。不怕风雨狂，何惧路泥泞。三路小分队于5月14日开始下沉巡视，6月2日平安会师北京。19天的下沉巡视，出齐鲁、跨长江、进天津，一路风尘，一路艰辛。跨越山东、福建、广东、江苏、浙江、四川、重庆、天津、上海、湖南、北京11个省市，下沉巡视43家企业。19天的挑灯夜战，细查询、巧辨认、识伪真，废寝忘食，披星戴月。19天的小组总结，理线索、找重点、谈感悟，畅所欲言，思想共鸣。19天的紧锁双眉，有困惑、有感慨、有同情，弱势群体，难以发声。19天的呕心沥血，有感悟、有升华、有凝练，对党忠诚，群策群力。

在下沉汇报会上，巡视员神色凝重，问题触目惊心，做法匪夷所思。追根溯源是党的领导弱化、党的建设缺失、从严治党不力。突出问题是选任用人有偏差，党内民主不健全，制度不落实，追责不到位。人心涣散，士气低落。悲莫大于无望，哀莫大于心死。

抽丝剥茧，一落落资料凝结为线索；反复斟酌，一串串数据显示出规律。认真解剖，上面的问题，在下面有表现；下面的问题，根源在上面。政治意识层层衰减，党的领导逐级弱化。从严治党，停留在口头上，悬挂在墙壁上，沉睡在文件中。从严治企，热衷于时髦口号，满足于花拳绣腿，习惯于表面文章。

艰辛的巡视，汇聚成归档文字；集体的智慧，凝练为巡视报告。巡视即将结束，大家依依不舍。珍惜废寝忘食的查询，怀念朝夕相处的细语。在告别巡视组前，用心血凝结成《巡视感悟》，让记忆隽刻下人生友情。

《巡视感悟》从不同角度记录了巡视历程，有夜以继日的忙碌，有废寝忘食的沉思。《巡视感悟》是思想火花的汇聚，是心底感悟的升华。珍惜巡视的难忘时光，巡视情在心底激荡。

明察“十难与九风”

/2018年7月10日

走进新时代，迎接新挑战。改革创新，革除积弊。以民为本，济世安邦。任何改革举措，必立足于满足人民对美好生活的需求。任何政策，必立足于让弱势群体得到实惠。否则，事倍功半，劳民伤财，怨声载道，事与愿违。

修身爱民得其心，治国安邦成其志。民不畏死，不可惧以罪。民不乐生，不可劝以善。宣传群众，教育群众。让群众在新时代有新收获，安居乐业。让百姓在新征程有新希望，选贤任能。

古往今来，选贤任能难如愿。多有选贤任能之名，少有选贤任能之实。究其因，选贤任能，惟有十难：一曰不知，二曰不进，三曰不任，四曰不终，五曰以小怨弃大德，六曰以小过黜大功，七曰以小短掩大美，八曰以干讦伤忠正，九曰以邪说乱正度，十曰以谗嫉废贤能。

选贤任能，路漫漫其修远兮，吾将上下而求索。十难不除，则贤臣不用，贤臣不用，则国非其国也。

选贤任能，净化世风。近贤良，远小人。知民心，察世风。教化务本，正心修身。防患于未然，治衰于无形。

“惟察九风以定国常：一曰治，二曰衰，三曰弱，四曰乖，五曰乱，六曰荒，七曰叛，八曰危，九曰亡。君臣亲而有礼，百僚和而不同，让而不争，勤而不怨，无事惟职是司，此治国之风也。礼俗不一，职位不重，小臣谗嫉，庶人作议，此衰国之风也。君好让，臣好逸，士好游，民好流，此弱国之风也。君臣争明，朝廷争功，士大夫争名，庶人争利，此乖国之风也。上多欲，下多端，法不定，政多门，此乱国之风也。以侈为博，以伉为高，以滥为通，遵礼谓之劬，守法谓之固，此荒国之风也。以苛为密，以利为公，以割下为能，以附上为忠，此叛国之风也。上下相疏，内外相疑，小臣争宠，大臣争权，此危国之风也。上不访下，下不谏上，妇言用，私政行，此亡国之风也。”

“有一言而可常行者，恕也。一行而可常履者，正也。恕者，仁之术也；正者义之要也，至矣哉。”

治国安邦，有赖股肱。“治世之臣，所贵乎顺者三：一曰心顺，二曰职顺，三曰道顺。”“衰世之臣所贵乎顺者三：一曰体顺，二曰辞顺，三曰事顺。治世之顺，真顺也。衰世之顺，则生逆也。体苟顺则逆节，辞苟顺则逆忠，事苟顺则逆道，下有忧民，则上不尽乐，下有饥民，则上不备膳，下有寒民，则上不具服，故足寒伤心，民忧伤国。”

致精诚，求诸已，正大事，则神明应矣。去浮华，举功实，绝末技，周本务，则事业修矣。求真务实，百业兴矣。抓铁留痕，踏石留印。小康不小康，关键看老乡。勿虚言厉害了，要理性找不足。勿虚言领先，要承认差距。浮夸注水，误国误民。

辨十难，治国安邦之根，不可不察；察九风，选贤任能之魂，不可不慎。前车之鉴，后世之警。根深而枝叶茂，行久而名誉远。

漫谈治本

/2018年7月11日

“夫治国之本有二，刑也，德也。二者相须而行，相待而成矣。天以阴阳成岁，人以刑德成治。”

治企亦然，刑也，法规制度，依法治企。德也，品行修养，任人唯贤。治企与用人，位必使当其德，禄必使当其功，官必使当其能，此三者，治乱之本也。“位当其德，则贤者居上，不屑者居下，禄当其功，则有劳者劝，无劳者慕。”

治企之策在于反躬自省，为企谋而不忠乎？改革举措不慎乎？员工利益受到损害乎？依法治企，宽严相济，恩威并重。依法治企贵在正本清源。正本先正己，正己先修身，修身先正心，正心先诚意。清源先清心，清心先寡欲，寡欲先抑贪。

治企之本在于决策和用人。决策要科学民主，用人要公平公正。企业非一人之企业，决策非一人之特权。任何举措都不能打着改革的幌子而徇私舞弊，任何变革都不能举着创新的旗帜而独断专行。员工，只有员工，才是企业发展的根本依存。任何举措都不能脱离企业实际而闭门造车，任何变革都不能脱离群众而我行我素。

进入新时代，面对新挑战。变革不忘员工，混改循序渐进，发展不忘富民。依法治企要秉公守法，充分调动广大员工的积极性。

踏上新征程，克服新困难。团结员工，共谋发展。改革创新要革除时弊，激活员工的创新活力。改革举措要兴利除弊，恪守为员工谋福祉的根本原则。

治企之责在主要领导，不在企业员工。领导贤能如禹、汤，则员工为优秀员工。领导昏庸如桀、纣，则员工为无能之辈。故善治企者，不尤员工而罪诸己，不责诸下而求诸身。

传曰：“禹、汤罪己，其兴也勃焉。桀、纣罪人，其亡也忽焉。”“由是言之，长民治国之本在身。”治企亦然，企业兴衰，主要领导要反躬自省。民怨之源在上不在下，民生之道在疏不在堵。民之安危乃己之责，企之衰落乃己之罪。

治企宜治本，治本先治己。正本清源，弘扬正气。选贤任能，远离奸佞。下情上达，防止信息失真。兼听则明，防止人员失察。科学决策，防止投资失控。有效执行，防止经营失败。

治企之本，乃决策与用人。决策与用人，事关企业兴衰，影响员工福祉，不可不察。

做好自己

/2018年7月12日

世事纷繁，人心浮躁。怨天尤人者多，反躬自省者少。若能换位思考，人间烦恼稀少。若能扪心自问，平日郁闷自消。吾日三省吾身，为人谋而不忠乎？与朋友交而不信乎？传不习乎？三思而言，九虑而行，做好自己。

无论为君，还是为臣，都要本分做人。君不言尊贵，臣不语卑贱。人格平等，彼此尊重。正心诚意修身，致知格物精进。

为君者，礼贤下士，体恤百姓。人君之修身，贵在使臣以礼，则臣事君以忠。君无礼，臣不忠。知人善任，奖罚分明。选贤任能，论功行赏。故善为政者，务在于择人而已，及其求人也，总其大略，不具其小善，则不失贤矣。故曰：“记人之功，忘人之过，宜为君者也。”人有厚德，无问其小节。人有大誉，无訾其小故。

为臣者，忠诚尽职，敢于担当。凡人臣之于其君也，犹四肢之戴元首，耳目之为心使也。皆相须而成为体，相得而后为治者也。故臣之事君，犹子之事父而加敬焉。

“其为人臣也，称才居位，称能受禄，上足以尊主安国，下足以丰财阜民，谋事不忘其君，图身不忘其国，内匡其过，外扬其义，不下比以暗上，不上同以病下，程功积事而不望其报，进贤达能而不求其赏，道涂不争险易之利，见难而无苟免之心，其身可杀而其守不可夺。”

为君者，兼听则明，偏信则暗。广纳谏言，防止壅塞。谏争者多，纳谏者少。为君者，堵壅塞之患，开谏言之门，下情上达，知民疾苦。

领悟

为君之患，不在于言不用贤，而在于诚不用贤。故明主之得贤也，得其心也，非谓得其躯也。改革创新，贵在得民心，凝聚人心，提振士气。得民心者得天下，失民心者失天下。

人生漫长，贵在修身。履职尽责，贵在忠诚。处江湖之远忧其君，居庙堂之上忧其民。达则兼济天下，权为民所用，利为民所谋，情为民所系；穷则独善其身，不苟且偷安，不同流合污，不寄人篱下。身无傲气，心存傲骨。宁为玉碎，不为瓦全。

至诚之道

/2018年7月17日

今天是初伏，四季往复，运行不穷。天地运行有规律，万物生长合于时。天不言自高，地不言自厚，四时不言运而不穷，此乃至诚之道。知行合一，自强不息。天人合一，道法自然。

入伏，是自然规律，初伏位于小暑与大暑之间，夏至后的第三个庚日。

至诚，乃尊道守法。至诚，乃从善如流。君子之养其心，莫善于诚。以诚为本，不忘初心。恪守道义，谨言慎行。以诚待人，似水无痕。恪守诚信，修炼品行。至诚之道，天地共存。

正心诚意修身，致知格物精进。此乃教育之根本，做人之灵魂，其核心是至诚之道。君子之养其心，莫善于诚。包容万物，诚意感天，实乃道法自然。

诚者，天地之大定，而君子之所守也。以诚为本，不忘初心。天地有道矣，不诚则不能化育；君臣有义矣，不诚则不能相邻；父子有礼矣，不诚则疏；夫妇有恩矣，不诚则离；交往有分矣，不诚则绝。心诚则灵，信守则成。天下之事贵在诚，成败之要贵在信。

治国安邦惟诚，育化万民贵诚。至诚守信者君子也，见利忘义者小人也。当今乱象丛生、投机取巧，乃社会缺失诚信之祸。在中美贸易战中陷于被动的企业，其根源在于缺乏至诚之道，热衷奸巧之术。奸巧有术，也有效，但不能长久。当别人断货之时，企业就休克，可悲可叹！不可不察。

领悟

至诚乃天地之道，事有因果，违者必报。企业缺乏核心竞争力，国家缺乏知名品牌，社会缺乏至诚笃信之风，乃制约中华民族伟大复兴的致命短板。

弥补至诚短板，导之以德，齐之以礼，刑之以法。弘扬至诚之风，路漫漫其修远兮，吾将上下而求索。

修炼至诚之义，弘扬至诚之风，乃民族存亡之大事，事关国家兴衰，影响企业生存，不可不察。

推己及人

/2018年7月21日

戊戌之年，天下并不太平。美国利益优先，内政外交一意孤行。全球贸易战，内外交困。限制移民，不顾骨肉亲情。世界为之不寒而栗，天下因之无所适从。细思之，天下之理，推己及人。己所不欲，勿施于人。

古今中外，崇仁而兴利，推己及人。心孝于父母，兴事亲之道。心乐于妻子，倡家室之欢。不忍于饥寒，则无冻馁之患矣。此三者，非难见之理，非难行之事。古之仁人，推所好以训天下，而民莫不尚德；推所恶以诫天下，而民莫不知耻。孔子曰："仁远乎哉，我欲仁，斯仁至矣。"

吾欲善乎？推己及人。国有大小，国格平等。人有贵贱，人格平等。夫欲天下善，则互相尊重。国家不分大小，一律平等。种族不分肤色，一律平等。言天下至善，行私利至上，非真善也。至善之举，有恻隐之心。

言善，贵在诚信，推己及人。言行一致，取信于民。"古之圣君贤佐，将化世美俗，去信须臾，而能安上治民者，未之有也。"

天地著信而四时不悖，日月著信而昏明有常，王者体信而万国以安。"上秉常以化下，下服常而应上，其不化者，百未有一也。"

讲信修义，而人道定矣。守信重义，而世道兴矣。言而无信，不知其可。故祸莫大于无信。无信则不知所亲，无信则不知所以。"信者亦疑，不信亦疑。则忠诚者丧心而结舌，怀奸者则饰邪以自纳，此无信之祸也。”

推己及人，礼之用也。傅子曰：“能以礼教兴天下者，其知大本之所立乎！”天地之大本有三，一曰君臣以立邦国，二曰父子以定家室，三曰夫妇以别内外。三本者立，则天下正。三本不立，则天下不可得而正。礼之大本，存乎三者，可不谓之近乎；用之而蔽天地，可不谓之远乎？由近以知远，推己以及人，此礼之情也。

礼之用，和为贵。己所不欲，勿施于人。匡正天下之乱象，重塑人间之诚信。路漫漫其修远兮，吾将上下而求索。履职尽责，推己及人。

通情达理

/2018年7月24日

通情，即下情上达，上情下达。无壅蔽之塞，有直谏之路。办事唯公，用人唯能。重德轻言，躬身践行。达理，即秉持正道，坚守正义。无谄媚之言，有考绩之举。念百姓之苦，保社稷之安。节用而廉，敬业而勤。

通百姓之情，达天下之理。故先王之教，进贤者为上赏，蔽贤者为上戮，顺礼者进，逆法者诛。设诽谤之木，容狂狷之人，任公而去私，内恕而无忌，是之谓公制也。公道行则天下之志通，公制立则私曲之情塞矣。

弘扬正气，选贤任能，治国安邦，通情达理，则天下定矣。闻言不可不审也，闻言未审而以定善恶，则是非有错，而饰辩巧言之流起矣。听言不如观事，观事不如观行。听言必审其本，观事必校其实，观行必考其迹。参三者而详之，近少失矣。

鉴古知今，虚言可畏，不可不察。衰亡有因，巧辩藏奸，不可不慎。虚言巧辩，混淆是非。虚言塞情，巧辩违理。塞情则盲人骑瞎马，违理则背道而驰。

知己知彼，百战百胜。虚言强大，贻误军情。古今多少战，警钟长鸣。天下并不太平，贸易战烽火四起。广开言路，捕捉真情，有效应对，步步为营。通天下之情，达制胜之理。

通情，事关国之安危，情系天下苍生，不可不察。达理，事关发展方向，左右追赶路径。通情达理，路漫漫其修远兮，吾将上下而求索。虚言巧辩，雾蒙蒙其弥漫兮，吾将甄别而沉思。

事辍者无功

/2018年7月25日

一分耕耘，一分收获。昨天，联络员把巡视资料交接的照片发到微信群，巡视员感慨万分。大家的辛勤工作凝结为一摞摞归档资料。正是因为大家三个月的披星戴月、废寝忘食，才有了今天交接的丰硕成果。

“事辍者无功，耕怠者无获。”无论做什么，若不能全身心的投入，就不能有丰富的收获，天上不会掉馅饼。巡视如此，工作亦然。三个月的巡视，二十二位同仁鼎力合作，秉持“一天也不耽误、一天也不懈怠”的企业精神，以对党忠诚的自觉，履职不出轨，恪守巡视纪律；以敢于担当的自律，尽责不缺位，五加二、白加黑地工作；以严以律己的自警，合作不偷懒，齐心协力共克时艰；以防微杜渐的自省，谦虚不装懂，互帮互学共同提高。

正因为巡视员有崇高的使命感，不但圆满完成组织交给的巡视任务，还把巡视工作的体会写成文字，汇聚成《巡视感悟》。巡视感悟，是工作的总结，更是认识的升华；巡视感悟，是心血的积淀，更是思想的凝练。巡视的辛勤付出，化作对企业政治会诊的病历；有舒筋活络的建议，有健体强身的思考。把建议转化为行动，吃一堑长一智。把思考升华为理念，未雨绸缪。巡视的刨根问底，找出了经营的漏洞，发现了管理的短板。堵漏洞刻不容缓，补短板脚踏实地。巡视的抽丝剥茧，梳理问题，探讨病源。唯有强化党的领导，才能猛药去疴。唯有加强党的建设，才能汇聚群众智慧。唯有从严治党，才能风清气正。相信群众，依靠群众。深入群众，关心群众。这是中国共产党制胜的法宝，也是企业走出困境的法宝。唯有关心弱势群体，才能凝聚人心。唯有以上率下，才能提振士气。

巡视工作告一段落，整改工作任重道远。牢记“发现问题、形成震慑、推动改革、促进发展”的巡视工作原则，刮骨疗毒。正确对待巡视中发现的问题，认真做好巡视的后半篇文章。选贤任能，风清气正。逆境不气馁，凝聚人心。顺境不浮躁，正心修身。

巡视的岁月随风而去，心头的积淀日渐清晰。“事辍者无功，耕怠者无获。”世上无难事，成功无捷径。脚踏实地，默默前行。得民心者得天下，任何举措不忘民生。

祸福有因

/2018年7月27日

天下之福，莫大于无欲。天下之祸，莫大于不知足。无欲则无求，无求者，所以成其俭也。不知足，则物莫能盈其欲矣。海内之物不益，万民之力有尽。纵无已之求，以灭不益之物； 逞无极之欲，而役有尽之力。此天下之祸也。

祸福有因，亘古未变。有多少帝王因纵欲无度而亡国，有多少重臣因贪婪而家破。物有尽时，俭而节用。人有尽力，惜气养身。欲无之尽，节欲而修身。

祸福有因，公明而诚信。公生明，廉生威。诚信为本，体恤百姓。倡勤俭节约之风，以上率下。兴自力更生之道，自己动手。

祸福有因，劳动有功。勤俭持家，丰衣足食。养成勤俭习惯，培养动手能力。随遇而安，适者生存。

祸福有因，懒惰是祸根。沉溺于消遣，习惯于方便，是心灵的懈怠。心灵懈怠，人无追求。沉迷于嬉戏，贪恋于寄生，是人格的堕落。人格堕落，事业难成。沉醉于欢娱，痴迷于奢侈，是灵魂的迷失。灵魂迷失，祸患随行。

祸福有因，全在自身。不忘勤俭持家，远离奢侈之境。不贪求虚荣，不游戏人生。不攀比享受，不厌恶劳动。劳动，创造财富； 劳动，净化灵魂。

祸福有因，不在出身。多少达官贵人因贪欲而断送前程，多少寒门子弟因勤奋而青史留名。命运掌握在自己手里，行善积德，庇荫子孙。

享受社会进步成果，奉献自己的劳动。自食其力，不能寄生。不贪不义之财，不求虚幻之名。脚踏实地，辛勤耕耘。只要肯做牛，总会有田耕。

祸福有因，莫怨时运。正心修身，六道有痕。修炼慈悲心，发心为众生。离弃贪欲苦，智慧度人生。莫怨人间苦，净心少贪嗔。知足常乐，能忍自安。但行好事，莫问前程。

为政贵在安民

/2018年7月28日

治国之大体有四：一曰仁义，二曰礼制，三曰法令，四曰刑法。四本者具，则帝王之功立矣。夫仁义礼制者，治之本也；法令刑罚者，治之末也。无本者不立，无末者不成。

所谓仁者，爱人者也。爱人，父母之行也，为民父母，故能兴天下之利也。民富则安，贫则危，明主之治也。重亲民之吏而不数迁，重则乐其职，不数迁则志不流于他官，乐其职而志不流于他官，则尽心恤其下，尽心恤其下，则民必安矣。

古往今来，安民，贵在体恤其苦，重在化解其难，难在消除其忧。削役减赋，则民安居乐业。衣食足，知荣辱，重教化，习礼仪。安民，知稼穑之艰，节官吏之用。倡导节俭，抑制奢侈。

精准扶贫是最根本的安民。让人民共享改革成果，共同富裕，在奔小康的路上一个不能少。安民诚在安心，让贫困者感受惠民政策的好处，无后顾之忧；响应脱贫号召，对生活充满信心；参与脱贫攻坚，对未来充满希望。

安民重在安身。安居乐业，六畜业旺，五谷丰登。安民不忘启蒙。耕读济世，勤俭持家。净化风俗，安抚民心。上情下达，关注民生。

安民难在基层。资源匮乏，困难重重。唯有放下架子，深入群众，才能了解实情。发现民之苦，沟通民间情。唯有心灵相通，才能体察真情。整治环境，改善民生。保护环境，珍爱生命。发展不能以牺牲环境为代价，保护绿水青山是安民之本。

安民之路漫长，启蒙教育艰辛。教育资源何以均衡？受教育机会何以平等？设身处地体察民之愿，不能纸上谈兵。促进教育资源共享，要循序渐进。

安民贵在务实，脱贫不图虚名。脱贫没脱贫，关键问贫民。三年攻坚战，抓铁留痕。全面奔小康，民心印证。

信心

/2018年7月29日

多事之夏，大国角力。合纵连横，城下之盟。鹿死谁手，忧心忡忡。鉴古知今，贵在信心。

信心源于知己知彼，力量来自脚踏实地。小马过河，众说不同。唯有亲自体验，方知水有多深。

前事不忘，后事之师。取人之长，谦卑恭听。勿傲慢偏见，忌掩耳盗铃。勿虚言厉害，要分辨伪真。韬光养晦，默默耕耘。正视差距，追赶有信心。凝心聚力，创新有动能。

信心不是盲目自负，信心耕植于正知正念。正知正念发于正心。正心乃做人之本，诚意乃做人之魂。正心诚意，志在修身。致知格物，正念形成。正知源于正心，正念源于致诚。

求正知贵在正心，立正念不忘致诚。天人合一，道法自然。天地法道，万物长生。日月不辍，四季往复。天地有正念，四季运不穷。

正知正念孕育于自心，正心乃是人之本性。物欲横流，迷茫无明。遮掩心性，浮躁丛生。遇事嫉妒，逢人嗔恨。静坐常思己过，擦拭心性之尘。闲谈莫论人非，眼前豁然晴空。心性主导人生，净心启迪人生。

擦拭心性之尘，非一日之功。发掘正知，贵在正心诚意修身。确立正念，重在致知格物精进。取舍有度，进退有道，成败有因。

发掘正知，自信油然而生。孕育正念，自信开启人生。告别浮躁，走出无始的无明。远离嗔恨，走向有缘的人生。

骄阳似火，有志者运筹于帷幄之中。刀光剑影，趁势者决胜于千里之外。鹿死谁手？赢在信心。

关于做好国有企业政治巡视的思考

/2018年8月3日

习近平总书记在国有企业党建工作会议上指出："坚持党的领导，加强党的建设，是我国国有企业的光荣传统，是国有企业的根和魂，是我国国有企业的独特优势。"在新形势下发挥国有企业的独特优势，就是突出党的全面领导，抓住党的建设，聚焦从严治党。

巡视是全面从严治党的重大举措，是党内监督战略性制度安排。《中央巡视工作规划（2018年～2022年）》提出"六围绕、一加强"的政治巡视要求。巡视以党的政治建设为统领，把维护党中央权威和集中统一领导作为根本政治任务，以"四个意识"为政治标杆，查找政治偏差，督促各级党组织强化管党治党的政治责任，发挥政治"显微镜"和政治"探照灯"作用。

一、正确认识国有企业政治巡视的意义

正确认识国有企业政治巡视的意义，首先要明确国有企业的战略价值。"国有企业是中国特色社会主义的重要物质基础和政治基础，是我们党执政兴国的重要支柱和依靠力量。新中国成立以来，特别是改革开放以来，国有企业发展取得巨大成就。我国国有企业为我国经济社会发展、科技进步、国防建设、民生改善做出了历史性贡献，功勋卓著，功不可没。没有国有企业，国家不可能发展到今天；没有国有企业，社会主义也不可能发展到今天。"

国有企业肩负着巩固国家政权、捍卫人民利益的崇高历史使命，习近平总书记强调："要通过加强和完善党对国有企业的领导，加强和改进国有企业党的建设，使国有企业成为党和国家最可信赖的依靠力量，成为坚决贯彻党中央决策部署的重要力量，成为贯彻新发展理念、全面深化改革的重要力量，成为实施“走出去”战略、“一带一路”建设等重大战略的重要力量，成为壮大综合国力、促进经济社会发展和改善民生的重要力量，成为我们党赢得具有许多新的历史特点的伟大斗争胜利的重要力量。”

国有企业在社会主义事业建设中发挥了重要作用，具有重要的战略地位：“国有企业为中华民族创造了巨大财富。成功阻击了跨国公司对中国市场的瓜分垄断。为宏观调控做出了杰出贡献。为国家的技术创新、管理创新和工人阶级队伍建设做出了重大贡献。为国家的政治、经济、文化、社会、生态文明建设做出了重大贡献。为国家安全、经济命脉做出了重大贡献。在国家出现灾害时显现英雄本色。”

明确认识国有企业的战略地位，深刻领会国有企业的战略价值。国有企业不完全是经济组织。领导、协调、服务，兼具政治、社会功能。国有企业肩负着监督资源、强化风险管控的政治任务。国有企业要把思想政治工作、精神文明建设和企业文化建设摆在突出位置，保证党对国有企业的绝对领导地位。

二、准确把握国有企业政治巡视的重点

国有企业的使命光荣，任务艰巨。国有企业在改革开放中创造了巨大财富，取得了可喜成绩。但是，我们必须清醒地看到：“进入新时代、新世纪，中国共产党面临的四大考验，即执政考验、改革开放考验、市场经济考验、外部环境考验，它们是长期的、复杂的、严峻的；四大危险，即精神懈怠的危险、能力不足的危险、脱离群众的危险、消极腐败的危险，更加尖锐地摆在全党面前，落实党要管党、从严治党的任务比以往任何时候都更为繁重、更为紧迫。”

因此，习近平总书记对国有企业党建工作提出四项要求：“第一、坚持党要管党、从严治党，紧紧围绕全面解决党的领导、党的建设弱化、淡化、虚化、边缘化问题。坚持党对国企业领导不动摇，发挥企业党组织的领导核心和政治核心作用，保证党和国家的方针政策、重大部署在国有企业贯彻执行。第二、坚持服务生产经营不偏离，把提高企业效益、增强企业竞争实力、实现国有资产保值增值，作为国有企业党组织工作的出发点和落脚点，以企业改革发展成果检验党组织的工作和战斗力。第三、坚持党组织对国有企业选人用人的领导和把关作用不能变，着力培养一支宏大的高素质企业领导人员队伍。第四、坚持加强国有企业基层党组织不放松，确保企业发展到哪里，党的建设就跟到哪里、党支部的战斗堡垒作用就体现在哪里，为做强、做优、做大国有企业提供坚强组织保证。”

国有企业的发展离不开优秀的干部队伍。抓好国有企业干部队伍建设，是巩固国有企业的市场地位、扩大国有企业的影响力、提升国有企业的国际竞争力的根本保证。“国有企业领导人员是党在经济领域的执政骨干，是治国理政复合型人才的重要来源，肩负着经营管理国有资产、实现保值增值的重要责任。”

国有企业领导人员必须做到“对党忠诚、勇于创新、治企有方、兴企有为、清正廉洁”。要坚定信念、任事担当，牢记自己的第一职责是为党工作，牢固树立政治意识、大局意识、核心意识、看齐意识，把爱党、忧党、管党、护党落实到经营管理各项工作中。面对日趋激烈的国内外市场竞争，国有企业领导人员要迎难而上、开拓进取，带领广大干部职工开创企业发展新局面。

国有企业的党建工作应该围绕其历史使命和企业经营的实际，统筹部署党的建设和经营管理，始终坚持党管干部原则，保证党对干部人事工作的领导权和对重要干部的管理权，保证人选政治合格、作风过硬、廉洁不出问题。党和人民把国有资产交给企业领导人员管理，是莫大的信任。要增强对国有企业领导人员的党性教育、宗旨教育、警示教育，严明政治纪律和政治规矩，引导他们不断提高思想政治素质，增强党性修养，从思想深处拧紧螺丝。要突出监督重点，强化对关键岗位、重要人员特别是一把手的监督管理，完善“三重一大”决策监管机制，严格日常管理，整合监督力量，形成监督合力。

三、聚焦国有企业政治巡视的关键点

正确认识企业政治巡视的意义，准确把握国企政治巡视的难点，聚焦国企政治巡视的关键点。按照“六围绕、一加强”的要求，企业的政治巡视抓住重点，突破难点，关注弱点，寻找盲点；补短板，堵漏洞，恢复士气，凝聚人心。

围绕党的政治建设，重点检查维护党中央权威和集中统一领导情况。一是检查维护以习近平同志为核心的党中央权威和集中统一领导情况。二是检查坚持和加强党的全面领导情况。三是检查贯彻落实党的十九大精神和党中央重大决策部署情况。监督检查国有企业的主要领导是否履职尽责？是否做到“对党忠诚、勇于创新、治企有方、兴企有为、清正廉洁”？是否突出党的全面领导、抓住党的建设、聚焦从严治党？

围绕党的思想建设，重点检查学习贯彻习近平新时代中国特色社会主义思想情况。一要检查是否深入学习贯彻习近平新时代中国特色社会主义思想。二要检查是否牢牢掌握对意识形态工作的领导权。监督检查国有企业党组织是否把学习贯彻党的十九大精神作为首要政治任务，深入学习领会习近平新时代中国特色社会主义思想和基本方略。检查党员特别是领导干部的理想信念宗旨，解决好世界观、人生观、价值观这个“总开关”问题。检查“两学一做”教育是否存在学做“两张皮”现象。

弘扬理论联系实际的学风，紧密联系实际，自觉运用科学理论指导实践，解决实际问题，推动事业发展。牢牢掌握党对意识形态工作的领导权，做到守土有责、守土负责、守土尽责。

围绕党的组织建设，重点检查选人用人和基层党组织的建设情况。一是着力发现选人用人方面的问题。二是着力发现基层党组织建设方面问题。坚守选人用人导向，弘扬正气，遏制歪风。把在实践中成长起来的良将贤才及时选拔到国有企业领导岗位上来，对国有企业人员，既要从严管理，又要从严爱护，树立正向激励的鲜明导向，让他们放开手脚干事，甩开膀子创业，要大力宣传优秀国有企业领导人员的先进事迹和突出贡献，营造尊重企业家价值、鼓励企业家创新、发挥企业家作用的浓厚社会氛围。认真贯彻落实十九大精神和习近平新时代中国特色社会主义思想，抓住国企党建的工作着力点。要把党员日常教育管理的基础性工作抓紧抓好。企业党组织“三会一课”要突出党性锻炼。要让支部成为“团结群众的核心、教育党员的学校、攻坚克难的堡垒”，要把思想政治工作作为企业党组织一项经常性、基础性工作来抓，把解决思想问题同解决实际问题结合起来，既讲道理，又办实事，多做得人心、暖人心、稳人心的工作。

围绕党的作风建设，重点检查政治“四风”问题情况。一是紧盯落实中央八项规定精神情况。二是紧盯“四风”方面突出问题。三是紧盯特权思想和特权现象。检查执行八项规定精神的实际情况，下面的问题从上面找原因。上面的问题在下面找表现。防止说一套做一套，警惕会上抽象的同意、会下具体的抵触。密切关注享乐主义和奢靡之风的新表现，防止出现反弹。着力关注表态多调门高、行动少落实差现象，防止以会议贯彻会议、以文件贯彻文件等形式主义问题。重点关注关键少数侵害群众利益的特权行为。

围绕党的纪律建设，重点检查党规党纪执行情况。一是检查维护政治纪律和政治规矩情况。二是检查深化运用监督执纪“四种形态”情况。三是检查强化日常监督执纪情况。检查主要领导的担当精神和政治意识，严肃党内政治生活，净化党内政治生态。坚持“惩前毖后、治病救人”方针，有效运用“四种形态”，抓早抓小，防微杜渐。严格落实廉洁自律准则、党内监督条例、纪律处分条例、问责条例等法规，强化纪律执行，开展警示教育，用好反面教材。

围绕制度建设和手段建设，重点检查强化制度建设和手段建设，建立健全“不能腐”的体制机制情况。一是看制度建设体系是否健全，与上级要求是否一致，制度是否及时修订和完善等。二是查看信息管理系统等手段建设情况，看是否有健全的体制机制、信息化科技手段保障制度执行、强化权力运行制约，“不能腐”的机制是否健全。三是检查企业管理是否制度化、规范化，是否存在“一个人说了算”、权利不受制约、监督空白地带、暗箱操作等情况。四是查违反制度是否及时问责等。

围绕夺取反腐败斗争压倒性胜利，重点检查领导干部廉洁自律和整治群众身边腐败问题情况。一是检查领导干部廉洁自律和整治群众身边腐败问题情况。二是检查落实全面从严治党“两个责任”情况。

加强对巡视整改情况的监督检查。巡视发现问题的目的是解决问题，发现问题不解决，比不巡视的效果还坏。巡视整改，事关企业发展，影响员工情绪，不可不察。

国有企业党的建设必须把党要管党、从严治党落到实处。要履行主体责任。要加强国有企业党风廉政建设和反腐败工作，把纪律和规矩挺在前面，持之以恒落实中央八项规定精神，抓好巡视发现问题的整改，严肃查处侵吞国有资产利益输送等问题。

四、国有企业政治巡视的基本原则、工作方法政治巡视敏感复杂，坚守正确工作原则。第一、坚持思想建党和制度建党相统一。第二、坚持使命引领和问题导向相统一 。第三、坚持抓“关键少数”和管绝大多数相统一 。第四、坚持行使权力和担当责任相统一 。第五、坚持严格管理和关心信任相统一。第六、坚持党内监督和群众监督相统一。在深入企业的巡视中，要牢牢把握以上原则，工作循序渐进，充分相信群众、依靠群众，依靠被巡视党组织的积极配合。运筹于帷幄之中，决胜于千里之外。

国有企业的政治巡视不是一般的业务检查，也不是办案，在问题背后从管党治党上找原因。因此，国企巡视工作要做到六个结合：

一是坚持政治原则和把握人性相结合。企业的政治巡视，面对的是企业职工、领导，是有血有肉的人。巡视员要尊重被巡视对象，在巡视工作中充分体现人性。尊重被巡视者的人格，关注情绪变化，防止发生意外。

二是坚持问题导向和促进业务相结合。巡视发现问题不是目的，目的是解决问题。因此，巡视坚持问题导向，认真思考“问题是什么？问题的原因何在？如何解决这些问题？”巡视不能停留在简单的发现问题，还要思考问题产生的原因和背景。客观分析，理性解剖。找到问题的原因，探讨解决问题的办法，通过整改问题，促进企业的发展。

三是坚持围绕中心和服务大局结合。企业的政治巡视围绕加强党建这个中心，在政治高度上突出党的全面领导，在政治要求上抓住党的建设，在政治定位上聚焦从严治党。巡视工作遵循两个一以贯之，坚持围绕中心和服务大局相结合。

四是坚持完善制度和强化执行相结合。巡视整改是否到位，不在于制度制定了多少，而在于制度真正落实了多少。因此，巡视不仅要关心制度的完善，更要关注制度执行情况。巡视整改要把完善制度和强化执行相结合。整改问题重质量，改进工作看效果。听其言，观其行。

五是坚持落实岗位责任和遵循业务规律相结合。巡视既要对照岗位责任检查履职情况，也要了解企业的业务特点、业务规律性和公司业务发展的历史，客观评价生产经营中存在的问题，全面分析问题的原因、工作的薄弱环节、业务本身的制约等因素。既不能片面夸大特殊性，也不能简单一刀切。衡量问题以有利于企业经营发展、防范风险、调动员工积极性为原则。

六是坚持执纪从严和自我完善相结合。巡视工作，正人先正己，打铁必须自身硬。在巡视过程中，只有自身政治素质过硬，才敢于碰硬。只有秉公办事，才坦荡无私。只有尊重被巡视者，才不会吃闭门羹。巡视会遇到许多新情况、新问题，虚心学习，认真请教。防止盲目发号施令，切忌主观臆断。

五、加强巡视队伍自身建设

巡视工作有挑战，工作方法很重要。巡视员要关心被巡视党组织，端正巡视工作态度；放下架子，深入群众，深入实际；倾听群众呼声，了解基层民意。在巡视工作中努力做到以下四点：一是以对党忠诚的“自觉”，履职不出轨。二是以敢于担当的“自律”，尽责不缺位。三是以严以律己的“自警”，合作不偷懒。四是以防微杜渐的“自省”，谦虚不装懂。

巡视员要有强烈的政治责任感，对党组织交给的巡视任务要上心。要有精益求精的责任心，对小组的巡视分工内容要用心。要有锲而不舍的执着心，对巡视的疑难问题核实要专心。谦虚谨慎，互帮互学。广泛交流，畅所欲言。

巡视工作错综复杂，考验巡视员的政治定力、业务能力、心理素质和责任担当。因此，加强巡视队伍能力建设是做好政治巡视的根本保证。

第一、增强学习本领。巡视工作政策性、专业性强，必须把增强学习本领当作重要政治责任，如饥似渴学习，与时俱进提高。尽快熟悉业务、尽快进入状态，组领导和老同志要搞好“传帮带”。要学会运用马克思主义立场、观点、方法，增强发现问题的观察力、分析问题的突破力、把握政策的判断力、解决问题的执行力。

第二、增强政治本领。要提高政治站位和政治觉悟，增强政治警觉性和政治鉴别力，善于从战略上把握全局，从政治上辨析问题，从重点上寻求突破。把握政治和业务的关系，没有离开业务的政治，也没有离开政治的业务。必须透过现象看本质，善于把业务问题放到党的领导、党的建设、全面从严治党的政治层面去分析，落到管党治党政治责任上去查找。

第三、增强群众工作本领。巡视了解情况、发现问题，都要与干部群众打交道。巡视干部必须在思想上尊重群众、感情上贴近群众、工作上深入群众。要树立群众观念，从群众最关心、反映最强烈的现实问题入手，推动解决问题。要增进群众感情，真情对待群众，倾听群众呼声，想群众之所想、急群众之所急，帮助解决问题，回应群众期盼，以实际行动赢得群众的信任和支持。要掌握群众工作方法，认真受理群众信访，深入开展调查研究，多到群众反映强烈的地方调研，听取群众意见，了解真实情况。通过下沉了解，深入群众，向群众学习，和群众交朋友。

第四、增强狠抓落实本领。一分部署，九分落实。要发扬真抓实干、求真务实的作风，强化抓落实的本领。要落实中央精神。要在增强执行力上下功夫，脚踏实地，埋头苦干，一件一件抓好落实。要落实工作责任。组长把好关、定好向，统筹工作、调配力量；副组长要带领小分队，抓具体任务落实；联络员要发挥好“桥梁纽带”功能，上传下达，协调好内外关系。每一名巡视员都要强化担当意识，尽职尽责工作。

第五、增强驾驭风险本领。重视风险防控，增强忧患意识。要重视防范被“围猎”风险。在自我约束上要严之又严、慎之又慎，坚决防止以巡谋私、超越权限、跑风漏气。强化纪律和作风建设，防止口大气粗、盛气凌人。对苗头性、倾向性问题抓早抓小、防微杜渐，对违纪违法行为及时查处、绝不护短。组长要关心爱护巡视员，积极帮助解决工作、生活方面的困难。

巡视员是从各单位临时抽调的同志，经历、阅历不同，专业、能力各异，让一个临时组织的巡视组尽快进入状态，有效开展巡视工作，是一项艰巨而复杂的任务。因此，巡视工作一定要发挥党支部的战斗堡垒作用，充分调动每个党员的积极性。组建临时党支部，明确支委分工，各司其职，各负其责；认真开展“三会一课”，主动和巡视员谈心，缓解巡视员的思想压力，激发巡视员的工作热情。

凡事预则立，不预则废。要统筹安排组务活动，按照业务分组，充分发挥副组长、业务小组长的作用。下沉巡视时间紧，任务重，按计划有序推进；小组每日总结工作，针对问题，理清思路。相信群众，依靠群众。专业工作聚焦重点，集中力量突破难点。让巡视员扮演“一岗双责”的角色，把每个巡视员的工作能力发挥到极致。组长率先垂范，关心群众，帮助群众。用自己的工作激情燃烧大家的激情，把不可能变成可能。

秋悟

/2018年8月7日

立秋时节，充满遐想。春生、夏长，秋收、冬藏。在金色的秋天，人们充满希望，饱含着期盼，激活了遐想；然而，当秋风渐起，人们萌生了忧伤，泛起了孤寂，意识到寒凉。这就是四季，周而复始，往复无穷。道法自然，人生如常。

经历了酷暑煎烤，期盼着丝丝清凉。期盼淅淅的秋雨，浇灭滚滚的热浪。期盼月朗风清，闲庭信步眺望。

经历了酷暑闷热，期盼着秋高气爽。期盼着金色的田野，丰收果实圆满归仓。期盼着广袤的大地，遍布膘肥体壮的牛羊。

经历了夏日的辛劳，期盼着业绩辉煌。整天的忙碌，为了拓展市场。长途的奔波，渴望顺利洽商。唇枪舌剑的较量，往往陷入迷茫。夜深人静的孤独，期盼着新的市场。

立秋时节，充满迷茫。秋风扫落叶，满眼凄凉。落叶无根，随风飘荡。人生如梦，转眼便是秋凉。世事艰难，曲折坎坷忧伤。生老病死的轨迹，谁也不能丈量。

经历了青春的奋斗，憧憬而立之年的梦想。播下希望的种子，悉心改良土壤。没有辛勤的汗水，哪有田间的麦浪。没有不懈的努力，哪有业绩辉煌。天有不测风云，世事无常。挫折留下的阴影，让人在反思中成长。困境的折磨，让灵魂在浴火中坚强。

经历了艰辛的付出，期盼不惑之年的粮仓。精心呵护的幼苗，沐浴风雨成长。满眼丰收在望，大雨浇灭了希望。不要无奈中呻吟，农民就是榜样。卷起裤脚下地，扶苗排水思量。补救措施如何？不能看着忧伤。人穷志不穷，生活自立自强。

经历了风雨的洗礼，期盼着耳顺之年的荣光。告别忙碌的事务，悠闲自在地幻想。告别油盐酱醋的琐碎，回归自然的人生启航。梦中多欢喜，醒来更凄凉。人间自古多无助，随遇而安少忧伤。

人生不是遐想。脚踏实地，耕耘自己的心田，收获修身的资粮。精益求精，描绘岁月的轨迹，书写人生的乐章。人生不能迷茫。慈悲人生，善待爹娘。关爱众生，不怕秋凉。善因结善果，智慧心底藏。漫漫人生路，心里莫彷徨。闻思正见心自安，何惧风起渐秋凉。

位势之悟

/2018年8月8日

“位也者，立德之机也；势也者，行义之杼也。圣人蹈机握杼，织成天地之化，使万物顺焉，人伦正焉。六合之内，各充其愿，其为大宝，不亦宜乎。”

帝王之高位，德行天下，化人间之愚昧。然人君之大患也，莫大乎详小事而略于大道，察于近物而暗于远数，自古及今，未有如此而不亡也。

人无远虑，必有近忧。庶人者，在其位，谋其政；借立德之机，谋百姓之事；握行义之杼，解百姓之难。履职尽责，竭心尽力；顺势而行，争分夺秒。

位之稀缺，机不可失；势之瞬息，时不再来。履职不缺位，弘扬正气；尽责不弃势，理直气壮。为官不恋位，顺其自然。做人不仗势，平易近人。

珍惜今天的稀缺之位，勿嫌弃。把握当下，做好自己。把握明天成败之势，勿焦虑。多一分的自信，恪守职责不缺位；快半拍的担当，秉公行义不逆势。勿羡慕官之高位，勿贪恋人之权势。不越职责界，不生贪欲心。

履职尽责，有为才能有位。精益求精，成事才能有势。位之道遥远，路漫漫其修远兮，吾将上下而求索。积跬步之功，致千里之行。势之路艰难，雾蒙蒙其难辨兮，吾将正心而辨识。聚涓涓细流，成浩瀚之海。

不求位之高也，唯恐德之薄也。不怨势之弱也，唯恐能之差也。正心诚意修身，德日渐厚也。致知格物精进，能日渐强也。要想人前显贵，必定人后受罪。修德之路漫长，不懈怠，忌取巧。蓄势之道艰难，莫畏难，不浮躁。

位不可超越，恪守规矩。势不可用尽，恰到好处。位势之道，慢慢体悟。如切如磋，如琢如磨。位势之理，不可须臾之离也。立德之机，行义之杼。立德，达于废兴之源；行义，通于安危之分。故《书》曰："元首明哉，股肱良哉，庶事康哉"。

漫谈秩序

/2018年8月9日

社会治理结构规范社会秩序。治理结构明确等级，逐级划分职责，履职尽责，社会有序。社会治理，贵在安居乐业，难在井然有序。

然而，亘古到今，结构不断变，秩序难如愿。何故？职能交叉，履职缺位，五龙治水，治事无序。唯有明确等级，各司其职，各负其责，考绩公平，奖罚严明。

社会秩序有赖于有效治理。知敬畏，明进退。等级明晰，秩序井然。崇尚节俭，移风易俗。戒奢侈，重耕织。有备无患，丰衣足食。知廉耻，尊礼仪。奉公守法，体恤孤独。

治理结构设不同等级，其目的在于维护社会秩序，百姓安居乐业，社会繁荣进步，国家文明富强。若无等级意识，必无敬畏之心。因此，不明所以，为所欲为。追求时髦，崇尚奢靡。有伤风化，有竭财源。

“为国而令廉让，君子不足如此，而使贪人有余如彼，非所以辨尊卑，等贵贱，尚道德也”。上不能率下，礼义廉耻不张，国之危也。制等级，有尊卑；分等级，有爵禄；享等级，有尊严；守等级，要清廉。

不以规矩，难以成方圆。不摆脱愚昧，难以兴文明。人之所以成为人，有思想，有追求；非满足于物欲，非放纵于贪婪。人之所以成为人，有思考，有判断，非满足于世俗，非沉迷于堕落。

治理结构规范社会治理格局和边界。横向到边，纵向到底，不留死角。人人有职，个个有责，全覆盖。治理目标在于廉能高效。明职责，有标准；明赏罚，有考绩；明晋升，有通道。选贤任能，公正公平；奖勤罚懒，及时审慎。

“知清之为清，而不知所以清之，故免而无耻也。”“日欲其清而薄其禄，禄薄所以不得成其清。”“贫则仁义之事狭，而怨望之心笃。从政者捐私门，而委身于公朝，荣不足以光室族，禄不足以代其身；骨肉饥寒，离怨于内；朋友离叛，弃捐于外，亏仁孝，损名誉。能守之而不易者，万无一也。”

知清之能清，应重其禄，能孝其亲，足养其家。“故知清而不知所以重其禄者，则欺而浊；知重其禄，而不知所以少其吏者，则竭而不足；知少其吏，而不知所以尽其力者，则事繁而职阙”。

分明等级，保证荣禄，社会治理之始也；简政放权，履职尽责，社会治理之要也。考绩公平，奖罚分明，社会治理之终也。

漫谈用人

/2018年8月10日

古往今来，用人强调名分，名不正，言不顺。“夫名不正，则其事错矣；物无制，则其用淫矣。错则无以知其实，淫则无以禁其非，故王者必正名以督其实，制物以息其非。”名副其实，诚服人心。“行不美则名不得称，称必实所以然，效其所以成，故实无不称于名，名无不当于实”。用人名副其实，贵在选贤能远小人。哗众取宠者退，敢于担当者进；急功近利者退，顾全大局者进；花言巧语者退，忠厚笃实者进；谄媚悦人者退，直谏犯上者进。净化生态，净化心灵。忠臣无后顾之忧，小人无非分之想。

然而，在选人用人过程中，有宠爱冷落之差，有远近亲疏之别。当事者慎爱，秉公办事，以防私情。唯有慎爱，才能慎选。慎选需细察，细察能明辨。慎选宜远不宜近，明辨察其言观其行。选有制度，用有标准，公开透明。

用人事业为重，不能夹杂私情，不能钟情小人。恪守制度，慎爱身边人。选人品德为上，提防奸佞小人。何以识奸谗？听其言，观其行。何以避奸谗，近贤良，辨忠奸。何以除奸谗，守法纪，倡公平。王子与庶民同权，治世法为先，选人要公平。

用人不疑，考绩察之。识人不惑，品行辨之。信任不纵，法规治之。卑贱不鄙，德能示之。任人唯贤，公平选之。德能勤绩，全面评之。愿众心之一于己，应己心包容于众。以心换心在其诚，以情融情贵其真。士为知己者死，贵在信任。

不忘朝代更替事，牢记兵荒马乱情。忠臣难于立身，奸佞左右逢源。得于君，不过须臾之欢；失于君，而终身之故患。为忠者不利，则其为不忠者利矣。凡利之所在，人无不欲；人无不欲，故无不为不忠矣。呜呼哀哉。“真实之人黜于国，阿欲之人盈于朝矣。”以己度人难成事，信任扭曲难有真。为国尽忠者日少，讨君欢心者日盛。疑贤祸患多，由来已久；任贤路艰辛，荆棘丛生。

用人导向决定干部作风。为上尊重信任臣，则下尽忠职守，造福于民。为上多疑臣，下求自保讨好君；不忠于国之事，而取悦上之心。上说贵者必贵，上视贱者终贱。心照不宣，身边无忠臣。投其所好，呼风唤雨多佞臣。如此循环，祸患无穷。上不知下真情，下常掩盖实情。掩耳盗铃，自欺欺人。故患催生佞臣，贤良不如奸臣。弥天之谎，误国误民。

明君知人善任。能用人，故人无不为己用也。人尽其才，物尽其用，天下太平，国运亨通。故曰：“为之者不必名其功，获其业者不必勤其身也。”用人重在爱民。接地气，通下情；问民意，探实情。知民难，重民生；减赋税，惠民生。

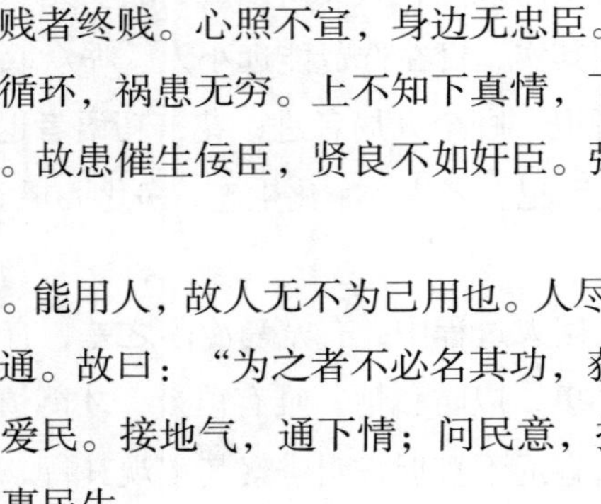

漫谈正己

/2018年8月11日

为政之务，务在正身。“凡吏之于君，民之于吏，莫不听其言而则其行。故为政之务，务在正身，身正于此，而民应于彼。”不能正其身，何以正人？“故君子为政，以正己为先，教禁为次。若君正于上，则吏不敢邪于下；吏正于下，则民不敢僻于野。国无倾君，朝无邪吏，野无僻民，而政之不善者，未之有也。凡政之务，务在节事，事节于上，则民有余力于下；下有余力，则无争讼之有乎民。民无争讼，则政无为而治，教不言而行矣。”

打铁必须自身硬。正身必须节欲。节欲是古之难题，纵欲是千古遗恨。人游走于节欲与纵欲之间，事迷茫于理想与现实之中，人性使然。人非草木，孰能无情？嗜欲有度，情欲有节，不放纵，顺其自然。不逾矩，恪守人伦。理性驾驭欲望，本能融入理想。

志存高远，趣避邪庸。“夫人生而有情，情发而为欲，物见于外，情动于中，物之感人也无穷，而情之所欲也无极，是物至而人化也。人化也者，灭天理矣。夫欲至无极，以寻难穷之物，虽有贤圣之姿，鲜不衰败，故修身治国也。要莫大于节欲。传曰：‘欲不可纵。’历观有家有国，其得之也，莫不阶于俭约；其失之也，莫不由于奢侈。俭者节欲，奢者放情，放情者危，节欲者安。”

不辱使命，正心诚意修身。孟子曰：“故天将降大任于斯人也，必先苦其心志，劳其筋骨，饿其体肤，空乏其身，行拂乱其所为，所以动心忍性，曾益其所不能。人恒过，然后能改，困于心衡于虑而后作，征于色发于声而后喻。入则无法家拂士，出则无敌国外患者，国恒亡，然后知生于忧患而死于安乐也。”

正己修身，少言多行。以身作则，万众同心。“夫圣人之修其身，所以御群臣也；御群臣也，所以化万民也。其法轻而易守，其礼简而易持，其求诸己也诚，其化诸人也深。苟非其人，道不虚行；苟非其道，治不虚应。”正己贵在敬人。敬人者，人恒敬之。善政简而易行，己所不欲勿施于人。

正己修身，敬天畏人。民不可欺，天不可违。循天理，尊人性。体恤弱者，学会包容。选贤任能，不拘一格。总其大略，不具其小善，则不失贤也。故曰：“记人之功，忘人之过，宜为君者也。”“人有厚德，无问其小节；人有大誉，无訾其小故。自古及今，未有能全其行者也。不以小故妨大美，故能成大功。夫成大功在己而已，何具之于人也？”正己修身，学会包容。天下之才，各有所长。人尽其才，各显其能。

正己不忘修身，诚心选贤任能。任人不求全，敬业贵坦诚。诚意向善，不图虚名。知人善任，珍惜股肱。正己路漫长，慈悲有知音。正身道永恒，仁义礼智信。不怕修身苦，静思有彩虹。远离贪嗔痴，世界焕然新。

漫谈天下为公

/2018年8月12日

天下为公，大道至简。公之所重，百姓之所憎也；公之所轻，百姓之所怜也。是故赏约而劝善，刑省而禁奸。由此言之，公之于法，无不可也，过轻亦可，过重亦可。与其害善，宁可利淫。傅子曰：“政在去私，私不去则公道亡。公道亡，则礼教无所立；礼教无所立，则刑罚不用情。刑罚不用情而下从之者，未之有也。夫去私者，所以立公道也，唯公然后可正天下。”

思为公之事，抑徇私之情。私之于法，无可也。过轻则纵奸，过重则伤善，今之为法者，不平公私之分，而辨轻重之文。

法治不逾人性，刑讼不逾教化，导之以德，齐之以礼，启蒙百姓。宽之以政，轻之以赋，体恤百姓。守之以耕织，不误农时，丰裕百姓。倡之以节俭，以丰补歉，安定百姓。

为公者，防壅塞，详听细察； 举贤良，恪尽职守；重考绩，安民镇疆；审察听之虚实，言谈辩之真伪。听谋臣之计，审志士之谋。审时度势，运筹帷幄。取忠臣，谋博士，以广视听，详察下情，安社稷，富百姓。

治世贵在敬贤，为公贵在用能。敬一贤则众贤悦，诛一恶则众恶惧。敬贤，爵禄不可不重； 用能，考察不可不慎。故先王重于爵位，慎于官人。制爵必俟有德，班禄必施有功，是以见其爵者昭其德，闻其禄者知其功。

夫无功而受禄，君子犹不可，况小人乎？官人封爵，不可不慎也。“富与贵，是人之所欲也。不以其道得之，不处也。”君子不吃嗟来之食。苟得其志，执鞭可为；苟非其道，卿相犹避。明君不可以虚授，人臣亦不可以苟受也。是以圣帝明王，重器与名，尤慎官人。官人封爵，不可不慎。

为公者，气正风清。夫世之治乱，国之安危，非由他也。俊义在官，则治道清，奸佞干政，则祸乱作，故王者任人，不可不慎也。听言观行，验之以实，效之以事，能推事效实，则贤愚明而治道清矣。风清气正，百姓安宁。

天下为公，消除贫穷。崇尚勤俭节约，遏制奢侈之风。凝心补短板，不务虚名。聚力堵漏洞，不怕艰深。治世不忘国情，发展聚焦民生。关注衣食住行，教育倡导公平。启蒙教化文明，告别愚昧追风。净化依附谄媚之风，重拾自立自强之魂。应对新挑战，凝聚民族心。卧薪尝胆迎日月，同甘共苦望星辰。

和谐之思

/2018年8月13日

十八年前，一个十八岁青年呼格吉勒图的冤死，触动心底的神经。善良者的心头留下挥之不去的阴影，执法者的心头刻下难以抚平的伤痕。道德被冤魂拷问，光天化日之下为何草菅人命？良心被凶手嘲弄，天网恢恢为何逍遥法外？狱讼之断，人命关天，不可不慎。

鉴古知今，体察民情。上古慎用刑法，怕狱讼断之不公，伤害无辜造成不幸，宁肯偶尔宽大处理。上知量刑之难，重在教化启蒙。

自秦始，严刑重法。投机钻营者见机行事，对犯人未加审查先定罪，被视为有能力；不问案情缘由虚实，揣摩上之意来裁决，以示忠诚。如此所为，两面讨好。当官视为有能力，对上看作真忠诚。名利双收，驱使世人效法，以求荣升捷径。如此导向，道德沦丧，风气败坏。冤魂遍地，白骨呻吟。

治狱宜慎，事关人命。治狱宜细，忌臆断言行。治狱宜实，防急于表功。治狱宜公，勿夹私情。断狱实事求是，忌逼供，防冤情；忌护恶，防欺贫；忌官官相护，防坑害百姓。忌恶意抹黑，防掩盖真情。

以事实为依据，以法律为准绳。防官官相护，要保护百姓；当官要为民做主，否则，宁肯不干卖白薯。

独立审理，中性公正。防上干预，防下说情。防被钱收买，防仗势欺人。为民除害，还人公平。为国除奸，还民安宁。为无辜者鸣冤，为正义者发声。抑恶扬善，铁腕执行。惩恶不殆，锄奸务尽。

领悟

秉公执法，忌先入为主。设身处地，不伤无辜。主持公道，除恶务尽。广泛听察，审慎评判。切忌莫须有，不怕被否定。忌屈打成招，敬畏神灵。多深入基层，少威逼利诱。慎用生杀权，事实为准绳。人死不可复生，避免出现冤魂。

法治不逾人性，刑讼不逾教化。道之以德，齐之以礼，慎之以刑。刑讯逼供者逆天，欺世盗名者逆理。伤害无辜，天理难容。

依法治国，保护人民。依法办案，无罪推定。多一分尊重，少一分逼供。多一分敬畏，少一分蹂躏。多一分理解，少一分憎恨。多一分负责，少一分顺从。多一分反思，少一分自信。多一分安抚，少一分专横。天地人和，万物共存。和谐之境，万民共建。

慎思笃行

/2018年8月14日

《司马法》曰："国虽大，好战必亡；天下虽安，忘战必危。"治国安邦，以民为本。安居乐业，本固邦宁。守正道，循天时。得人心，安天下。顺大势，成功名。"明君之所以立功成名者四：一曰天时，二曰人心，三曰技能，四曰势位。""故得天时，则不务而自生；得人心，则不趣而自劝；因技能，则不急而自疾；得势位，则不进而成名。若水之流，若船之浮。守自然之道，行毋穷之令，故曰明主。"明主者，慎思笃行。

天道永恒，巧诈不如拙诚。古之人目短于自见，故以镜观面；智短于自知，故以道正己。目失镜，则无以正须眉；身失道，则无以知迷惑。智有所不能立，力有所不能攀，强有所不能胜。天外有天，人上有人。故势有不可得，事有不可胜。因可势，求易道，故用力寡而功名立。秉无为之道，荐贤能之才，顺天应人。使中主守法术，拙匠执规矩，则万不失也。

治国安邦，德法相依。法治建立在教化启蒙之上，不教而刑，则不会产生预期效果。法治在于规范，教化在于引导。明理而行，节欲而戒。法治不忘以民为本，惠民安天下。使民以时，安居乐业。饥而食之，寒而衣之，视民如子。

治国安邦，道法自然。法，弘道而扬善，凝心聚力；法，偏离道会演化为苛法。术，因势利导，转危为安；术，昧着道会隐藏灾术。势，顺势而为，蓄势待发；势，逆转道会倾泻成害流。守道为民，法之本也，执法不可须臾之离道。治国安邦，术之根也，用术不可片刻之忘民。抑恶扬善，势之用也，借势不可丝毫之徇私。天下大势，非法术能改变。天下人心，非法术能凝聚。道之以德，齐之以礼，凝心聚力，共享太平。

法，在安邦定国；则，在规范秩序；法则，宜稳定；秩序，贵规范。法则变化频繁，百姓难以适应，易生民怨，难安社稷。“是以有道之君，贵虚静，而重变法。故曰：‘治大国者，若烹小鲜。’”

治国安邦，取信于人，守约于事，不忘于故，慎思笃行。放下贵贱，自己动手。以上率下，抑制官僚。贴近基层，触摸真情。下情自知，防范塞壅。忠臣之举贤，不避仇雠；忠臣之谏主，不阿亲近。公私分明，是非分明。不诽谤，不奉承。不投机，不钻营。选合适的人做事，人尽其用。把百姓的事当天，尽力做好。敬天畏人，顺应自然。

面对现实，领悟天道。圣人体天，贤者法地，智者师古。伤贤者，殃及三世；蔽贤者，身受其害；进贤者，德流子孙。妒贤者，名不全。故君子急于进贤，而美名彰矣。夫人之有道者，若鱼之有水，得水而生，失水而死。故君人者，畏惧不敢失道。

“夫能扶天下之危者，则据天下之安；能除天下之忧者，则享天下之乐；能救天下之祸者，则得天下之福。故泽及人民，则贤归之；泽及昆虫，则圣人归之。贤人所归，则其国强；圣人所归，则六合同。贤者之政，降人以礼。圣人之政，降人以心。礼降可以图始，心降可以保终。”

铭记历史

/2018年8月15日

今天是日本无条件投降73周年。七十三年前，日本明仁天皇向全世界宣布无条件投降。七十三年来，世界发生了翻天覆地的变化，战后日本的经济建设取得了举世瞩目的成就，甚至，实现了战争无法实现的伟大成就。

在这个特殊的日子，中国人民应该铭记过去的苦难和屈辱。铭记历史不是为了伤痛，而是要反思我们为何受屈辱？日本侵略者为何能够在中国大地横行、烧杀掠抢14年？

七十三年的岁月冲淡了屈辱和痛苦的记忆，年轻一代憧憬中日和平友好的序曲。然而，现实是严峻的，历史是无情的。中国人民的善良并没有赢得尊重和信任，中国政府的大度并没有赢得睦邻关系的友好。七十三年后的今天，我们必须反思，不能一厢情愿，切忌与虎谋皮。

经历过严寒的人最知道太阳的温暖，被奴役的人最向往民族独立的尊严。一个受尽外辱的民族，不能忘记过去。列宁曾经说："忘记过去意味着背叛。"国虽大，好战必亡。天下虽安，忘战必危。抗日战争虽然胜利了，中华民族没有享受战胜国的成果，为什么？中国做出如此大的让步，为何没有换来预期的效果？前事不忘，后事之师。

铭记历史，不是憎恨，更不是抱怨。我们需要理性思考，从民族自身找原因，从国家历史找原因。国门为何不堪一击？国军为何不抵抗？国家破亡，在于失去民心。一个战败国，在战后取得如此辉煌的经济成就，秘诀就在于凝聚人心。

领悟

铭记历史，不能夜郎自大，更不能自吹自擂。我们需要冷静思考，扬长补短，卧薪尝胆。国门打开了，我们的下一代学到了什么？忽视道德建设，民族难以自立，更不会自强。人无远虑，必有近忧。如此道德环境，如何防范外寇的再次侵略？民族精神的发扬需要培养出一代精英，恪守礼义廉耻，精忠报国。

铭记历史，要有危机感。内忧外患，山雨欲来风满楼。国家统一，民族振兴蜀道难。防范风险，脱贫攻坚万重山。特权贪腐，丝丝入扣似连环。重塑诚信，礼义廉耻步蹒跚。严酷的现实，严峻的挑战。我们准备好了吗？要未雨而绸缪，勿临渴而掘井。

铭记历史，要有紧迫感。大国角力，捭阖纵横。层层设网，处处陷阱。民族独立，自力更生。这是屹立世界的中国之魂。上下同心，共克时艰。人不犯我，我不犯人；人若犯我，我必犯人。把我们的血肉铸成新的长城。保卫国家安全，捍卫民族自尊。

铭记历史，要有责任感。国家盛衰，匹夫有责。天下兴亡，敢于担当。立卧薪尝胆之志，守民族复兴之愿。有志者事竟成，百二秦关终属楚。苦心人天不负，三千越甲可吞吴。栉风沐雨，砥砺前行。雄关漫道真如铁，而今迈步从头越。

悟道守正

/2018年8月16日

夫道者，覆天地而和阴阳，节四时而调五行。故达于道者，处上而民弗重也，居前而民不害也。天下归之，奸邪畏之，以其无争于万物也，故莫能与之争。故体道者，逸而不穷；任数者，劳而无功。

古者圣王在上，上下同心，君臣辑睦，衣食有余，家足人给，父慈子孝，兄良弟顺，天下和洽，人得其愿。故圣人为之作礼乐，以和节之。

夫明主之听于群臣，其计可用也，不羞其位；其言可行也，不责其辩。目妄视则淫，耳妄闻则惑，口妄言则乱。三关者，不可不慎守也。

贤主之用人，犹巧匠制木。大小修短，皆得所宜；规矩方圆，各有所施。殊形异材，莫不可得而用也。食者，民之本也；民者，国之本也；国者，君之本也。是故君人者，上因天时，下尽地财，中用人力，是以群生遂长，五谷繁殖，各因其宜。

君行天道，无为而治。臣履其职，有功而为。体天法地，君臣不可同道。《庄子·天道》曰："上无为也，下亦无为也，是下与上同德，下与上同德则不臣；下有为也，上亦有为也，是上与下同道，上与下同道则不主。"是故君臣异道则治，同道则乱。各得其宜，处得其当，则上下有以相使也。是以积力之所举，则无不胜也；众智之所为，则无不成也。君臣有别，各司其职，各负其责。上与下不可同道，下与上不可司德。

领悟

人才各异，量才录用。今夫朝廷之所不举，而乡邑之所不誉，非其人不肖，其所以官之者，非其职也。是故有大略者，不可责以捷巧；有小智者，不可任以大功。犹狸之不可使搏牛，虎之不可使捕鼠也。

“子路受而劝德，子贡让而止善。孔子之明，以小知大，以近知远，通于论者也。由此观之，廉有所在，而不可公行也。故行齐于俗可随也，事周于能易为也。矜伪以惑世，伉行以违众，圣人不以为民俗也。”

治国之道，上无苛令，官无烦治，士无伪行，工无淫巧，其事任而不扰，其器完而不饰。务本不误农时，节用不伤民财。夫民有余即让，不足即争。让则礼义生，争则暴乱起。“故世治则小人守正，而利不能诱也；世乱则君子为奸，而刑不能禁也。”

时也，势也。国之亡也，大不足恃也；道之行也，小不可轻。天下岂有常法哉？当于世事，得于人理，顺于天地，则可以正治也。由是观之，存在得道，而不在于大；亡在失道，而不在于小。悟道守正，社稷可保也。若上乱朝纲之戒，下失万民之心，自身难保也。鉴古知今，不可不察。

悟法行正

/2018年8月17日

治事因时而变，安邦顺势而行。唯“当于世事、得于人理、顺于天地”，即可以正治矣。法令要视民俗而定，分轻重缓急，以感化教化为先。法令要随时事而变，对症下药。心不知治乱之源者，不可令制法度。必有独闻之听，独见之明，然后能擅道而行也。接地气，通下情，除时弊，修法令。弘王道，体恤民。戒奢侈，尚清正。务农事，教育兴。

世事复杂，包罗万象，应对变迁，权衡利弊。“事有可行而不可言者，有可言而不可行者，或易为而难成者，或难成而易败者。所谓可行而不可言者，取舍也；可言而不可行者，伪诈也；易为而难成者，事也；难成而易败者，名也。此四策者，圣人之所独视而留志也。”学会取舍，谨防伪诈，致力于成事，专心于治世。此乃悟法之意，行正之道。

法，因时而异；制，因势而变。因应变化，顺应潮流。体察民情，顺应民意，凝聚民心。“天下岂有常法哉？当于世事，得于人理，顺于天地，祥于鬼神，则可以正治矣。”法度者，所以论民俗而节缓急也。夫持天地之政，操四海之纲，屈伸不可以失道，动作不可以离度。故世衰道失，非天之所为也，乃人之所祸。称其所是，行其所非，是以尽日极虑而无益于治，劳形竭精而无补于事。

事，因人而异；人，因事而成。敬天畏人，以民为本。用人之风，务在清正。用人之道，务在贤能。选贤任能，罢黜邪佞。崇尚勤俭持家，抑制奢靡之风。“夫雕文刻镂，伤农事者也；锦绣纂组，害女工者也。

农事废业，则饥之本也；女工不继，则寒之原也。夫饥寒并至，而能无为非者寡矣。”

民以食为天，国以民为本。故神农之法曰：“丈夫丁壮而不耕，天下有受其饥者；妇人当年而不织，天下有受其寒者。”故身自耕，妻亲织，以为天下先。务本不误农时，节用不伤民财。民富即安，习礼仪，知荣辱。民贫即乱，争财物，祸乱生。

治世安民，启蒙正风。其道民也，不贵难得之货，不器无用之物。是故其耕不强者，无以养生；其织不力者，无以掩形。有余不足，各归其身，衣食饶裕，奸邪不生，安乐无事，而天下均平。

法不治众，非乱世即愚民也。“不教而诛，则刑繁而邪不胜；教而不诛，则奸民不惩；诛而不赏，则勤属之民不劝；诛赏而不类，则下疑、俗俭而百姓不一。”教之道，贵在启蒙，正心诚意修身。恪守礼义廉耻，秉公遵纪守法。四维不张，国之将亡。

行之不端而横行，乃世风靡乱。取之不正而盛行，乃道法衰退。匡正世风，弘扬道法，乃当务之急，不可不慎。“夫忧所以为昌也，而喜所以为亡也。”悟法行正，乃走向世界的通行证。急功近利，投机取巧，难以突破瓶颈。增强法制意识，教化言语，端正品行，做合格的世界公民。悟法行正，乃战胜困难之灵魂。与民同甘共苦，携手风雨同行。不怕世事难，万众能同心，攻无不克，战无不胜。

当今之世，风起云涌，霸权依然横行。大国角力，全面围攻，胜在凝聚人心。借鉴世界文明，弘扬优秀文化，悟法行正。不怕风雨狂，何惧路泥泞。

巡视悟

/2018年8月21日

谁言路漫雾蒙蒙？
耳语切磋路径巡。
戴月沉思寻短板，
披星细辨捕残尘。
凭栏领悟通幽处，
倚壁推敲闭塞门。
笔墨无声凝宿怨，
人心有意吐呻吟。

岁月年轮

/2018年8月26日

清晨，在校园晨练，一幅标语醒目耀眼：寒窗苦读终圆梦，壮志豪情谱新篇。校园洋溢着喜庆，拉开了欢迎2018新生的序幕。

在学校北门入口处，进来一对父女，在工作人员的指引下朝报到处走去，女孩看着欢迎标语，脸上洋溢着喜悦。在校园行进中，遇到一家三口，儿子拉着大行李箱，父母相随而行，儿子的脸上写满了自信。在能源与交通工程学院门口，一对父子凝神于学院简介，他们的肤色刻下农村牧区的烙印。

光阴荏苒，岁月如梭。自1977年恢复高考，现已有四十二届新生入学。四十二年的时间流逝，四十二载的沧桑变化，刻下四十二条岁月年轮。

四十二年前，恢复高考后第一届新生七七级入学，基本是自己报到；四十二年后，新生基本是家长陪同报到。

四十二年前，大学生在学生食堂用餐，家庭条件困难的同学还把饭票退了，买加量玉米面饼，把省下的钱寄回家，贴补家用。四十二年后，学生食堂不再是唯一选择，有的外出就餐，有的还叫外卖。

四十二年前，家庭困难的学生，利用周末或假期，申请勤工俭学，自食其力。四十二年后，有了校园贷，贷款用途多元化；有的学生因校园贷而债务缠身，甚至被逼家破人亡。

四十二年前，每天早上学生到阶梯教室占座位，争取在前排听课，考试怕掉出班级前三名，有的学生四年坚持中午不休息，在教室自习；

期末复习考试时，老师到教室往外哄学生，让在户外活动，适当参加体育锻炼，怕学生的身体累垮。四十二年后，学生姗姗来迟，教室前排冷清，考试六十分万岁，认为考多了浪费，考场作弊不以为然，考试挂科习以为常。

四十二年前，学生是一颗红心两手准备，以报效国家为荣，到祖国最需要的地方去。四十二年后，择业多元化，有人的择业标准是：工作不累，工资不低，离家不远。

四十二年来，学生的人生观和价值观在潜移默化中变化。自我意识强了，担当意识少了，享受意识浓了，吃苦意识淡了，自立意识少了，依赖意识多了，发奋意识少了，取巧意识多了……

四十二年的变化，潜移默化，似温水煮青蛙； 骨骼软了，意志弱了，信仰少了……

四十二年的变化，道德失衡，犹秋风扫落叶； 竞争意识少了，渐渐失去了斗志；危机意识少了，渐渐变得麻木。

青年强则国家强。正视变化，居安思危。青年是民族的希望，青年是国家的未来。新生从入学起，耳边应该响起：“为天地立心、为生民立命、为往圣继绝学、为万世开太平”的召唤，知行合一，自强不息。

巡视汇报

——献给巡视三组同仁

/2018年8月28日

日月相随心血聚，
星辰陪伴贵光阴。
凝神汇报时如箭，
注目观贤语似风。
报告翔实数据丰，
资情沉重耐人寻。
亡羊补漏征程漫，
祛垢清风正气生。

尚《上礼》，安天下

/2018年8月29日

天地之道，极则反，益则损。故圣人治弊而改制，事终而更为，其美在和，其失在权。圣人之道曰：非修礼乐，廉耻不立。民无廉耻，不可以为治；不知礼义，不可以为行。法能杀不孝者，不可使人孝； 能刑盗者，不能使人廉。

为礼者，雕琢人性，矫拂其情，目虽欲之禁以度，心虽乐之节以礼。夫礼者，遏情闭欲，以义自防。

循性而行谓之道，得其天性谓之德。性失然后贵仁义，仁义立而道德废，纯朴散而礼乐饰，是非形而百姓眩，珠玉贵而天下争。

夫有余则让，不足则争； 让则礼义生，争则暴乱起。故多欲则事不省，求赡则争不止。故世治则小人守正，而利不能诱也； 世乱则君子为奸，而法不能禁也。

智过万人者谓之英，千人者谓之俊，百人者谓之杰，十人者谓之豪。明于天地之道，通于人情之理，大足以容众，惠足以怀远，智足以知权，人英也。德足以教化，行足以隐义，信足以得众，明足以照下，人俊也。行可以为仪表，智足以决嫌疑，信可以守约，廉可以使分财，作事可法，出言可道，人杰也。守职不废，处义不比，见难不苟免，见利不苟得，人豪也。英俊豪杰，各以大小之材处其位，由本流末，以重制轻，上唱下和，四海之内，一心同归，背贪鄙，向仁义，其于化民，若风之靡草。

夫圣人非能生时，时至而不失也，是以不得中绝。圣贤勃然而起，持以道德，辅以仁义；近者进其智，远者怀其德，天下混而为一，子孙相代辅佐；黜谗佞之端，息末辩之说，除苛削之法，去烦苛之事，屏流言之迹，塞朋党之门。

凡学者，能明于天人之分，通于治乱之本，澄心清意以存之，见其始终，反于虚无，可谓达矣。治之本，仁义也；其末，法度也。人之所生者，本也；其所不生者，末也。本末一体也，其两爱之，性也。先本后末，谓之君子；先末后本，谓之小人。夫知法之所由生者，即应时而变；不知治道之源者，虽循终乱。

夫法者，天下之准绳也，人主之度量也。法生于义，义生于众适，众适合乎人心，此治之要也。法非从天下也，非从地出也，发乎人间，反己自正。诚达其本，不乱其末；知其要，不惑于疑。有诸己，不非于人；无诸己，不责于所立。立于下者，不废于上；禁于民者，不行于身。故人主之制法也，先以自为检式，故禁胜于身，即令行于民。

善赏者，费少而劝多；善罚者，刑省而奸禁；善与者，用约而为德；善取者，人多而无怨。故圣人因民之所喜以劝善，因民之所憎以禁奸；赏一人而天下趋，罚一人而天下畏之，是以至赏不费，至刑不滥。圣人守约而治广，此之谓也。

老子曰：臣道者，论是处当，为事先唱，守职明分，以立成功。故君臣异道即治，同道即乱，各德其宜，处有其当，即上下有以相使也。故枝不得大于干，末不得强于本，言轻重大小有以相制也。

屈寸而申尺，小枉而大直，圣人为之。今志人之所短，忘人之所长，而欲求贤于天下，即难矣。故论人之道：贵即观其所举，富即观其所施，穷即观其所受，贱即观其所为；视其所患难，以知其所勇；动以喜乐，以观其守；委以财货，以观其仁；振以恐惧，以观其节。如是，则人情可得矣。

屈者所以求申也，枉者所以求直也；屈寸申尺，小枉大直，君子为之。善言贵乎可行，善行贵乎仁义。故智者不妄为，勇者不妄杀，择是而为之，计礼而行之。故事成而功足恃也，身死而民足称也；虽有智能，必以仁义为本而后立。

反观自心

/2018年9月1日

在现实生活中，人们对不如意的事情习惯于埋怨，很少主动检点自身的原因。处顺境时就得意，处逆境时就沮丧。美国的经济出了问题，埋怨中国抢走了他们的工作，抢走了他们的饭碗。国家之间如此，个人亦然。只要自己不顺利了，张口就埋怨客观，却很少从主观方面找原因。这是缘木求鱼，于事无补。命运由自己主宰，多做善事，少积恶业。

无论如何，都应该先检点自身，查找自己的不足，发现问题的症结。不要一味埋怨别人。其实，反观自心，能找到问题的根源；埋怨别人，则蒙住了双眼，在困境中越陷越深。唯有完善自我，才能增强应变能力。唯有取人之长，才能增强竞争能力。

世界上的任何事情，都遵循因果关系。外因是变化的条件，内因是变化的根据，外因通过内因而起作用。美国今天发生的一切，都是其过去的内政外交引起的，不是中国强加的。正视现实，查找不足，人跌倒不能怨风。种瓜得瓜，种豆得豆。善恶皆有源，因果不虚。某个企业被中美贸易战连累，不要简单地埋怨美国的制裁，从自己的经营发展找原因。企业不能把命运寄托在别人身上，应该做好自己。知己知彼，百战不殆。要未雨而绸缪，勿临渴而掘井。

当前的经济形势严峻，有些人总是从外面找原因，不是埋怨美国，就是埋怨日本，很少从我们自身找原因。这种本末倒置的思维方式，阻碍了发现问题的有利时机，不能及时改正错误，难以弥补不足。贻误了纠正错误的时机，在观望中陷入被动。与其埋怨别人，不如完善自己。

与其羡慕别人，不如奋力赶超。冷静思考问题症结，理智采取应对举措。卧薪尝胆，运筹于帷幄之中；绝处逢生，决胜于千里之外。

万事万物，因果不虚。遇到困难要反观自心，出了问题从自身找原因。从佛教的因果关系中，我们可以有以下启发：今天的困境是过去业的累积。因此，要解剖我们过去做错了什么？今天不再犯重复的错误。面对困难，不要埋怨客观环境，更不要埋怨竞争对手。身处困境，要冷静检讨自己的过错，潜心革故鼎新。反观自心，寻找因果关系，抓住主要矛盾。迎难而上，顺势而为。

诸恶莫作，诸善奉行。自净其意，敬天畏人。美国与其埋怨中国，不如反省自己。过去二十年，美国让多少国家战火连天，让多少家庭妻离子散，让多少无辜者在炮火中丧生。管中窥豹，略见一斑。如此罪过，难辞其咎。反观自心，多做善事。积善之家，必有余庆。积恶之家，必有余殃。

漫谈修身

/2018年9月4日

修身，乃治学的核心。曾子提出“吾日三省吾身”的修养方法和“夫孝者，天下之大经”、“慎终、追远，民德归厚”等主张。正心诚意修身，齐家治国平天下。世事变迁，修身永恒。勤俭传家宝，修身有余荫。耕读继世道，忠孝业永恒。温良恭俭让，仁义礼智信。

修身，贵在修心；修心，贵在正心。正心者，心似权衡持正直，事如泾渭辨清浑。诚意者，清心寡欲，志存高远。心静神宁，心动神乱。“君子己善，亦乐人之善也；己能，亦乐人之能也。”见贤思齐，见不贤而自省也。

修身，贵在真诚。曾子曰：“君子攻其恶，求其过，强其所不能；去私欲，从事于义，可谓学矣。”以先贤为榜样，治学不辍，抑恶扬善，去欲存义，砥砺奋进。珍惜分秒，知行合一。日有所学，夜有所思。一息尚存，为学不止。

学要精益求精，不可一知半解。“君子既学之，患其不博也；既博之，患其不习也；既习之，患其不知也；既知之，患其不能行也；既能行之，患其不能以让也。君子之学，至此五者而已矣。”学贵有恒，浮躁无益。业精于勤荒于嬉，行成于思毁于随。

学以致用，博学多思；思无邪，行有方；方向既明，矢志不渝。知行合一，贵在修身。“君子博学而浅守之，微言而笃行之；行欲先人，言欲后人；见利思辱，见难思垢；嗜欲思耻，忿怒思患。君子终身守此战战也。”不偏不倚，恪守中庸。

言修身易，真修身难。“五色令人目盲；五音令人耳聋；五味令人口爽；驰骋畋猎，令人心发狂；难得之货，令人行妨；是以圣人为腹不为目，故去彼取此。”物欲横流，霓虹耀眼。守一方心灵净土，难上加难。唯有静心思贤，生起“为天地立心、为生民立命、为往圣继绝学、为万世开太平”的使命，才能洁身自好，不至随波逐流。

事有因果，敬天畏人。修身走出迷途，修心净化灵魂。“君子之于不善也，身勿为，可能也；色勿为，不可能也；心勿为，不可能也。”唯有心绪平静，神色才能宁静。诸恶莫作，诸善奉行。修身先修心，修心因果循。自净其意，净化灵魂。不慕今日之欢娱，谨防来日之泥泞。因果不虚，谨言慎行。得意，莫为不善之事；失意，不弃行善之机。百善孝为先，行善贵在孝。万恶淫为首，守礼贵在忠。

修身，积跬步之功，非一蹴而就。曾子曰：“吾日三省吾身：为人谋而不忠乎？与朋友交而不信乎？传不习乎？”忠孝人生，不忘修身。修身在点滴，修心贵韧恒。不为财迷，不为色倾。不为名诱，不为利熏。

修身，聚涓涓细流，非一劳永逸。海纳百川，有容乃大。做人，学会包容；处事，克己宽容。善解卑微之众，居庙堂之高忧其民；能动恻隐之心，处江河之远忧其君。先天下之忧而忧，后天下之乐而乐。

读书与思考

/2018年9月5日

书籍是人类进步的阶梯，人伴随读书而成长。读书是开启智慧的钥匙，思考是激发潜能的引擎。学思严谨，行稳致远。书山有路勤为径，学海无涯苦作舟。读书贵韧恒，铁杵磨成针。读书忌一曝十寒，思考防心猿意马。

书籍是伴随我们成长的良师，读书是见证我们成熟的旅程。学而不思则罔，思而不学则殆。读书深钻研，学以致用。读书勤思考，知其然，知其所以然。读书酙别良莠，思考界定真伪。忌人云亦云，避虚言妄语。

教育改变命运，读书塑造品格。“三人行，必有吾师焉，择其善者而从之，其不善者而改之。”勤俭持家，耕读继世。子孙虽愚，经书不可不读。读书丰富知识，思考开阔视野。读书不分贵贱，成才不问贫富。寒门生贵子，白屋出公卿。

读书志存高远，修身净化灵魂。“为天地立心，为生民立命，为往圣继绝学，为万世开太平。”铁肩担道义，妙手著文章。天下兴亡，匹夫有责。先天下之忧而忧，后天下之乐而乐。人生自古谁无死，留取丹心照汗青。

读书坚定信念，思考改变人生。天道酬勤，勤能补拙。矢志不渝学，义无反顾行。知行合一，自强不息。唯有读书人人平等，功夫不负有心人。读书破万卷，下笔如有神。

读书无捷径，成才贵品行。正心诚意修身，致知格物精进。积跬步之功，至千里之行，聚涓涓细流，成浩瀚江海。锲而不舍，金石可镂。

持之以恒，水滴石穿。

读书上心，耐得住寂寞，守得住贫寒。思无邪，行有方。读书用心，刨根问底解惑，忌一知半解存疑。找因果，辨真伪。读书专心，拨开迷雾求真知，踏平坎坷成大道。会当凌绝顶，一览众山小。

读书苦中有乐，不吃苦中苦，难见天上天。挥洒汗水于天地，积淀智慧在心中。读书苦尽甘来，品尝苦中苦，回味苦中甜。谁言读书苦，行稳致远。

正视短板

/2018年9月6日

中共十九大开启了新时代，我国社会主要矛盾已经转化为人民日益增长的美好生活需要和不平衡不充分的发展之间的矛盾。

走进新时代，接力新长征。解决主要矛盾要依靠全面提升国民综合素质，增强国家综合实力。统筹战略布局，有效解决发展不平衡的问题；优化资源配置，优先解决发展不充分的问题。国民受教育不平衡、发展不充分的问题尤为突出，制约国家的创新发展，影响国家的可持续发展。教育问题，关系民族振兴，影响国家强盛，不可不察。

青年，是国家的未来，是民族的希望。青年强，则国家强。重视公平教育、珍惜学习机会是提高国民素质的有效途径，正视发展差距、领悟赶超真谛是解决社会主要矛盾的关键。人的竞争是国家间竞争的核心，培养高素质人才是赢得竞争先机的根本保证。

尊师重教是培养高素质人才的基础，营造良好社会氛围已刻不容缓。“古之学者必有师。师者，传道授业解惑也。人非生而知之者，孰能无惑？惑而不从师，其为惑也，终不解矣。生乎吾前，其闻道也固先乎吾，吾从而师之；生乎吾后，其闻道也亦先乎吾，吾从而师之。吾师道也，夫庸知其年之先后生于吾乎？是故无贵无贱，无长无少，道之所存，师之所存也。”故师不必贤于弟子，弟子不必不如师。闻道有先后，术业有专攻。三人同行，必有吾师。

读书是培养人才的关键，思考是提高能力的核心。养成读书与思考的习惯，关系个人的成长与发展。国民读书与思考的能力，影响国家的前途与命运。培养读书与思考的习惯，事关国民综合素质的全面提高，影响深远，不可不察。荀子在《劝学》中指出："君子曰，学不可以已。"读书启迪智慧，思考改变人生。"故不登高山，不知天之高也；不临深溪，不知地之厚也；不闻先王之遗言，不知学问之大也。"潜心读书，领悟圣贤之道。认真思考，开辟美好未来。

"学而不思则罔，思而不学则殆。"读书与思考应该成为人的一种生活方式，与时俱进，如影随形。"吾尝终日而思矣，不如须臾之所学也；吾尝跂而望矣，不如登高之博见也。登高而招，臂非加长也，而见者远；顺风而呼，声非加疾也，而闻者彰。假舆马者，非利足也，而致千里；假舟楫者，非能水也，而绝江河。君子生非异也，善假于物也。"养成读书与思考习惯，扭转教育迷失乱象。学中正，思无邪，行有方，志笃定。

李世民领悟《群书治要》之道，开启"贞观之治"盛世。鉴之以往，防患于未然。兼听则明，偏信则暗。李世民曾感叹道："以铜为鉴,可正衣冠；以古为鉴,可知兴替；以人为鉴,可明得失。朕尝保此三鉴，内防己过。今魏徵逝,一鉴亡矣。"培养读书人的使命感，以对党忠诚的自觉履职尽责，不辱使命。

天下并不太平，竞争异常激烈。《司马法》曰："国虽大，好战必亡；天下虽平，忘战必危。"鉴之以往，应之来事，有备无患。全面提升国民综合素质迫在眉睫，养成读书与思考习惯任重道远。居安思危，读书悟道；临危不乱，行稳致远。领悟兴衰之道，运筹于帷幄之中；振兴中华民族，决胜于千里之外。领悟天地之道，敬天畏人，治世安民。

读书在明理，人生在修心。修心，防微杜渐。防患于未然，除恶于萌芽。慎独于始，禁止杂念。慎终如始，克制欲望。抑恶扬善，常怀敬畏之心。曲突徙薪，常怀感恩之心。心静则神宁，安忍则多福。心浮则气躁，贪婪则苦恼。修炼心神，剔除杂念。读书悟道，净化灵魂。锐意进取，砥砺奋进。埋头实干，陶冶品行。

书卷养心，苦中有乐；书载世道，奥妙无穷。悟道得乐，多欲则苦。循理有趣，逆道必苦。读书明理，修身正心。少欲知足，安命循理。读书不忘初心，正心诚意修身；为官不辱使命，齐家治国平天下。晓天地之理，走人间正道。

追思

——纪念毛主席逝世42周年

/2018年9月9日

蓝天肃穆苍松泣，
白露寒凉翠柏吟。
世道迷茫贪腐继，
乡俗堕落世风浑。
缅怀领袖无私意，
关爱人民奉献情。
日月悲伤山河恸，
苍天落泪盼公平。

教育要立德树人

/2018年9月11日

2018年9月10日的全国教育工作会议明确了教育的发展方向。习近平总书记的讲话是今后一个时期教育工作的行动纲领，认真学习，深刻领会，准确地贯彻执行。贯彻落实教育方针应该围绕立德树人的目标，因地制宜改进教学工作，抓住教育的主要矛盾，解决教育发展不平衡、不充分的问题。

围绕立德树人的目标，需要反思现在教育工作中存在的主要问题是什么？教育是个系统工程，制约教育发展的因素很多，既有区域自然环境、经济发展的制约，又有外部环境的影响，特别是来自境外的各种干扰因素。解决当前教育存在的问题，需要深入思考，找到问题的症结、问题的根源；不能满足于传达文件，不能被假象迷惑，不能寄希望于外界。

教育工作是一个民族赖以存在的根和魂。中国有着尊师重教的优良传统。韩愈在《师说》中指出："古之学者必有师。师者，所以传道授业解惑也。人非生而知之者，孰能无惑？惑而不从师，其为惑也，终不解矣。生乎吾前，其闻道也固先乎吾，吾从而师之；生乎吾后，其闻道也亦先乎吾，吾从而师之。吾师道也，夫庸知其年之先后生于吾乎？是故无贵无贱，无长无少，道之所存，师之所存也。"尊师重教，蔚然成风；礼义廉耻，国之四维。

教师为人师表，注重品行修养。学为人师，行为世范。正心诚意修身，立德立言立功。打铁必须自身硬，教师以人格魅力感染学生，影响家长。培养高素质的师资队伍，是扭转当前教育乱象的根本。师资队伍良莠不齐，师德不良贻害无穷。养不教，父之过；教不严，师之惰；子不学，非所宜。

家庭教育是启蒙教育的基础，影响子女的道德准则和行为规范。培养子女家长责无旁贷，正心诚意修身是做好家长的前提。启蒙教育，积跬步之功，至千里之行，非一蹴而就。正心修身，聚涓涓细流，成浩瀚江海，非一劳永逸。重视家教，身体力行。好的家风世代传承，人才辈出。忠孝传家久，诗书继世长。耕读继世，勤俭持家。忠恕孝悌，是启蒙教育的重要组成部分。言传身教，耳濡目染。尊师重教，敬老爱幼。

学习是自我成长的必由之路。荀子在《劝学》中指出："君子曰：学不可以已。青，取之于蓝，而青于蓝；冰，水为之，而寒于水。木直中绳，輮以为轮，其曲中规。虽有槁暴，不复挺者，輮使之然也。故木受绳则直，金就砺则利，君子博学而日参省乎己，则知明而行无过矣。""故不登高山，不知天之高也；不临深溪，不知地之厚也；不闻先王之遗言，不知学问之大也。干、越、夷、貉之子，生而同声，长而异俗，教使之然也。"

书山有路勤为径，学海无涯苦作舟。读书，无捷径可走，无窍门可寻。古人读书，头悬梁，锥刺股，凿壁偷光。今天读书，下苦功夫，用笨办法。"吾尝终日而思矣，不如须臾之所学也；吾尝跂而望矣，不如登高之博见也。登高而招，臂非加长也，而见者远；顺风而呼，声非加疾也，而闻者彰。假舆马者，非利足也，而致千里；假舟楫者，非能水也，而绝江河。君子生非异也，善假于物也。"

读书要静心，读书要趁早。"少而好学，如日出之阳；壮而好学，如日中之光；老而好学，如秉烛之明。"少壮不努力，老大徒伤悲。读书贵在正心修身，确立人生理想和抱负。"为天地立心，为生民立命"，致力于“为往圣继绝学，为万世开太平”。一日之计在于晨，一年之计在于春，一生之计在于青。做好自己，过好每一天，做有意义的事。

教育要立德树人。十年树木，百年树人。因此，教育要抓早抓小。从小培养高尚情操，以先贤为师，正心诚意修身，致知格物精进。改变以自我为中心的意识，磨砺独立处理问题能力。矢志不渝，百折不挠。做翱翔的雄鹰，搏击暴风雨，翱翔蓝天。

学校是人才的摇篮，老师是人类灵魂工程师。净化教育环境，重塑道德诚信。教书育人，砥砺品行。培养德智体美劳全面发展的学生，陶冶情操，砥砺品行。认识社会，自力更生，敢于担当，奉献青春。铁肩担道义，妙手著文章。洒汗水于天地，留奉献于人间。

告别

/2018年9月14日

在走出办公室之前，仔细端详屋里的绿植和鲜花，今天浇了最后一次水，默默地道别；把椅子端正地摆好，仔细看了一眼电脑屏幕上巡视三组的合影，眼前浮现一起工作的难忘情景；环顾四周的墙壁、窗户、书柜、沙发和茶几，心底默默和它们告别；有几分不舍，有几丝眷恋……走出办公楼，钻进车子。思绪翻腾，过去的岁月浮现眼前……

四十多年的职业生涯在这里画上了句号，心底泛起了无穷的回味；收获了感悟，珍藏了友谊。四十多年的风雨人生在这里平安到港，脑海里浮现出美好的景色；沐浴了风雨，领略了彩虹；四十多年的沧桑岁月刻在脸上，额上多了皱纹，两鬓添了银发。四十多年的拼搏进取，化作了组织的信任；披星戴月探幽宫，废寝忘食辩旁门。四十多年的不懈探索，长征接力有来人；继往开来，前程似锦……

夕阳的余辉映在车窗上，几多感慨。夕阳无限好，只恨近黄昏。夕阳西下，泛起一丝乡愁，牧童的歌声在荡漾，恨不得插翅飞回故乡。顿时，耳边响起母亲的话语，你怎么还不退休？心底的内疚、自责难以平息。是啊！忠孝难两全！父亲当年无奈地叹气：“嗨！给国家养个儿。”现在，可以松口气了，终于走上新的岗位，陪护母亲。

告别过去，开启未来。告别繁忙，迎来悠闲。告别砥砺奋进，采菊东篱下，悠然见南山。告别奔波，回归自然。

领悟

告别意味着放下，放下意味着取舍。放下方知天地宽，执着难免心烦忧。告别执着，心情豁达。告别迷茫，心境坦然。告别职场的牵挂，追寻童年的兴趣。

告别社会人的定位，回归自然人的本色。一生书为伴，书人生豪情；整天笔为友，写千秋史话。春蚕到死丝方尽，蜡炬成灰泪始干。告别执着，坦然放下。

后记

一篇《告别》日记，引起大家的关注，甚是感动。同事的关心，朋友的问候，饱含着深情，充满了厚谊。有安全战线的关爱，有巡视团队的问候，有不同岗位朋友的惦记，有不同时期同事的牵挂，有不同地域校友的叮嘱，字里行间充满了真诚，有关爱，有祝福，有建议，有期盼……

《告别》是离开办公室时刹那间的思绪，汇聚笔端，一气呵成。万物有灵，当你看屋里每一样东西时，仿佛它们以同样的眼神对视，好像理解主人此刻的心情。绿植有期盼，鲜花有祝福，办公桌椅有叮嘱，书柜有厚望，沙发有安抚，墙壁有关爱……

这一切发生在片刻，相顾无言，心照不宣。好似心与灵的碰撞，情与景的交融。

《告别》引起同事朋友的关心和问候，把思绪带回到风雨兼程的岁月，一桩一件往事铭刻着感恩，一点一滴记忆充满了真诚。正因为有同事朋友一路走来的厚爱，走出办公室前才如此不舍。正因为有同事朋友同甘共苦的拼搏，走出办公室时才如此眷恋。

忙碌的人生收获了同事真诚的合作，危难时同事的一个眼神，心底会涌动共鸣，顿时力量倍增。彼此燃烧激情，把不可能变为可能。

曲折的人生收获了友情，积淀了感悟，坚定了信心，真正体会到三人行必有吾师。亦师亦友的厚爱，洒满了披荆斩棘的征程。友爱给了我力量，增强了信心。在逆境中坚挺，在困境中奋进……

紧张的人生收获了共鸣。披星戴月的坚守，废寝忘食的凝神，不怕苦，不畏难，相视一笑，又一个黎明。为了神圣的事业呕心沥血，无怨无悔，书写敢于担当的人生。如此的同仁并肩，仿佛力量无穷。

理解的人生充满同情。人生不如意事十之八九，雪中送炭的问候令人感动。饱含真情的话语，在心底产生共鸣。没有过不去的坎，没有攀不上的峰。

四十多个春秋，有数不清的同事让我感动；在风雨中携手，在艰难时并行。四十多个寒暑，有数不清的朋友让我感动；在危难时搀扶，在困境中引领。

四十多个年轮，刻下数不清的感恩。值此母校东北大学九十五岁华诞，感恩母校的塑造之恩。感恩同事的携手并肩，感恩朋友的真诚热情。感恩伟大祖国的养育之恩。